调色全面精通

配色方法+照片调色+视频调色+电影调色

周玉姣◎编著

清華大学出版社
北 京

内 容 简 介

本书为一本调色教程，从两条线帮助读者全面精通照片、视频与电影的调色技巧。

一条是案例线，通过10章专题内容，讲解了如何调出各种网红色调，如赛博朋克、城市工业风、低饱和灰色调、暗调森林绿色调、日系色调、墨蓝色调、莫兰迪色调、黑金色调以及青橙色调等，读者学后可以融会贯通、举一反三，轻松调出自己喜欢的照片或影视色调。

另一条是软件线，介绍了调色最常用的几款软件，如用于照片调色的Photoshop、Lightroom，进行视频调色的剪映、Premiere和达芬奇，并通过110多个技能实例、200多分钟高清视频，帮助读者熟练掌握照片、视频与电影调色的核心技法，从新手快速成为调色高手。

本书结构清晰、语言简洁，特别适合数码调色、平面设计、短视频剪辑、摄影摄像后期编辑、影视栏目编导等各个领域的用户阅读，也可作为各类培训机构和大专院校的教材或辅导用书。

图书在版编目(CIP)数据

调色全面精通：配色方法+照片调色+视频调色+电影调色 / 周玉姣编著. —北京：清华大学出版社，2022.11 (2023.5重印)

ISBN 978-7-302-62030-3

Ⅰ.①调… Ⅱ.①周… Ⅲ. ①调色－图像处理软件－教材 Ⅳ.①TP391.413

中国版本图书馆CIP数据核字(2022)第189448号

责任编辑：韩宜波
封面设计：杨玉兰
责任校对：徐彩虹
责任印制：宋　林
出版发行：清华大学出版社
网　　址：http://www.tup.com.cn，http://www.wqbook.com
地　　址：北京清华大学学研大厦A座　　邮　　编：100084
社 总 机：010-83470000　　邮　　购：010-62786544
投稿与读者服务：010-62776969，c-service@tup.tsinghua.edu.cn
质量反馈：010-62772015，zhiliang@tup.tsinghua.edu.cn
印 装 者：北京嘉实印刷有限公司
经　　销：全国新华书店
开　　本：190mm×260mm　　印　　张：16.5　　字　　数：396千字
版　　次：2022年12月第1版　　印　　次：2023年 5月第2次印刷
定　　价：79.80 元

产品编号：096168-01

前言
PREFACE

写作驱动

本书是初学者全面自学 Photoshop、Lightroom、剪映、Premiere 和达芬奇调色的经典教程。书中从实用角度出发，对软件的各种调色命令进行了详细解说，帮助读者全面精通调色技巧。本书在介绍软件功能的同时，还精心安排了 110 多个针对性强的实例，帮助读者轻松掌握软件的调色技巧，以做到学用结合。此外，书中全部实例都配有教学视频，详细演示案例制作过程。

本书特色

1. 50 多个专家提醒放送：作者在编写本书时，将平时工作中总结的各方面的软件实战技巧、设计经验都毫无保留地奉献给读者，不仅丰富和提高了内容的含金量，更方便读者提升使用软件的实战能力，从而提高读者学习与工作效率。

2. 110 多个技能实例奉献：本书通过 110 多个技能实例辅讲软件，其中包括软件的基本调色、高级调色、一级调色、二级调色、色彩校正、色彩平衡等内容，招招干货，能让读者学习更高效，帮助读者实现从新手入门到后期精通。

3. 200 多分钟视频演示：本书中的软件操作技能实例，全部录制了带语音讲解的视频，时间长度达 200 分钟（近 3 个半小时），重现书中所有实例操作。读者可以结合书本内容，也可以独立观看视频演示，像看电影一样学习知识，让学习更加轻松。

4. 680 多个素材效果奉献：随书附送的资源中包含了 540 多个素材文件，140 多个效果文件。其中素材涉及四季美景、旅行风光、城市风光、建筑风光、古风人像、专题摄影、延时视频、家乡美景以及个人生活视频等，应有尽有，供读者使用。

5. 960 多张图片全程图解：本书用 960 多张图片对软件的各种调色技巧进行了全程式的图解。通过这些大量清晰的图片，让实例的内容更通俗易懂，读者可以一目了然，快速领会，举一反三，调出更多精彩的照片、视频与电影画面。

特别提醒

本书采用 Photoshop 2022、Lightroom 2022、剪映 2.9.5、Premiere 2022 以及 DaVinci Resolve 18 软件编写，请读者一定要使用同版本软件。附送的素材和效果文件请根据本书提示进行下载，学习本书案例时，可以扫描案例上方的二维码观看操作视频。

在 DaVinci Resolve 18 中直接打开附送下载资源中的项目时，预览窗口中会显示“离线媒体”提示文字，这是因为每个读者安装的 DaVinci Resolve 18 软件、素材与效果文件的路径不一致，这属于正常现象，读者只需要重新链接素材文件夹中的相应文件即可。读者也可以将随书附送的资源复制到电脑中，需要某个 .drp 文件时，第一次链接成功后将项目文件进行保存或导出，后面打开就不需要再重新链接了。

如果读者将资源文件复制到电脑磁盘中直接打开资源文件时，会出现无法打开的情况。此时需要注意，打开附送的素材效果文件前，应先将资源文件中的素材和效果全部复制到电脑的磁盘中，在文件夹上单击鼠标右键，在弹出的快捷菜单中选择“属性”选项，打开“文件夹属性”对话框，取消选中“只读”复选框，然后再重新用 DaVinci Resolve 18 打开素材和效果文件，这样就可以正常使用文件了。

素材 1

素材 2

素材 3

视频

版权声明

本书作者

本书由周玉姣编著，参与编写的人员还有胡杨、刘华敏等，在此表示感谢。由于作者知识水平有限，书中难免有疏漏之处，恳请广大读者批评、指正。

编　者

目录

CONTENTS

第1章 调色基础知识与配色技巧

章前知识导读

色彩是一种能够刺激人的视觉神经的元素，因此调色过程非常重要，观众对作品的第一印象往往就是其中的色彩。本章主要介绍调色的基础知识与配色技巧，让大家对色彩有一个深入了解。

新手重点索引

- 了解色彩的形式和要素
- 了解色彩、色相与亮度
- 了解常见的颜色模式
- 色调的把握与色彩构成法则
- 调色必知的基础知识

效果图片欣赏

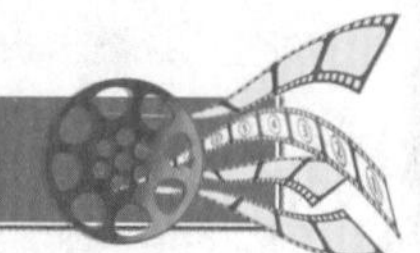

1.1 了解色彩的形式和要素

设计者只有在生活中去用心感受，并随时留意各种色彩的变化和规律，才能更好地了解和认识色彩。不同的色彩就像是不同的调料，将其正确地组合在一起，能够赋予画面更多的视觉感受。色彩构成是一门基本设计学科，对人的生理与心理都有重大的影响，因此设计者尤其要认真对待和掌握。本节主要介绍色彩的形式和要素等基础内容。

1.1.1 色彩来源：色来源于光

颜色是由光线形成的，有光才能有色，人眼中的视网膜才能对光的刺激作出反应，从而在大脑中形成某种特定的感觉。因此，颜色的先决条件就是光线，而光色感觉就是光线反映到人的视觉中形成的色彩，如图 1-1 所示。

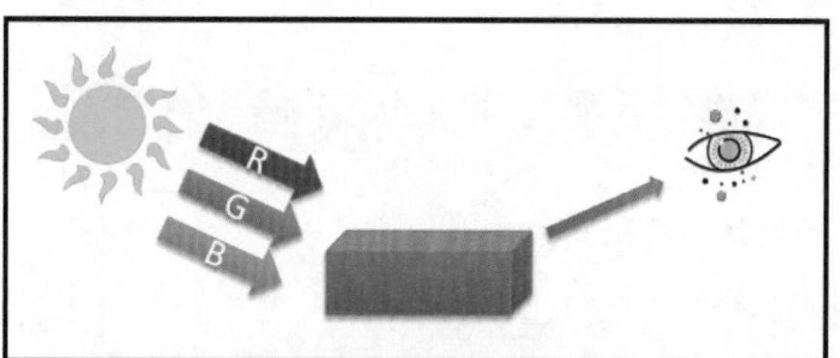

图 1-1 光、色彩与视觉

光线的明亮程度同样会影响人眼对颜色的视觉感受，包括颜色的亮度、色相和纯度。例如，明亮的光线可以让物体的颜色看上去更清晰鲜艳，如图 1-2 所示；微弱的光线则会让物体看上去模糊暗淡。

图 1-2 明亮的光与色

光色是一种物理现象，即物体的色形是由光线来决定的。例如，雨过天晴后的彩虹就是一种光色现象。英国著名的物理学家艾萨克•牛顿（Isaac Newton）曾做过一个实验，他将太阳光从一小缝引进暗室，然后让光束穿过一个三棱镜，在屏幕上产生了一条由红、橙、黄、绿、青、蓝、紫 7 色光组成的美丽彩带，这一现象称为光的色散，如图 1-3 所示。

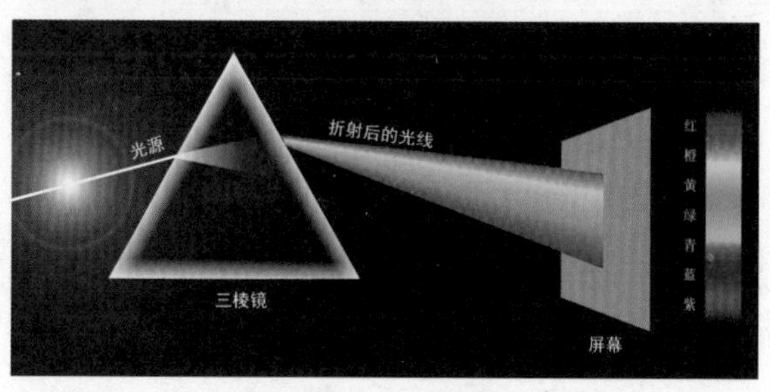

图 1-3 光的色散

光的色散也可以称为光谱（全称为光学频谱）现象，也就是说太阳光是由紫、蓝、青、绿、黄、橙、红等光谱中的颜色构成的。在物理学上，光其实是一种电磁波，也可以理解为一种能量（电磁辐射能）形式。下面将光与色之间的关系进行相关分析，如图 1-4 所示。

光的传播方式 → 光是以波动的形式进行直线传播的，含有红、橙、黄、绿、青、蓝、紫所有波长的色光叫全色光，含有两种以上波长的色光叫复色光，只含有一种波长的色光叫单色光

光的表现形式 → 不同波长的光和不同物体的反射光，都可以影响人眼的色彩感觉，使有了不同的颜色，如红色的花能够吸收光线中除红色外的其他颜色，从而将红色的光波反射到人眼中

图 1-4 光与色之间的关系

因此，根据各种受光体吸收光和反射光的能力，自然界中便出现了丰富多彩的颜色，同时带来了一

系列的色彩学问题，如颜色的分类（彩色和非彩色两大类）、特性（色相、纯度、明度）和混合方式（色光混合、色料混合、视觉混合）等。

1.1.2　影响因素：不同色彩的感知

人之所以能够感知和区分各种不同的颜色，主要是由于每种颜色在视觉上会产生不同的感受，其中包括以下 3 种因素。

1. 光线的反射

光线照射到物体表面时会产生反射现象，其颜色取决于物体表面的化学结构、物理与几何特性，物体包括吸光体、反光体和透明体等。

例如，衣服、食品、水果和木制品等物体大都是吸光体，它们比较明显的特点就是表面粗糙不光滑，颜色稳定和统一，视觉层次感比较强。反光体与吸光体刚好相反，它们的表面通常都比较光滑，因此具有非常强的反光能力，如金属材质的物体、没有花纹的瓷器、塑料制品以及玻璃制品等，如图 1-5 所示。

图 1-5　反光体的颜色

透明体是指能够允许光通过的物体，如透明的玻璃和塑料等材质的物体都是透明体，如图 1-6 所示。

图 1-6　透明体的颜色

2. 光源的颜色

使用不同类型的光源进行照明，由于各种光源的波长构成特性不同，产生的色温效果也不一样。

3. 眼睛的感色能力

人眼的感色能力主要由视网膜上的视神经系统决定，其功能包括光线感受能力，以及处理与传送光刺激的能力。

从上面 3 个因素来讲，色彩的来源主要是光线，如果这个世界没有光线，那么也就无法产生视觉，从而没有任何色彩。

1.1.3　色彩特征：与光线、视觉的关系

很多时候，我们眼睛看到的颜色并不是真实的颜色，这是因为人眼和对光色的感觉系统存在一些特有的生理特征和心理性视错现象。对于专业的调色人员来说，必须了解并学会利用色彩与光线、视觉的关系，从而做出自己需要的色彩效果。

1. 色彩视觉的生理特征

人的眼睛在接受光线的刺激时，会由于眼睛的生理特征产生视觉适应效果，主要包括距离适应、明暗适应和色彩适应 3 个方面，如图 1-7 所示。

距离适应	人眼中的晶状体结构与相机中的透镜作用类似，可以通过改变形状来调节焦距，因此人眼具有调整远近距离的适应功能，从而能够识别一定区域内的形体与色彩
明暗适应	人眼的视网膜上拥有感觉器官，可以根据视野中的亮度变化来自动调节感光度，如从漆黑的环境中突然进入到明亮的环境中，人眼会产生白花花的感觉，且需要一段时间才能适应过来
色彩适应	色彩适应是指视觉对颜色光的适应，即在环境中的颜色刺激下，人眼会产生颜色视觉变化，如戴着黄色的有色眼镜时，最初眼睛可感受到镜片的黄色，稍后便会消失

图 1-7　色彩视觉的生理特征

色彩视觉的生理特征对于专业调色者来说是既有利也有弊的，如印象派的画作就需要调色者具备敏锐的色彩感应能力，能够在作品中体现出眼睛在第一时间获取的色彩感觉，将眼睛未适应色彩前的感受描绘出来，如图 1-8 所示。

图 1-8　印象派画作示例

2. 色彩视觉的心理性视错

色彩视觉的心理性视错是一种“视色错觉”现象，也可以称为视觉色彩补偿现象，是由人眼的视觉对色彩的平衡需求造成的。人眼在看到某种颜色时，会自动调节它的相对补色，但实际上这种颜色补偿是不存在的。在色彩艺术理论中，色彩视觉的心理性视错的地位非常重要，是一种能够影响色彩美学效果的视觉规律。

如图 1-9 所示，眼睛从左往右看时，画面中的彩条仿佛在蠕动，这就是利用“视觉残像”原理使眼睛产生连续对比的视错现象。

图 1-9　“视觉残像”现象

在相同的时间和环境中，人眼接收到不同色彩的刺激后，所看到和感知的色彩对比视错现象就称为同时对比。如图 1-10 所示，将两个颜色相同的物体放置在不同颜色的背景中，在同时观察这两个物体时，可以看到它们的颜色也会所有差别。

图 1-10　同时对比错觉

3. 光源对色彩的影响

大多数物体本身是不能发光的，但能够吸收、反射或者透射光线，因此各种物体在光线的影响下会产生不同的色彩表现。

固有色并不是客观世界的东西，通常是指物体在白光照射下呈现出来的颜色，同时人们习惯性地认为这种颜色就是物体本身的颜色。例如，椰奶的固有色是白色，采用这种固有色来设计产品包装，更能引起人们对椰奶香味的联想，并产生想喝它的欲望，如图 1-11 所示。

图 1-11　椰奶包装

还有一种物体的色彩变化，通常是由于不同的光源造成的，例如红色的物体在不同的光源照射下会显示不同的色彩效果，如图 1-12 所示。

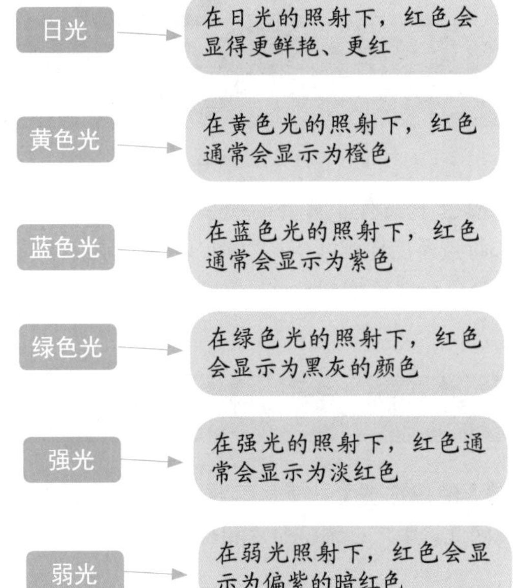

图 1-12　红色在不同光源下的效果

专家指点

如果照射在红色物体表面的光源中没有可以反射的红色光，而该物体又会吸收其他颜色的光，此时会呈现出不同的色彩效果。由此可见，光源会影响物体的色彩，也就是说物体色具有可变性，调色者可以利用这个现象使用恰当的光线为自己的作品增色。

1.1.4　视觉感受：色彩的视觉与心理

通过视觉传达信息时，色彩是非常关键的因素，它可以呈现出某种情绪，来引导观众产生不同的联想和行动。本节将介绍一些色彩存在的客观性质，以及能够对人的视觉产生什么刺激，并由此形成什么样的心理状态。

1. 色彩的冷暖

暖色调的主要特征为：给人以温暖、热烈的感觉。如橘红、黄色以及红色等都属于暖色调，可以让整个画面充满生活气息，给人带来暖意洋洋的感觉，如图 1-13 所示。

图 1-13　暖色调示例

冷色调的主要特征为：安静、稳重，可以扩展空间感。如蓝色、青色、绿色等都属于冷色调，可以让画面看起来比较冷，营造出宁静的氛围，能够令人心绪平静、心情轻松，如图 1-14 所示。

图 1-14　冷色调示例

专家指点

色彩给人的感觉既客观又复杂，同样的色彩在不同时间、不同地点给不同个性、情绪、性别、年龄、风俗习惯或生理状况的人带来的感觉都是不同的。因此，色彩对于人的直接心理效应，主要是在外部的物理色光刺激下，导致人体的生理机制产生相应的变化。

其实，在暖色调和冷色调中间，还存在一个难以区分的色彩群，那就是具有中间性质的冷暖中性色。例如，玫红色和草绿色很难区分冷暖色调，此时要营造出画面的冷暖感觉，就需要用到其他的颜色来进行比较，使画面偏冷或偏暖。

图 1-15 所示中采用大面积的玫红色这种冷暖中性色作为背景，同时主体元素采用了蓝色和绿色等冷色调色彩，用于体现一种清凉的感觉。

图 1-15　色彩的冷暖搭配示例

2. 色彩的心理效应与象征性

不同的色彩产生的心理作用是不同的，调色者必须综合分析色彩的心理现象，以大部分人的共识为基础，来确定色彩的心理效应与象征性。

例如红色，具有强烈、热烈、积极、冲动、前进、危险、震撼的视觉效果。红色极容易引起人们的注意，也常作为警告危险之意，如图 1-16 所示。

图 1-16　红色的警告标志

例如橙色，是一种能够展现温暖情感的色彩，容易让人联想到秋天、果实等场景，使人更加兴奋，可以呈现出舒适、自然、富足、欢快、活泼、幸福的视觉感受，如图 1-17 所示。

图 1-17　橙色

橙色不仅有非常高的明视度，可以用作警戒色；而且还能体现喜庆的氛围，可以用作富贵色；同时橙色还能够增加食欲，常常被餐厅用作装饰色。

1.2　了解色彩、色相与亮度

在后期调色处理中，使用色彩的目的通常都是为了刺激人的视觉感受，使其产生心灵共鸣，合理的色彩搭配加上靓丽的色彩感总能为照片或视频增添几分亮点。因此，用户在调整照片和视频素材的颜色之前，必须对色彩的基础知识有一个基本的了解。

1.2.1　基础知识：色彩的概念

色彩是由于光线刺激人的眼睛而产生的一种视觉效应，因此光线是影响色彩明亮度和鲜艳度的一个重要因素。从物理角度，可见光是电磁波的一部分，其波长大致为 400 ～ 700nm，该范围内的光线被称为可视光线区域。自然的光线可以分为红、橙、黄、绿、青、蓝和紫 7 种不同的色彩，如图 1-18 所示。

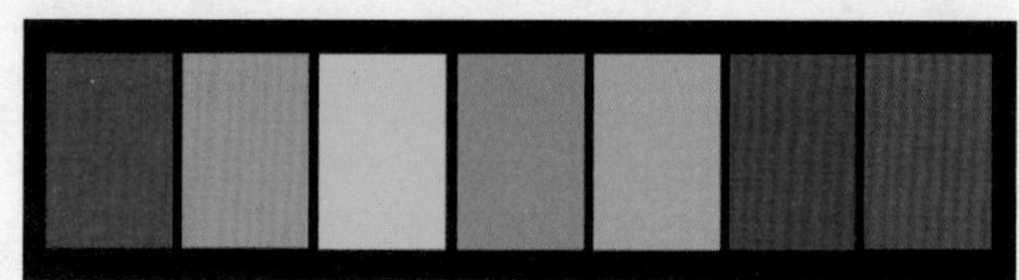

图 1-18　颜色的划分

> **专家指点**
>
> 在红、橙、黄、绿、青、蓝和紫 7 种不同的光谱色中，其中黄色的明度最高（最亮），橙和绿色的明度低于黄色，红、青色又低于橙色和绿色，紫色的明度最低（最暗）。

自然界中的大多数物体都拥有吸收、反射和透射光线的特性，由于其本身并不能发光，因此人们看到的大多是剩余光线的混合色彩，如图 1-19 所示。

图 1-19　自然界中的色彩

1.2.2　理论提升：色相的概念

色相是指颜色的“相貌”，主要用于区别色彩的种类。

每一种颜色都会表示一种具体的色相，其区别在于它们之间的色相差别。不同的颜色可以让人产生温暖和寒冷的感觉，如红色能带来温暖、激情的感觉，蓝色则带给人寒冷、平稳的感觉，如图 1-20 所示。

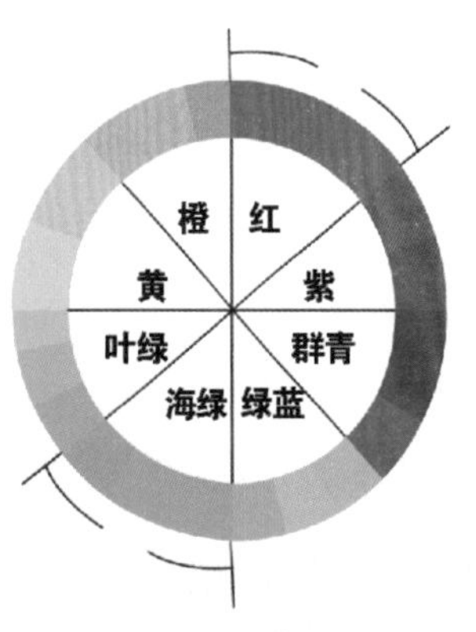

图 1-20　色环中的冷暖色

> **专家指点**
>
> 当人们看到红色和橙红色时，很自然地便联想到太阳、火焰，因而感到温暖。青色、蓝色、紫色等冷色为主的画面称之为冷色调，其中以青色最“冷”。

1.2.3　明暗色彩：亮度和饱和度

亮度是指色彩明暗程度，几乎所有的颜色都具有亮度的属性；饱和度是指色彩的鲜艳程度，由颜色的波长来决定。

若要表现出物体的立体感与空间感，则需要通过不同亮度的对比来实现。简单地讲，色彩的亮度越高，颜色就越淡；反之，亮度越低，颜色就越重，并最终表现为黑色。从色彩的成分来讲，饱和度取决于色彩中含色成分与消色成分之间的比例。含色成分越多，饱和度则越高；反之，消色成分越多，则饱和度越低，如图 1-21 所示。

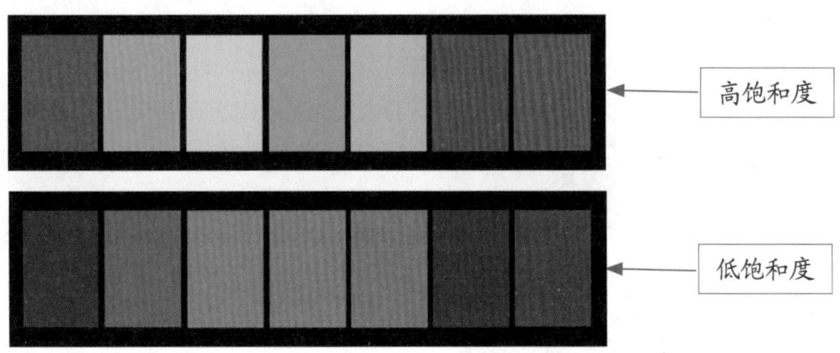

图 1-21　不同的饱和度

1.3 了解常见的颜色模式

颜色模式是以不同的方法或不同的基础色定义千万种不同颜色的一种方式，本节主要介绍5种常见的颜色模式，即RGB颜色模式、CMYK颜色模式、灰度模式、Lab颜色模式以及双色调颜色模式，帮助大家更好地了解图像的颜色。

1.3.1 标准色彩：RGB颜色模式

RGB颜色模式是工业界的一种颜色标准，是图形图像设计中最常用的颜色模式，通过对红（Red）、绿（Green）、蓝（Blue）3种颜色通道的变化以及它们相互之间的叠加来得到各式各样的颜色。当三原色重叠时，不同的混色比例和强度会产生其他的间色，三原色相加会产生白色，如图1-22所示。

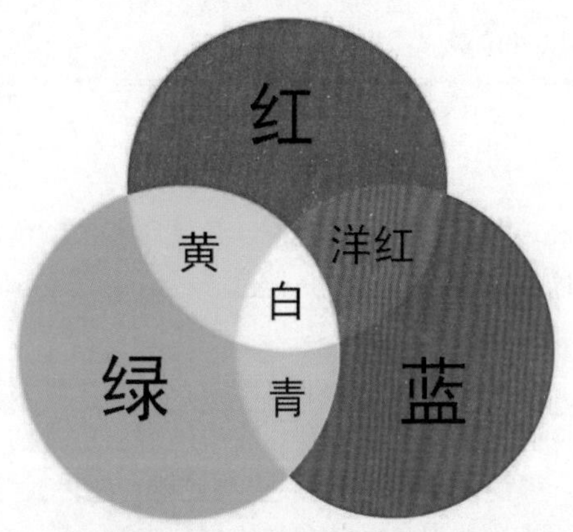

图1-22 RGB颜色模型

在Photoshop 2022中，选择“图像”|“模式”|“RGB颜色”命令，即可将照片转换为RGB颜色模式，如图1-23所示。

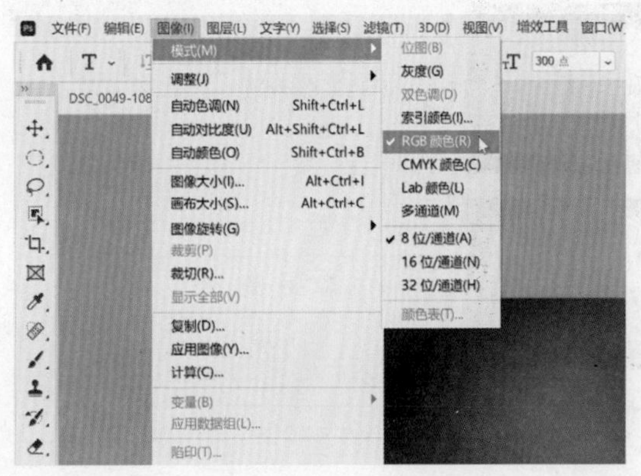

图1-23 转换为RGB颜色模式

图1-23 转换为RGB颜色模式（续）

虽然可见光的波长有一定的范围，但我们在处理颜色时并不需要将每一种波长的颜色都单独表示。自然界中所有的颜色都可以用红、绿、蓝（RGB）这3种颜色的不同强度组合而得。

因此，这3种光常被人们称为三基色或三原色，有时候亦称这3种基色为添加色（Additive Colors），这是因为当我们把不同波长的光加到一起的时候，得到的将会是更加明亮的颜色。把3种基色交互重叠，就产生了次混合色，即青（Cyan）、洋红（Magenta）、黄（Yellow），这同时引出了互补色（Complement Colors）的概念。基色和次混合色是彼此的互补色，是彼此最不同的颜色。

1.3.2 印刷色彩：CMYK颜色模式

CMYK代表印刷时所用的印刷四色，是打印机采用的彩色模式。CMYK模式虽然能免除色彩方面的不足，但是运算速度很慢，这是因为Photoshop必须将CMYK转变成屏幕的RGB色彩值。CMYK颜色模式中4个字母分别指青（Cyan）、洋红（Magenta）、黄（Yellow）、黑（Black），在印刷中代表4种颜色的油墨，如图1-24所示。

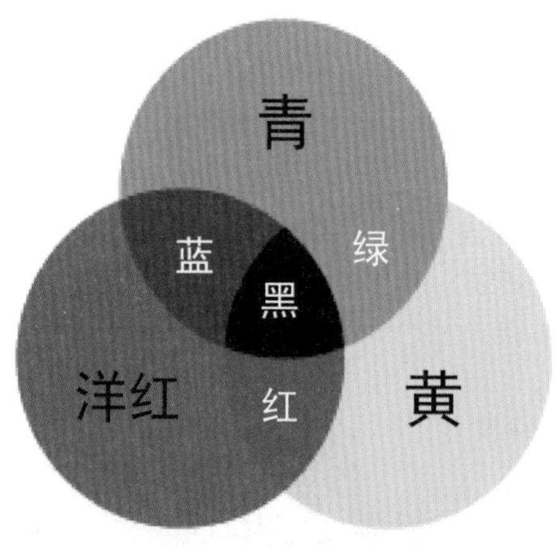

图 1-24 CMYK 颜色模型

在 Photoshop 2022 中，选择“图像”|“模式”|“CMYK 颜色”命令，弹出提示框，单击“确定”按钮，即可转换照片为 CMYK 模式，如图 1-25 所示。

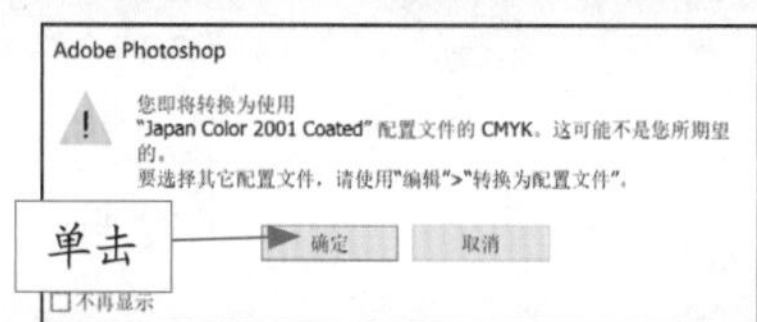

图 1-25 转换为 CMYK 颜色模式

CMYK 模式在本质上与 RGB 模式没有什么区别，只是产生色彩的原理不同：在 RGB 模式中由光源发出的色光混合生成颜色，而在 CMYK 模式中由光线照到有不同比例 C、M、Y、K 油墨的纸上，部分光谱被吸收后，反射到人眼的光产生颜色。

专家指点

C、M、Y、K 在混合成色时，随着四种成分的增多，反射到眼部的光会越来越少，光线的亮度会越来越低，所以 CMYK 模式也是一种“减光”模式。

1.3.3 无色色彩：灰度模式

灰度模式的图像不包含颜色，彩色图像转换为该模式后，色彩信息都会被删除。灰度模式是一种无色模式，含有 256 种亮度级别和一个 Black 通道。因此，用户看到的图像都是由 256 种不同强度的黑色所组成。如图 1-26 所示为灰度模式的图像。

图 1-26 灰度模式的图像

专家指点

将彩色图像转换为灰度模式时，所有的颜色信息都将被删除。虽然 Photoshop 允许将灰度模式的图像再转换为彩色模式，但是原来已删除的颜色信息不能再恢复。

1.3.4 高级色彩：Lab 颜色模式

Lab 颜色模式的色域最广，是唯一不依赖于设备的颜色模式。Lab 颜色模式由 3 个通道组成，其

中一个通道是亮度（L），另外两个是色彩通道，用 a 和 b 来表示。a 通道包括的颜色是从深绿色到灰色再到红色，b 通道则包含从亮蓝色到灰色再到黄色，这种色彩混合后将产生明亮的色彩。在 Photoshop 2022 中，选择“图像”|“模式”|“Lab 颜色”命令，即可将照片的颜色模式转换为 Lab 颜色，如图 1-27 所示。

图 1-27　转换为 Lab 颜色模式

1.3.5　双色色彩：双色调颜色模式

双色调颜色模式是通过 1 ～ 4 种自定油墨创建单色调、双色调、三色调和四色调的灰度图像。彩色印刷品通常情况下都是以 CMYK 颜色模式来印刷的，但也有些印刷物（如名片）往往只需要用两种油墨颜色就可以表现出图像的层次感和质感。

因此，如果不需要全彩色的印刷质量，可以考虑采用双色模式印刷，以降低成本。要将图像转换为双色调模式，必须先将图像转换为灰度模式，然后由灰度模式转换为双色调模式。

在 Photoshop 2022 中，选择“图像”|“模式”|“双色调”命令，弹出“双色调选项”对话框，单击“类型”右侧的下拉按钮，并在弹出的列表中选择相应的类型，调整每个颜色色块的名称并设置油墨的 RGB 参数值，单击“确定”按钮，即可将照片转换为双色调颜色模式，如图 1-28 所示。

图 1-28　转换为双色调颜色模式

1.4　色调的把握与色彩构成法则

色调是指颜色的基调，其本质为色彩结构在色相和纯度上给人带来的整体印象，也可以理解为观众对画面最直观的感受，如暖色调、冷色调、高色调、低色调、红色调或绿色调等。色彩构成需要从众多颜色的结构与组合入手，控制好主色调的面积，形成主导色效应，让整体色彩效果更加均衡且相互呼应，这样才能让画面看上去协调一致。

1.4.1　轻重缓和：色彩的均衡搭配

色彩构图的核心要点是以画面中心为基准来对各种色块进行布局，从而使画面色彩达到均衡的效果，相关技巧如下。

（1）色彩配置：向左右、上下或对角线方向配置。

（2）轻重缓和：将大面积较为重暗的色块放在中心附近时，画面会显得沉闷，此时可以用较为轻亮的色彩进行调剂；而将大面积较为轻亮的色块放在中心附近时，画面会显得空虚，此时可以用较为重暗的色块进行调剂，如图 1-29 所示。

图 1-29　色彩的均衡示例

1.4.2　画面协调：色彩的相互呼应

在画面上布局色块时，不能让色块孤立出现，否则画面会显得很生硬。此时，设计者需要在色块的周围布局一些同种或同类色块，同时采用点、线、面等构成元素，形成疏密、虚实、大小的对比，使各色彩和元素能够彼此互相呼应。色彩呼应的方法有以下两种。

1. 局部呼应

局部呼应是指大量、反复采用同种色与同类色的色块，通过改变其形状、大小、疏密或聚散等状态，在空间距离上互相呼应，产生色彩布局的韵律感，如图 1-30 所示。

图 1-30　色彩局部呼应

2. 全面呼应

全面呼应是指将相同的色素混入不同的色彩中，让各色彩的内部产生某种联系，并构成画面的主色调。在实际创作过程中，调色者可以综合使用局部呼应和全面呼应两种方式，让画面的色彩效果更加协调、自然且多变。

1.4.3　面积比例：色调的构成形式

画面中不同色彩的面积大小、稳定性的高低，决定了画面色调的构成形式，如图 1-31 所示。色彩的面积越大，光量和色量就越大，同时对观众的视觉刺激和心理影响也会随之增加，反之亦然。另外，如果色彩的明度和纯度不变，此时只需要改变它们的面积，即可调整色彩之间的对比关系。

图 1-31　色调与面积

需要注意的是，对比强的色彩面积需要进行适当控制，否则面积过大对视觉造成太强的刺激力，超出观众能接受的范围，此时就会得不偿失。

1.4.4　主次色系：多色构成法则

在多色构成中，主要构成形式包括以下两种。

- 三色构成＝主导色＋衬托色＋点缀色。
- 三色以上构成＝主导色＋衬托色＋点缀色群。

因此，调色者需要控制好作品的主色调，在色调中也要把握好主导色与次要色的关系，如图 1-32 所示。

主导色 → 主导色是指主题颜色，需要根据主次关系来配置色彩，如高纯度的色相、面积较大的色块或重要内容主体部分的颜色等

衬托色 → 衬托色是与主导色相对应的颜色，没有对比就没有衬托，衬托的形式包括明暗衬托、冷暖衬托、灰艳衬托以及繁简衬托等

点缀色 → 点缀色与主导色、衬托色是相互依赖的，颜色通常比较醒目、生动，具有平中求奇、锦上添花的功能

图 1-32　多色构成法则

图 1-33 中，通过背景光源营造出冷暖衬托的多色构成效果，采用较小面积的冷色（蓝色）将较大面积的暖色（黄色）包围起来，使其成为画面的主导色，同时使用丰富的小块点缀色，让画面变得灵活多变。

图 1-33　多色构成的画面示例

1.4.5　配色技巧：色彩搭配法则

在设计中进行色彩搭配时，色相、明度和纯度这三大属性会互相制约和影响，因此需要注意一些搭配法则，如图 1-34 所示。

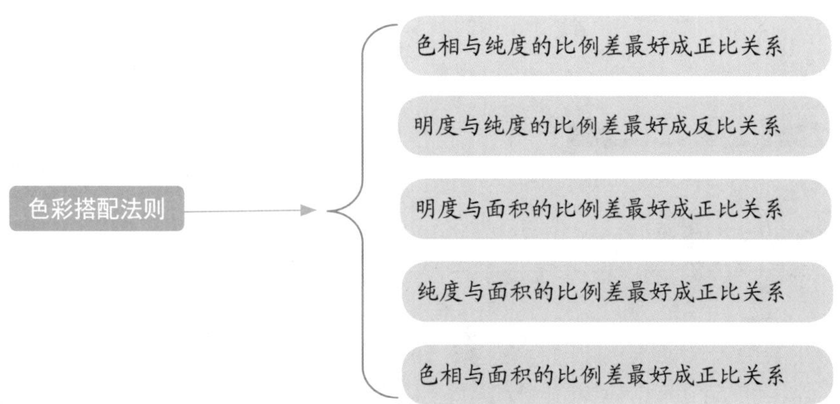

图 1-34　色彩搭配法则

例如，当两种色彩的色相相差较大时，则面积也要增大，这样可以让面积大的色彩成为主导色（如浅黄色），而另一种色彩则成为衬托色（如橙色），缓解色彩之间的冲突，使画面达到调和的效果，如图 1-35 所示。

图 1-35　多色构成的画面示例

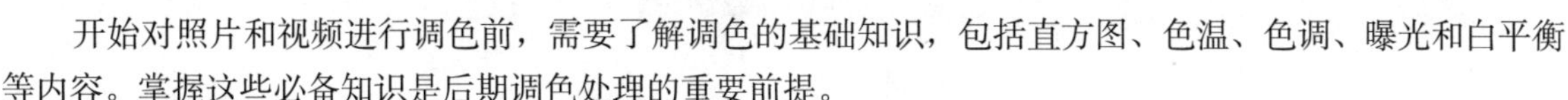

1.5　调色必知的基础知识

开始对照片和视频进行调色前，需要了解调色的基础知识，包括直方图、色温、色调、曝光和白平衡等内容。掌握这些必备知识是后期调色处理的重要前提。

1.5.1　必备基础：了解直方图

在 Photoshop 2022 中，“直方图”面板用图像方式表示了每个亮度级别的像素数量，展现了像素在图像中的分布情况。在菜单栏中选择“窗口”|“直方图”命令，即可弹出“直方图”面板，如图 1-36 所示。

在“直方图”面板中，各选项主要含义如下。

- 通道：在列表框中选择一个通道（包括颜色通道、Alpha 通道和专色通道），面板中会显示该通道的直方图。选择“明度”选项，则可以显示复合通道的亮度或强度值；选择“颜色”选项，可以显示颜色中单个颜色通道的复合直方图。
- 平均值：显示了像素的平均亮度值（0 ～ 255 之间的平均亮度）。通过观察该值，可以判断出图像的色调类型。
- 标准偏差：该数值显示了亮度值的变化范围，数值越高，图像的亮度变化越剧烈。
- 中间值：显示了亮度值范围内的中间值，图像的色调越亮，它的中间值越高。

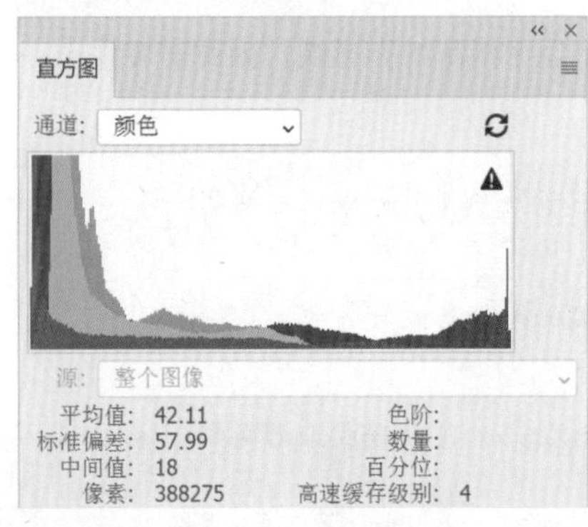

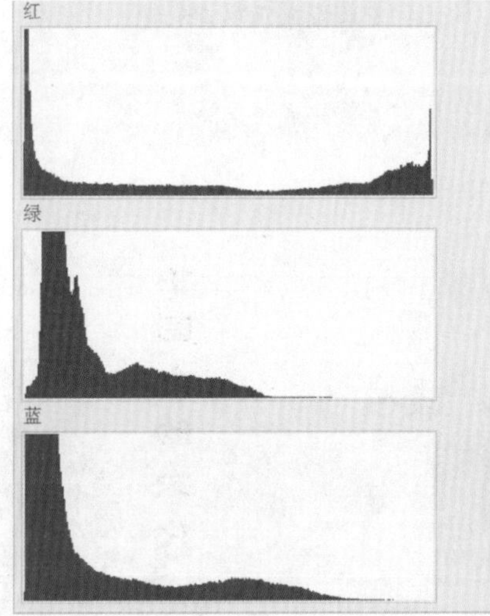

图 1-36 “直方图”面板

- 数量：显示了光标下面亮度级别的像素总数。
- 像素：显示了用于计算直方图的像素总数。
- 色阶：显示了光标下面区域的亮度级别。
- 百分位：显示了光标所指的级别或该级别以下的像素累计数。如果对全部色阶范围进行取样，该值为 100；对部分色阶取样时，显示的是取样部分占总面积的百分比。
- 高速缓存级别：显示了当前用于创建直方图的图像高速缓存的级别。

“直方图”面板的快捷菜单中包含切换面板显示方式的选项，如图 1-37 所示。“紧凑视图”是默认显示方式，它显示的是不带统计数据或控件的直方图；“扩展视图”显示的是带统计数据和控件的直方图；“全部通道视图”显示的是带有统计数据和控件的直方图，同时还会显示每一个通道的单个直方图。

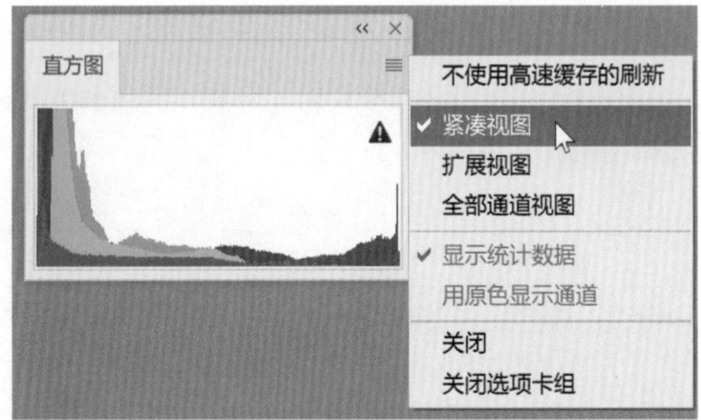

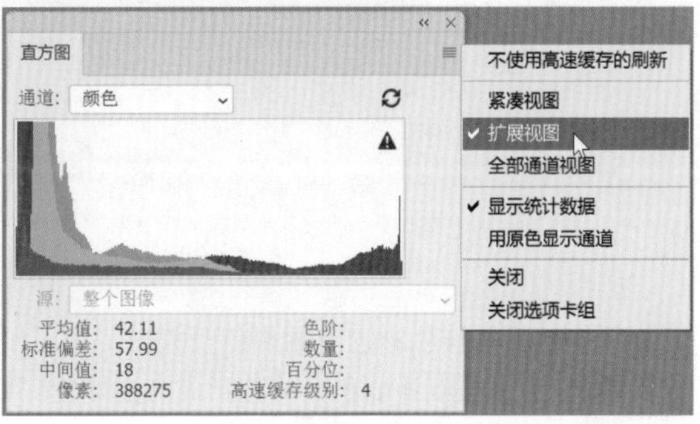

图 1-37 紧凑视图与扩展视图

1.5.2 色彩感受：认识色温与色调

色温，就是人们对眼睛看到的色彩最直观的感受。

比如，看到太阳下山时，人们看到的是比较暖的色彩，色温较暖；看到傍晚时分的海景时，人们感到的是比较冷的色温。因此，颜色偏向于红、黄时，是暖的色温；颜色偏向于蓝、紫时，是冷的色温，如图 1-38 所示。

图 1-38 暖色和冷色的色温画面

图 1-38　暖色和冷色的色温画面（续）

色调，就是一张照片中一种颜色所占的比例。比如，照片中红色、黄色占的比例比其他颜色都要多，那就说明这张照片更偏向于红黄色调，也可以称为暖色调；在一张照片中蓝色、紫色占的比例最多，那就说明这张照片更偏向于蓝紫色调，也可以称为冷色调，如图 1-39 所示。

图 1-39　暖色调与冷色调

1.5.3　高低色调：曝光产生的问题

在拍摄照片的过程中，夏天有太阳强烈的照射，这种情况下拍摄的照片容易出现曝光过度的问题，会表现为强烈的高色调。在阴天或是下雨天的状况下，乌云密布，没有太阳的直接照射，拍摄的照片容易曝光不足，表现为压抑的低色调，如图 1-40 所示。

图 1-40　曝光过度与曝光不足的画面表现

专家指点

在照片拍摄过程中，经常会因为曝光过度而导致照片画面偏白，或因为曝光不足而导致照片画面偏暗，此时可以通过后期调色处理软件中的“曝光度”命令来调整图像的曝光度，使图像曝光达到正常。

1.5.4　冷暖色温：设置画面白平衡

白平衡就是指白色的平衡，当摄影师在室内进行拍摄时，如果数码相机的白平衡设置不当，拍摄物品的颜色会发生一些变化。

如图 1-41 所示，左边的照片是当白平衡设置偏低时，色温呈现出冷色温，色调呈现出偏冷的色调；中间的照片是白平衡设置正常时，照片偏向于正常的色温与色调；而右边的照片是白平衡设置过高，色温呈现出偏暖的色温，色调呈现出暖色调。因此色温和色调与白平衡是不可分割的。

图 1-41 不同的白平衡效果

想要拍摄出美丽又吸引人的摄影作品，必须精确掌握相机各个选项的数值。由于某些特殊因素，导致拍摄的照片不好看，那就必须在后期处理中加以调整，此时可以利用 Photoshop 2022 中的“Camera Raw 滤镜”命令精确调整照片的白平衡，如图 1-42 所示。

图 1-42 调整照片的白平衡

第2章 掌握PS调色的专业技法

章前知识导读

Photoshop 2022拥有许多颜色调整功能，如色阶、亮度/对比度、色调均化、曲线、色彩平衡、色相/饱和度以及匹配颜色等命令，可以修正有偏色、曝光不足或过度等缺陷的图像，希望读者熟练掌握本章内容要点。

新手重点索引

- 掌握调色辅助工具
- 图像色彩的高级调整
- 图像色调的基本调整
- 图像的特殊调色技巧

效果图片欣赏

2.1 掌握调色辅助工具

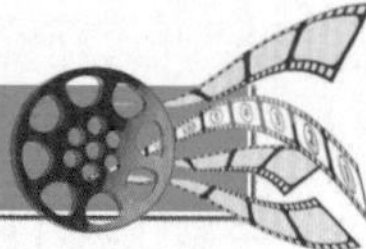

学习调色技术之前，首先需要掌握 Photoshop 中的调色辅助工具，如吸管工具、减淡工具、加深工具以及油漆桶工具等，本节主要介绍这些工具的使用技巧。

2.1.1 吸管工具：用于颜色的取样选择

用户在 Photoshop 中处理图像时，经常需要从图像中获取颜色，例如修补图像中某个区域的颜色时，通常要从该区域附近找出相近的颜色，然后用该颜色处理需要修补的区域，此时就用到吸管工具。下面介绍使用吸管工具填充颜色的操作方法。

	素材文件	素材 \ 第 2 章 \ 时尚女孩 .jpg
	效果文件	效果 \ 第 2 章 \ 时尚女孩 .psd
	视频文件	扫码可直接观看视频

【操练 + 视频】
——吸管工具：用于颜色的取样选择

STEP 01 打开一幅素材图像，如图 2-1 所示。

图 2-1　素材图像

STEP 02 选取吸管工具，将鼠标指针移至青绿色手镯上，单击鼠标左键，即可选取颜色，如图 2-2 所示。

图 2-2　选取颜色

STEP 03 选取魔棒工具，在素材图像的人物上衣区域单击鼠标左键，即可创建选区，如图 2-3 所示。

图 2-3　创建选区

STEP 04 按【Alt ＋ Delete】组合键填充前景色，按【Ctrl ＋ D】组合键取消选区，即可填充图像颜色，效果如图 2-4 所示。

图 2-4　填充颜色后的效果

专家指点

在 Photoshop 2022 中，除了用上述方法选取吸管工具外，按【I】键也可以快速选取吸管工具。

2.1.2 减淡工具：减淡图像的色彩色调

素材图像颜色过深时，可以使用减淡工具来加亮图像，其工具属性栏如图 2-5 所示，各主要选项含义如下。

图 2-5　减淡工具属性栏

- 范围：可以选择要修改的色调。选择“阴影”选项，可以处理图像的暗色调；选择“中间调”选项，可以处理图像的中间调；选择“高光”选项，则处理图像的亮部色调。
- 曝光度：可以为减淡工具或加深工具指定曝光量。该值越高，效果越明显。
- 保护色调：如果希望操作后图像的色调不发生变化，选中该复选框即可。

下面介绍使用减淡工具加亮图像的操作方法。

	素材文件	素材 \ 第 2 章 \ 茶道 .jpg
	效果文件	效果 \ 第 2 章 \ 茶道 .jpg
	视频文件	扫码可直接观看视频

【操练 + 视频】
——减淡工具：减淡图像的色彩色调

STEP 01 打开一幅素材图像，如图 2-6 所示。

图 2-6　素材图像

STEP 02 选取工具箱中的减淡工具，如图 2-7 所示。

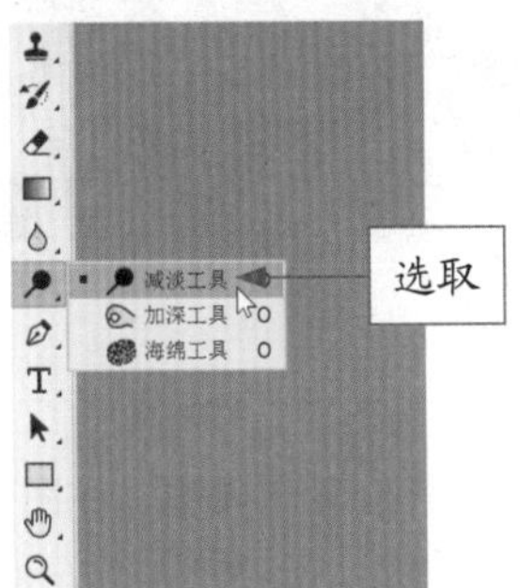

图 2-7　选取减淡工具

> **专家指点**
>
> 在 Photoshop 2022 中，除了用上述方法选取减淡工具外，按【O】键也可以快速选取减淡工具。

STEP 03 在减淡工具属性栏中，设置“曝光度”为 80%，如图 2-8 所示。

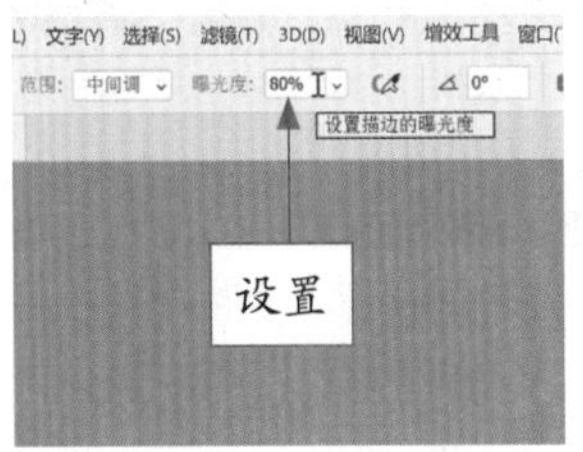

图 2-8　设置“曝光度”为 80%

STEP 04 在图像编辑窗口中涂抹，即可减淡图像，效果如图 2-9 所示。

图 2-9　减淡图像

2.1.3　加深工具：加深图像的色彩色调

加深工具与减淡工具恰恰相反，可使图像中被操作的区域变暗，其工具属性栏及操作方法与减淡工具相同。下面介绍使用加深工具调暗图像的操作方法。

	素材文件	素材 \ 第 2 章 \ 汽车 .jpg
	效果文件	效果 \ 第 2 章 \ 汽车 .jpg
	视频文件	扫码可直接观看视频

【操练 + 视频】
——加深工具：加深图像的色彩色调

STEP 01 打开一幅素材图像，如图 2-10 所示。

图 2-10 素材图像

STEP 02 选取工具箱中的加深工具，如图 2-11 所示。

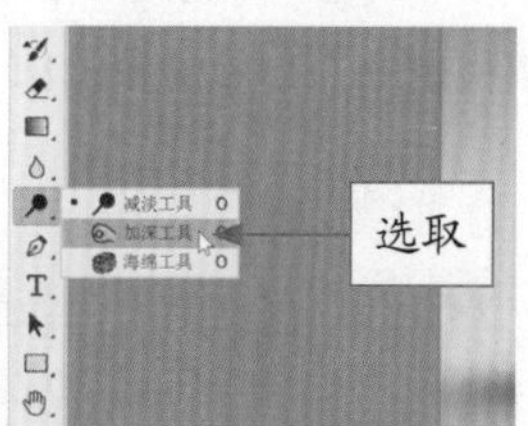

图 2-11 选取加深工具

> **专家指点**
>
> 在工具属性栏的“范围”列表框中，各选项含义如下。
>
> - “阴影”：选择该选项，表示对图像暗部区域的像素加深。
> - “中间调”：选择该选项，表示对图像中间色调区域加深。
> - “高光”：选择该选项，表示对图像亮部区域的像素加深。

STEP 03 在加深工具属性栏中，设置“曝光度”为 100%，如图 2-12 所示。

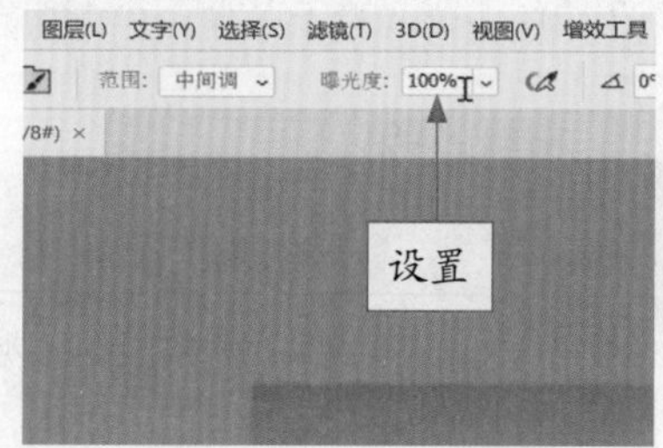

图 2-12 设置参数值

STEP 04 在图像编辑窗口中涂抹，即可调暗图像，效果如图 2-13 所示。

图 2-13 调暗图像效果

2.1.4 油漆桶工具：为图像填充颜色

油漆桶工具可以快速、便捷地为图像填充颜色，填充的颜色为前景色。下面介绍使用油漆桶工具填充颜色的操作方法。

	素材文件	素材 \ 第 2 章 \ 广告页面 .jpg
	效果文件	效果 \ 第 2 章 \ 广告页面 .jpg
	视频文件	扫码可直接观看视频

【操练 + 视频】
——油漆桶工具：为图像填充颜色

STEP 01 打开一幅素材图像，如图 2-14 所示。

图 2-14 素材图像

STEP 02 选取磁性套索工具，在图像编辑窗口中创建一个选区，如图 2-15 所示。

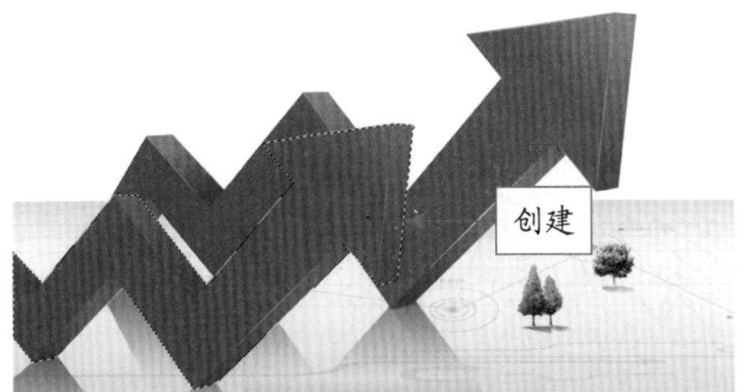

图 2-15　创建一个选区

专家指点

选取油漆桶工具，并按住【Shift】键单击画布边缘，即可设置画布底色为当前选择的前景色。如果要还原到默认的颜色，设置前景色为 25% 灰度（R192、G192、B192）再次按住【Shift】单击画布边缘即可。

STEP 03 单击工具箱下方的“设置前景色”色块，弹出“拾色器（前景色）”对话框，设置 RGB 为 9、111、219，如图 2-16 所示。

STEP 04 单击“确定”按钮，即可更改前景色。选取工具箱中的油漆桶工具，在选区中单击鼠标左键即可填充颜色，按【Ctrl + D】组合键取消选区，如图 2-17 所示。

专家指点

油漆桶工具与“填充”命令非常相似，主要用于在图像或选区中填充颜色或图案，但油漆桶工具在填充前会对鼠标单击位置的颜色进行取样，从而常用于填充颜色相同或相似的图像区域。

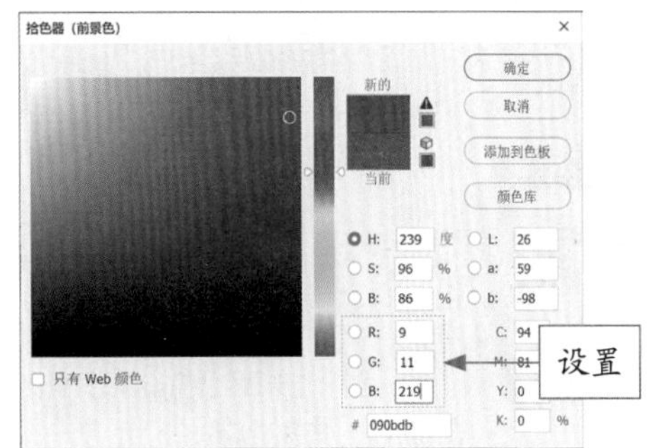

图 2-16　设置参数值

图 2-17　填充颜色后的效果

2.2　图像色调的基本调整

本节主要介绍使用“自动色调”命令、“自动对比度”命令、“曝光度”命令、“亮度 / 对比度”命令、“色阶”命令、“曲线”命令以及“色调均化”命令调整图像色调的操作方法。

2.2.1　自动色调：一键调整图像颜色

“自动色调”命令可以将每个颜色通道中最亮和最暗的像素分别设置为白色和黑色，并将中间色调按比例重新分布。下面介绍使用“自动色调”命令调整图像的操作方法。

	素材文件	素材 \ 第 2 章 \ 圣诞雪景 .jpg
	效果文件	效果 \ 第 2 章 \ 圣诞雪景 .jpg
	视频文件	扫码可直接观看视频

【操练 + 视频】
——自动色调：一键调整图像颜色

STEP 01 打开一幅素材图像，如图 2-18 所示。

图 2-18 素材图像

STEP 02 选择“图像”|“自动色调”命令，如图 2-19 所示。

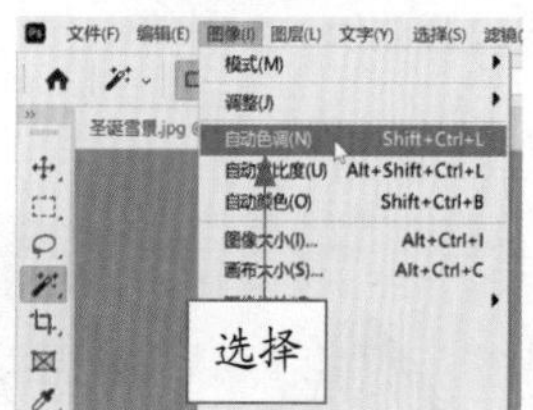

图 2-19 选择“自动色调”命令

专家指点

除了使用“自动色调”命令调整图像明暗外，还可以按【Shift ＋ Ctrl ＋ L】组合键快速调整图像明暗。

STEP 03 执行操作后，即可自动调整图像色调，效果如图 2-20 所示。

图 2-20 自动调整图像色调

2.2.2 自动对比度：一键调整图像对比度

“自动对比度”命令可以自动调整图像中颜色的总体对比度和混合颜色，它将图像中最亮和最暗的像素映射为白色和黑色，使高光显得更亮而暗调显得更暗。下面介绍使用“自动对比度”命令调整图像的操作方法。

	素材文件	素材 \ 第 2 章 \ 熨斗 .jpg
	效果文件	效果 \ 第 2 章 \ 熨斗 .jpg
	视频文件	扫码可直接观看视频

【操练 + 视频】
——自动对比度：一键调整图像对比度

STEP 01 打开一幅素材图像，如图 2-21 所示。

图 2-21 素材图像

STEP 02 选择“图像”|“自动对比度”命令，如图 2-22 所示。

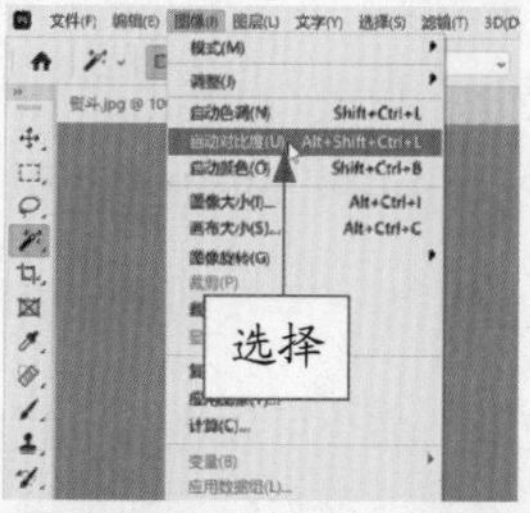

图 2-22 选择“自动对比度”命令

STEP 03 执行操作后，即可自动调整图像对比度，效果如图 2-23 所示。

图 2-23　自动调整图像对比度

专家指点

除了使用“自动对比度”命令调整图像对比度外，用户可以按【Alt + Shift + Ctrl + L】组合键快速调整图像对比度。“自动对比度”命令会自动将图像最深的颜色加强为黑色，最亮的部分加强为白色，以增强图像的对比度此命令对于连续调的图像效果相当明显，而对于单色或颜色不丰富的图像几乎不产生作用。

2.2.3　调整曝光：提高图像的曝光度

在照片拍摄过程中，经常会因为曝光过度而导致图像偏白，或因为曝光不足而导致图像偏暗，这时可以使用“曝光度”命令来调整图像的曝光度。

	素材文件	素材 \ 第 2 章 \ 餐具 .jpg
	效果文件	效果 \ 第 2 章 \ 餐具 .jpg
	视频文件	扫码可直接观看视频

【操练 + 视频】
——调整曝光：提高画面的曝光度

STEP 01 打开一幅素材图像，如图 2-24 所示。

STEP 02 选择“图像”|“调整”|“曝光度”命令，弹出“曝光度”对话框，设置相应参数，如图 2-25 所示。

图 2-24　素材图像

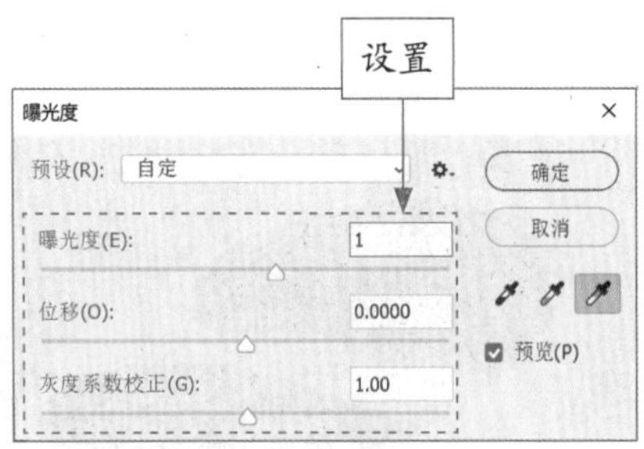

图 2-25　设置相应参数

STEP 03 单击“确定”按钮，即可使用“曝光度”命令调整图像色彩，如图 2-26 所示。

图 2-26　调整图像色彩

专家指点

在“曝光度”对话框中，“曝光度”参数用于调整色调范围的高光端，对极限阴影的影响很小。

2.2.4 亮度 / 对比度：提高图像的亮度

在 Photoshop 2022 中，“亮度 / 对比度”命令主要对图像每个像素的亮度或对比度进行调整，此调整方式方便、快捷，但不适用于较为复杂的图像。下面介绍使用“亮度 / 对比度”命令调整图像的操作方法。

	素材文件	素材 \ 第 2 章 \ 圆椅 .jpg
	效果文件	效果 \ 第 2 章 \ 圆椅 .jpg
	视频文件	扫码可直接观看视频

【操练 + 视频】
——亮度 / 对比度：提高图像的亮度

STEP 01 打开一幅素材图像，如图 2-27 所示。

图 2-27 素材图像

STEP 02 选择“图像”|“调整”|“亮度 / 对比度”命令，如图 2-28 所示。

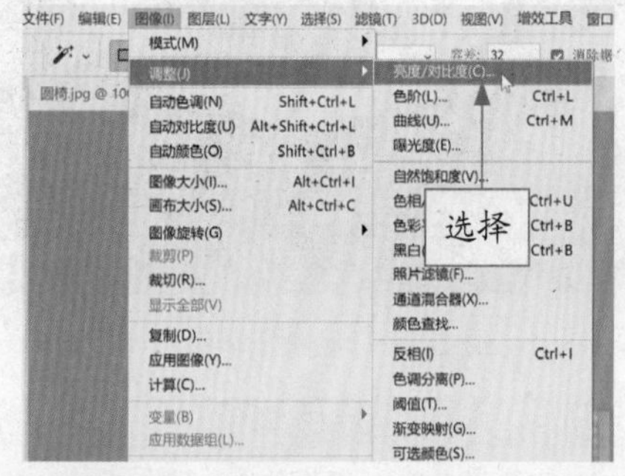

图 2-28 选择“亮度 / 对比度”命令

STEP 03 弹出“亮度 / 对比度”对话框，设置相应参数，如图 2-29 所示。

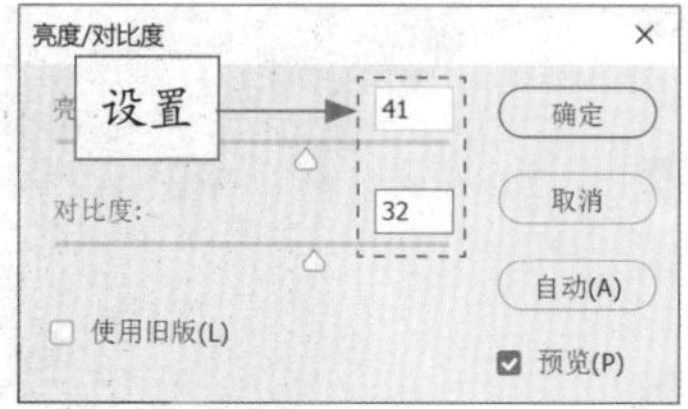

图 2-29 设置相应参数

STEP 04 单击“确定”按钮，即可调整图像的亮度和对比度，效果如图 2-30 所示。

图 2-30 调整图像的亮度和对比度

专家指点

在“亮度 / 对比度”对话框中，各主要选项含义如下。

- 亮度：用于调整图像的亮度。该值为正时增加图像亮度，为负时降低亮度。
- 对比度：用于调整图像的对比度。正值时增加图像对比度，负值时降低对比度。

2.2.5 色阶调整：校正图像高光的强度

色阶是指图像中的颜色或颜色中的某一个组成部分的亮度范围，通过“色阶”命令可以调整图像的阴影、中间调和高光的强度级别，校正色调范围和色彩平衡。下面介绍使用“色阶”命令调整图像的操作方法。

	素材文件	素材 \ 第 2 章 \ 花纹 .jpg
	效果文件	效果 \ 第 2 章 \ 花纹 .jpg
	视频文件	扫码可直接观看视频

【操练 + 视频】
——色阶调整：校正图像高光的强度

STEP 01 打开一幅素材图像，如图 2-31 所示。

图 2-31　素材图像

STEP 02 选择“图像”|“调整”|“色阶”命令，如图 2-32 所示。

STEP 03 弹出“色阶”对话框，在其中设置各参数，如图 2-33 所示。

STEP 04 单击“确定”按钮，即可使用“色阶”命令调整图像亮度，如图 2-34 所示。

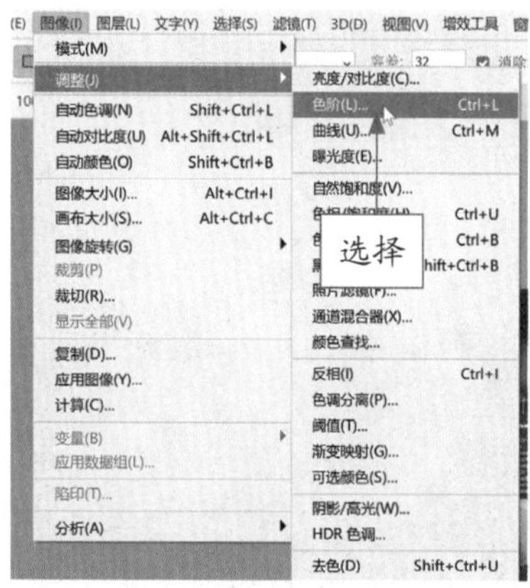

图 2-32　选择“色阶”命令

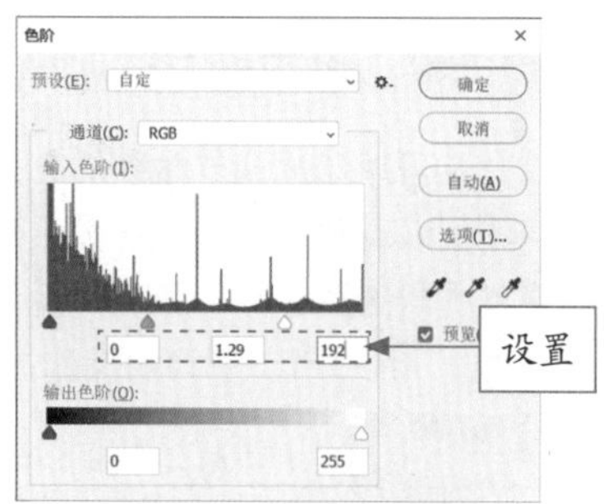

图 2-33　设置各参数

专家指点

除了使用上述方法弹出“色阶”对话框外，还可以按【Ctrl + L】组合键。在“色阶”对话框中，各主要选项含义如下。

- 预设：单击“预设”右侧的下拉按钮，在弹出的列表框中选择“存储预设”选项，可以将当前的调整参数保存为一个预设的文件。
- 通道：可以选择一个通道进行调整，调整通道会影响图像的颜色。
- 自动：单击该按钮，可以应用自动颜色校正。Photoshop 会以 0.5% 的比例自动调整图像色阶，使图像的亮度分布更加均匀。
- 选项：单击该按钮，可以打开“自动颜色校正选项”对话框，在该对话框中可以设置黑色像素和白色像素的比例。
- 输入色阶：用来调整图像的阴影、中间调和高光区域。
- 输出色阶：可以限制图像的亮度范围，从而降低对比度，使图像呈现褪色效果。
- 在图像中取样以设置白场：使用该工具在图像中单击，可以将单击点的像素调整为白色，原图中比该点亮度值高的像素也都会变为白色。
- 在图像中取样以设置灰场：使用该工具在图像中单击，可以根据单击点像素的亮度来调整其他中间色调的平均亮度，通常用来校正色偏。
- 在图像中取样以设置黑场：使用该工具在图像中单击，可以将单击点的像素调整为黑色，原图中比该点暗的像素也变为黑色。

图 2-34　调整图像亮度

2.2.6　曲线调整：校正指定范围内的色调

“曲线”命令可以通过调节曲线的方式调整图像的高亮色调、中间调和暗色调，其优点是可以只调整选定色调范围内的图像而不影响其他色调。下面介绍使用“曲线”命令调整图像的操作方法。

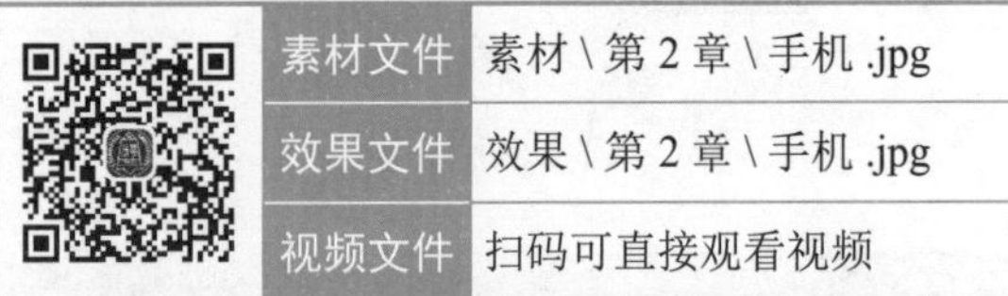

	素材文件	素材 \ 第 2 章 \ 手机 .jpg
	效果文件	效果 \ 第 2 章 \ 手机 .jpg
	视频文件	扫码可直接观看视频

【操练 + 视频】
——曲线调整：校正指定范围内的色调

STEP 01 打开一幅素材图像，如图 2-35 所示。

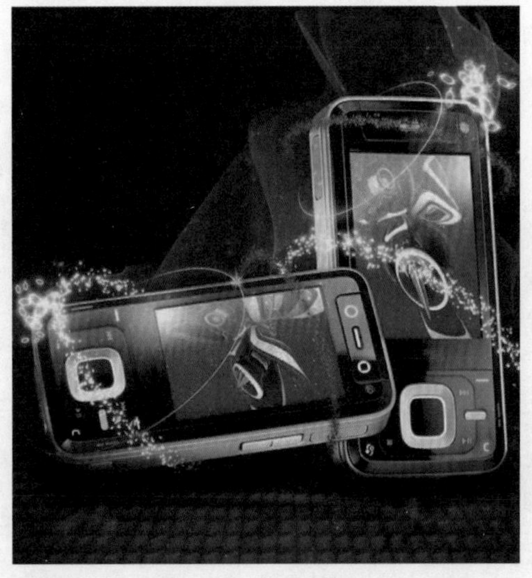

图 2-35　素材图像

STEP 02 选择“图像”|“调整”|“曲线”命令，弹出“曲线”对话框，如图 2-36 所示。

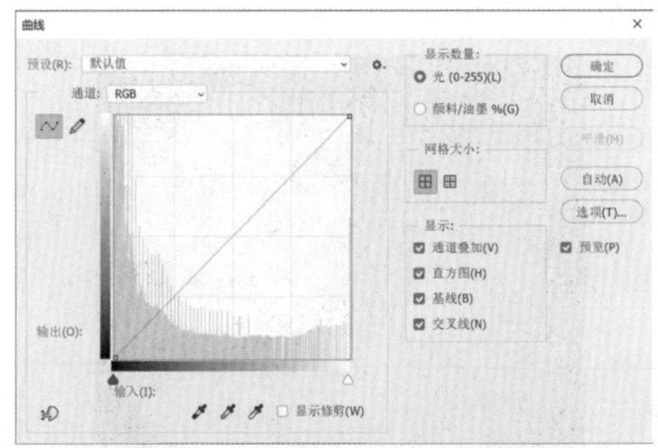

图 2-36　弹出“曲线”对话框

STEP 03 单击“通道”右侧的下拉按钮，在弹出的下拉列表中选择“红”选项，并设置相应参数，如图 2-37 所示。

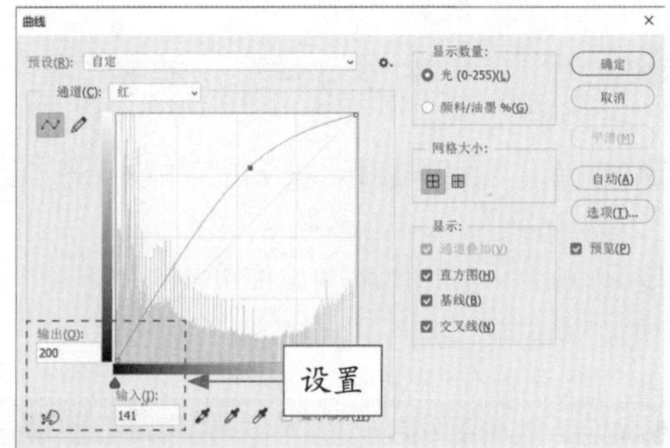

图 2-37　设置相应参数

STEP 04 单击“确定”按钮，即可使用“曲线”命令调整图像的整体色调，效果如图 2-38 所示。

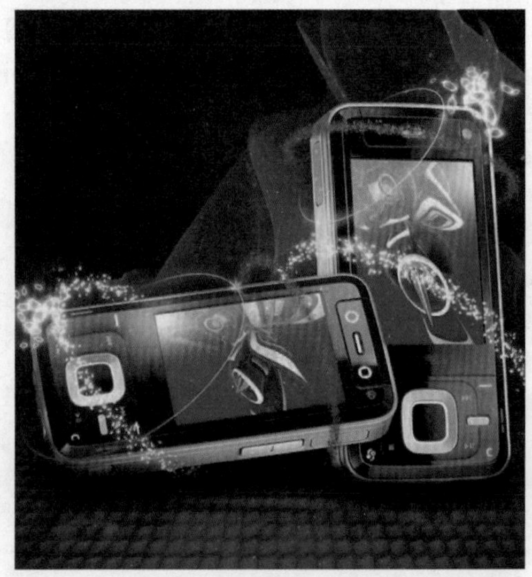

图 2-38　调整整体色调

专家指点

按【Ctrl ＋ M】组合键也可以弹出“曲线”对话框，其中各主要选项含义如下。

- 预设：包含了 Photoshop 提供的各种预设调整文件，可以用于调整图像。
- 通道：在其列表中可以选择要调整的通道，调整通道会改变图像的颜色。
- 编辑点以修改曲线：该按钮为选中状态时，在曲线中单击可以添加新的控制点，拖动控制点改变曲线形状即可调整图像。
- 通过绘制来修改曲线：单击该按钮后，可以手绘的方式绘制自由曲线。
- 输出 / 输入：“输入”色阶显示了调整前的像素值，“输出”色阶显示了调整后的像素值。
- 在图像上单击并拖动可修改曲线：单击该按钮后，将光标放在图像上，曲线上会出现一个圆形图形，它代表光标处的色调在曲线上的位置，在画面中单击并拖动鼠标可以添加控制点并调整相应的色调。
- 平滑：使用铅笔绘制曲线后，单击该按钮，可以对曲线进行平滑处理。
- 自动：单击该按钮，可以对图像应用“自动颜色”“自动对比度”或“自动色调”校正。具体校正内容取决于“自动颜色校正选项”对话框中的设置。
- 选项：单击该按钮，可以打开“自动颜色校正选项”对话框。自动颜色校正选项用来控制由“色阶”和“曲线”中的“自动颜色”“自动色调”“自动对比度”和“自动”选项应用的色调和颜色校正。它允许指定“阴影”和“高光”修剪百分比，并为阴影、中间调和高光指定颜色值。

2.2.7　色调均化：均匀呈现图像的亮度

“色调均化”命令能够重新分布图像中像素的亮度值，使其更均匀地显示所有范围的亮度级别，使图像更加柔化。下面介绍使用“色调均化”命令调整图像的操作方法。

	素材文件	素材 \ 第 2 章 \ 摆件 .jpg
	效果文件	效果 \ 第 2 章 \ 摆件 .jpg
	视频文件	扫码可直接观看视频

【操练 + 视频】
——色调均化：均匀呈现图像的亮度

STEP 01 打开一幅素材图像，如图 2-39 所示。

图 2-39　素材图像

STEP 02 选择“图像”|“调整”|“色调均化”命令，即可进行色调均化，如图 2-40 所示。

图 2-40　色调均化图像

专家指点

使用“色调均化”命令，Photoshop 将尝试对亮度进行色调均化处理，也就是在整个灰度中均匀分布中间像素值。在使用该命令时，Photoshop 会将图像中最亮的像素转换为白色，将最暗的像素转换为黑色，尝试对亮度进行色调均化，也就是在整个灰度中均匀分布中间像素值。同时，对其余的像素也将相应地进行调整。

2.3 图像色彩的高级调整

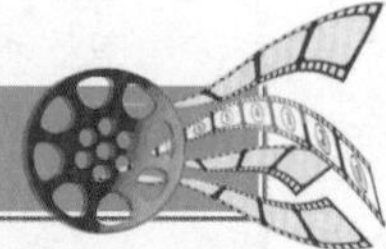

本节主要介绍“色彩平衡”命令、“色相 / 饱和度”命令、“可选颜色”命令、“替换颜色”以及“通道混合器”命令调整图像色彩的操作方法。

2.3.1 色彩平衡：快速修正图像偏色

“色彩平衡”命令是根据颜色互补的原理，通过添加或减少互补色而达到图像的色彩平衡，或改变图像的整体色调。下面介绍使用“色彩平衡”命令调整图像的操作方法。

	素材文件	素材 \ 第 2 章 \ 蜻蜓 .jpg
	效果文件	效果 \ 第 2 章 \ 蜻蜓 .jpg
	视频文件	扫码可直接观看视频

【操练 + 视频】
——色彩平衡：快速修正图像偏色

STEP 01 打开一幅素材图像，如图 2-41 所示。

图 2-41　素材图像

STEP 02 选择“图像”|“调整”|“色彩平衡”命令，弹出“色彩平衡”对话框，设置相应参数，如图 2-42 所示。

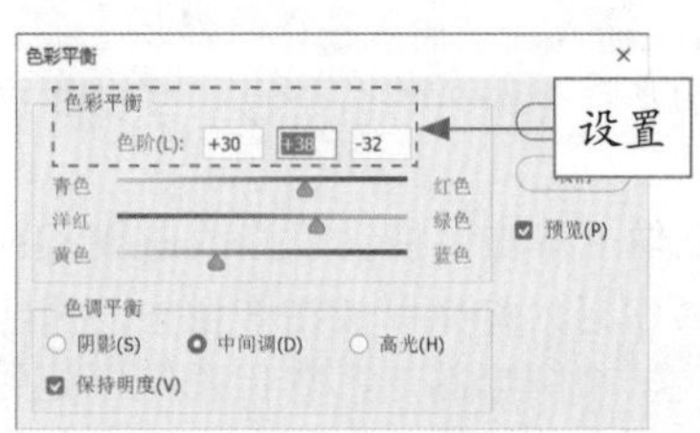

图 2-42　“色彩平衡”对话框

专家指点

在“色彩平衡”对话框中，分别显示了青色和红色、洋红和绿色、黄色和蓝色这 3 对互补的颜色，每一对颜色中间的滑块用于控制各主要色彩的增减。分别选中“色调平衡”选项区中的 3 个单选按钮，可以调整图像颜色的最暗处、中间处和最亮处。

STEP 03 单击“确定”按钮，即可调整图像色彩平衡，效果如图 2-43 所示。

图 2-43　调整图像色彩平衡

2.3.2　色相 / 饱和度：改变图像颜色及浓度

“色相 / 饱和度”命令可以调整整幅图像或单个颜色分量的色相、饱和度和亮度值，还可以同步调整图像中所有的颜色。下面介绍使用“色相 / 饱和度”命令调整图像的操作方法。

	素材文件	素材 \ 第 2 章 \ 月饼 .jpg
	效果文件	效果 \ 第 2 章 \ 月饼 .jpg
	视频文件	扫码可直接观看视频

【操练 + 视频】
——色相 / 饱和度：改变图像颜色及浓度

STEP 01 打开一幅素材图像，如图 2-44 所示。

图 2-44　素材图像

STEP 02 选择“图像”|“调整”|“色相 / 饱和度”命令，弹出“色相 / 饱和度”对话框，单击“预设”右侧的下拉按钮，在弹出的下拉列表中选择“自定”选项，如图 2-45 所示。

> **专家指点**
>
> 除了用“色相 / 饱和度”命令调整图像色相外，用户还可以按【Shift + U】组合键快速调整图像色相。

STEP 03 在对话框中设置“色相”为 21、“饱和度”为 34，校正图像的颜色，使画面色彩更加自然，如图 2-46 所示。

STEP 04 单击“确定”按钮，即可调整图像色相，效果如图 2-47 所示。

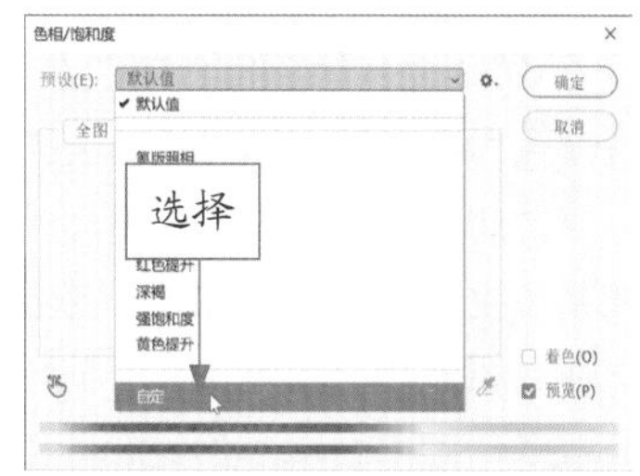

图 2-45　选择“自定”选项

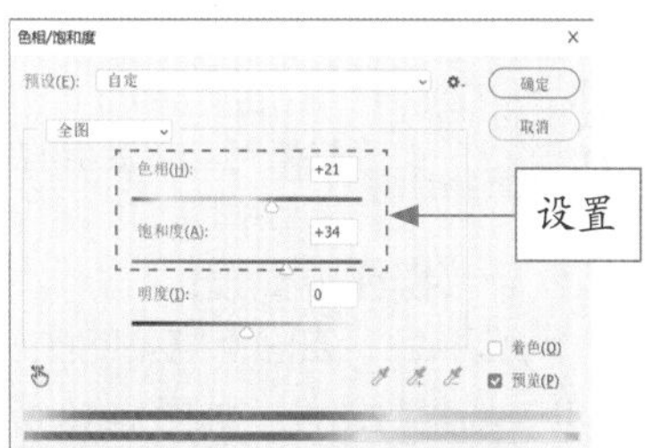

图 2-46　设置各参数

图 2-47　调整图像色相

> **专家指点**
>
> 在“色相 / 饱和度”对话框中，各主要选项含义如下。
>
> - 预设：在“预设”下拉列表中提供了 8 种色相 / 饱和度预设方案。
> - 通道：在“通道”下拉列表中可以选择全图、红色、黄色、绿色、青色、蓝色和洋红通道，进行色相、饱和度和明度的参数调整。
> - 着色：选中该复选框后，图像会整体偏向于单一的红色调。
> - 在图像上单击并拖动可修改饱和度：使用该工具在图像上单击设置取样点以后，向右拖曳鼠标可以增加图像的饱和度，向左拖曳鼠标可以降低图像的饱和度。

2.3.3 可选颜色：去除不需要的颜色

“可选颜色”命令主要用来调节 RGB（色彩三原色：红、绿、蓝）、黑白灰等颜色的色调，可以有选择地在某一主色调成分中增加或减少印刷颜色的含量。下面介绍使用“可选颜色”命令调整图像的操作方法。

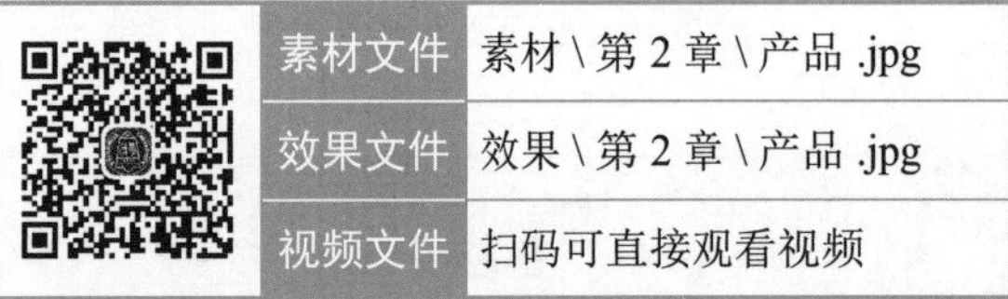

	素材文件	素材 \ 第 2 章 \ 产品 .jpg
	效果文件	效果 \ 第 2 章 \ 产品 .jpg
	视频文件	扫码可直接观看视频

【操练 + 视频】
——可选颜色：去除不需要的颜色

STEP 01 打开一幅素材图像，如图 2-48 所示。

图 2-48 素材图像

STEP 02 选择“图像”|“调整”|“可选颜色”命令，弹出“可选颜色”对话框，设置相应参数，如图 2-49 所示。

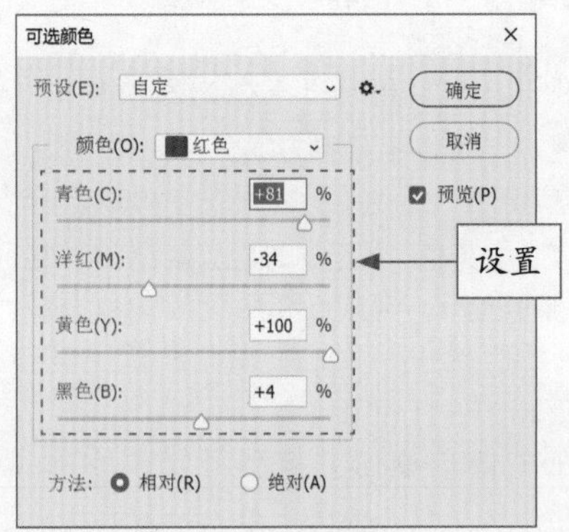

图 2-49 设置相应参数（1）

STEP 03 单击“颜色”右侧的下拉按钮，在弹出的下拉列表中选择“黄色”选项，设置相应参数，如图 2-50 所示。

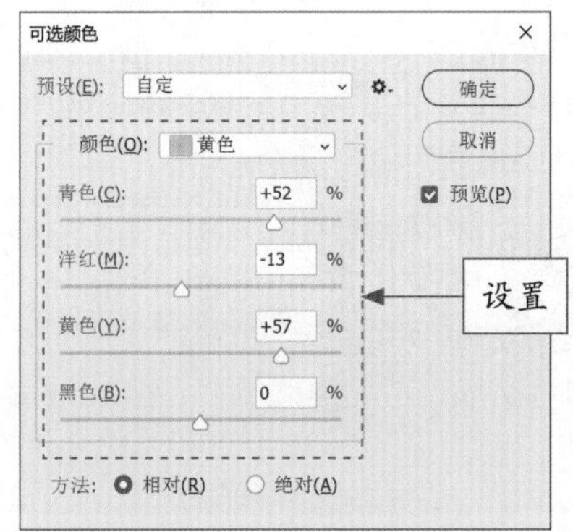

图 2-50 设置相应参数（2）

STEP 04 单击“确定”按钮，即可调整图像的颜色，效果如图 2-51 所示。

图 2-51 调整图像的颜色

2.3.4 替换颜色：随意变换图像颜色

“替换颜色”命令能够基于特定颜色，通过在图像中创建蒙版来调整色相、饱和度和明度值。“替换颜色”命令能够将整幅图像或者选定区域的颜色用指定的颜色代替。使用“替换颜色”命令，可以为需要替换的颜色创建一个临时蒙版，以选择图像中的特定颜色，然后进行替换。同时，还可以调整替换颜色的色相、饱和度和亮度。下面介绍使用“替换颜色”命令调整图像的操作方法。

	素材文件	素材\第 2 章\音乐图标 .jpg
	效果文件	效果\第 2 章\音乐图标 .jpg
	视频文件	扫码可直接观看视频

【操练 + 视频】

——替换颜色：随意变换图像颜色

STEP 01 打开一幅素材图像，如图 2-52 所示。

图 2-52　素材图像

STEP 02 选择“图像”|“调整”|“替换颜色”命令，弹出“替换颜色”对话框，单击“添加到取样”按钮，在橘红色区域中重复单击，选中背景，如图 2-53 所示。

图 2-53　重复单击选中背景

STEP 03 单击“结果”色块，弹出“拾色器（结果颜色）”对话框，设置 RGB 参数值分别为 27、122、8，如图 2-54 所示。

STEP 04 单击“确定”按钮，返回“替换颜色”对话框，设置“颜色容差”为 100、“色相”为 105、“饱和度”为 11、“明度”为 -28，如图 2-55 所示。

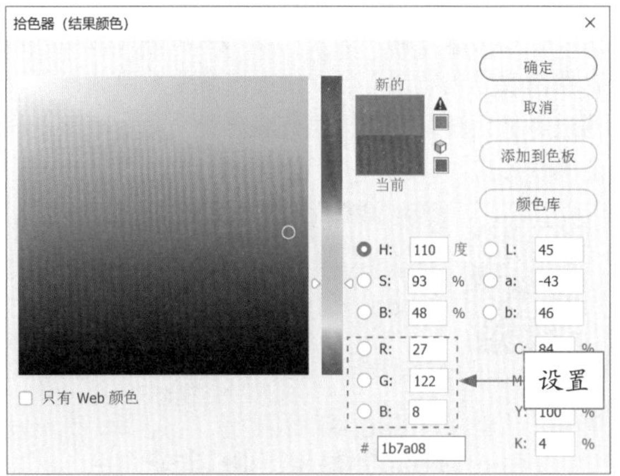

图 2-54　设置 RGB 参数值

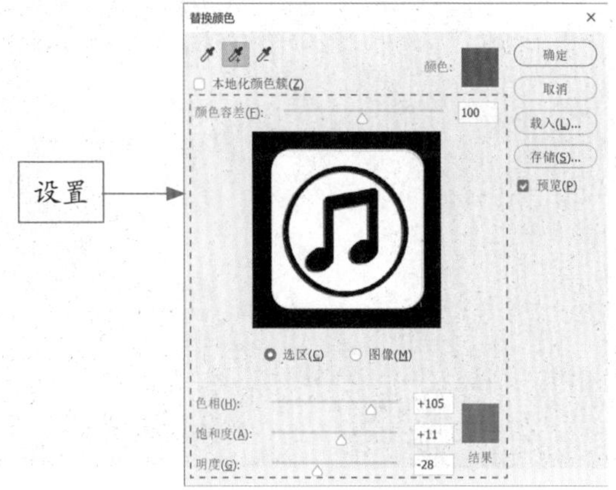

图 2-55　设置各参数

STEP 05 单击“确定”按钮，即可替换图像的颜色，如图 2-56 所示。

图 2-56　替换图像的颜色

2.3.5 通道混合器：利用通道进行调色

“通道混合器”命令可以用当前颜色通道的混合器修改颜色通道，但在使用该命令前要选择复合通道。下面介绍使用“通道混合器”命令调整图像的操作方法。

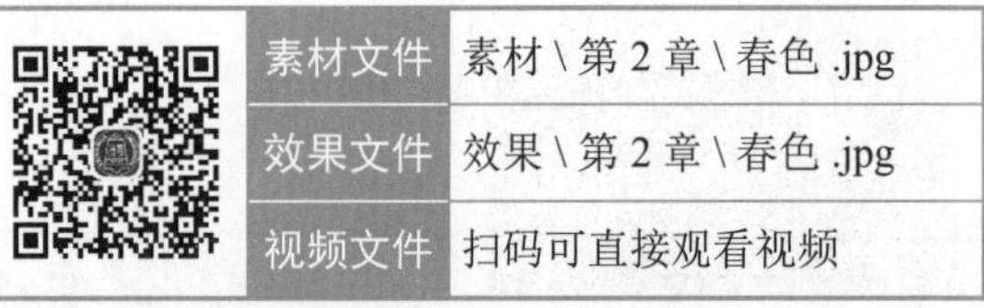

	素材文件	素材 \ 第 2 章 \ 春色 .jpg
	效果文件	效果 \ 第 2 章 \ 春色 .jpg
	视频文件	扫码可直接观看视频

【操练 + 视频】
——通道混合器：利用通道进行调色

STEP 01 打开一幅素材图像，如图 2-57 所示。

图 2-57 素材图像

STEP 02 选择“图像”|“调整”|“通道混合器”命令，弹出“通道混和器”对话框，如图 2-58 所示。

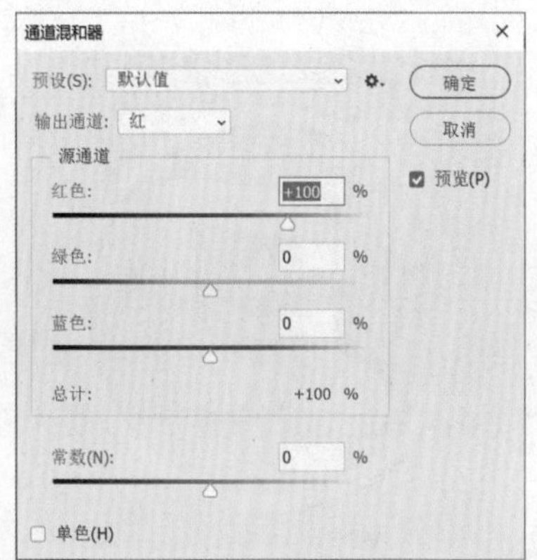

图 2-58 “通道混和器”对话框

STEP 03 在该对话框中，设置“红色”为 139%、“绿色”为 68%、“蓝色”为 -12%，调整红通道的颜色，如图 2-59 所示。

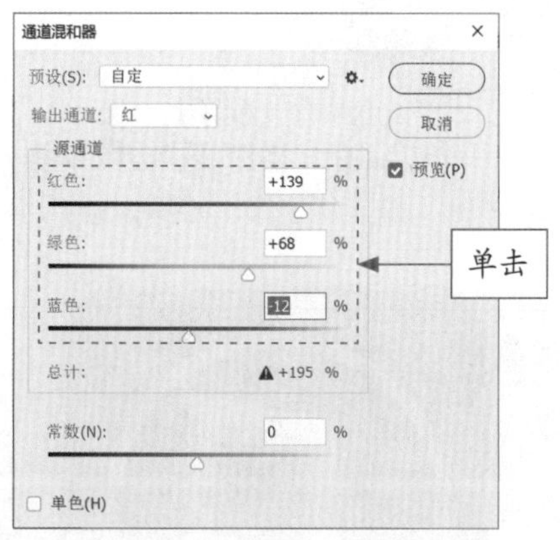

图 2-59 设置相应参数

STEP 04 单击“确定”按钮，即可调整图像色彩，效果如图 2-60 所示。

图 2-60 调整图像色彩

专家指点

在“通道混和器”对话框中，各主要选项含义如下。

- 预设：该下拉列表中包含了 Photoshop 提供的预设调整设置方案。
- 输出通道：可以选择要调整的通道。
- 源通道：用来设置输出通道中源通道所占的百分比。
- 总计：显示了通道的总计值。
- 常数：用来调整输出通道的灰度值。
- 单色：选中该复选框，可以将彩色图像转换为黑白效果。

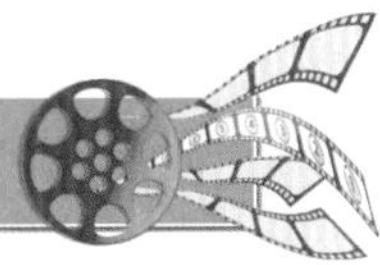

2.4 图像的特殊调色命令

“黑白”“反相”“阈值”和“去色”等命令可以更改图像中颜色的亮度值，通常这些命令只用于增强颜色以产生特殊效果，而不用于校正颜色；而“渐变映射”“照片滤镜”和“色调分离”等命令可用于调整图像的色彩。本节主要介绍图像的特殊调色技巧。

2.4.1　黑白色调：将图像处理为单色效果

“黑白”命令可以将图像调整为具有艺术感的黑白效果图像，同时也可以调整出不同单色的艺术效果。下面介绍使用“黑白”命令调整图像的操作方法。

	素材文件	素材 \ 第 2 章 \ 咖啡杯 .jpg
	效果文件	效果 \ 第 2 章 \ 咖啡杯 .jpg
	视频文件	扫码可直接观看视频

【操练 + 视频】

——黑白色调：将图像处理为单色效果

STEP 01 打开一幅素材图像，如图 2-61 所示。

图 2-61　素材图像

STEP 02 选择“图像”|“调整”|“黑白”命令，弹出“黑白”对话框，如图 2-62 所示。

> **专家指点**
>
> 在“黑白”对话框中，若单击“自动”按钮，可以设置基于图像颜色值的灰度混和，并使灰度值的分布最大化。

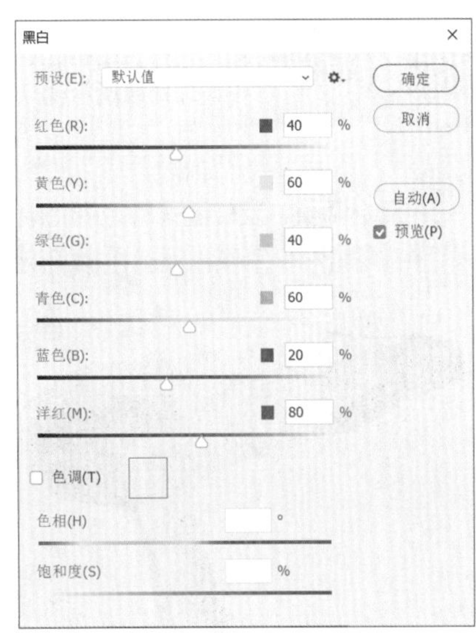

图 2-62　弹出“黑白”对话框

STEP 03 保持默认设置，单击“确定”按钮，即可制作黑白效果，如图 2-63 所示。

图 2-63　单色效果

2.4.2 反相调整：反转图像的色彩色调

“反相”命令可以将图像中的颜色进行反相，类似于传统相机中的底片效果。对于彩色图像，使用此命令可以将图像中的各部分颜色转换为补色。下面介绍使用“反相”命令调整图像的操作方法。

	素材文件	素材 \ 第 2 章 \ 吹风机 .jpg
	效果文件	效果 \ 第 2 章 \ 吹风机 .jpg
	视频文件	扫码可直接观看视频

【操练 + 视频】
——反相调整：反转图像的色彩色调

STEP 01 打开一幅素材图像，如图 2-64 所示。

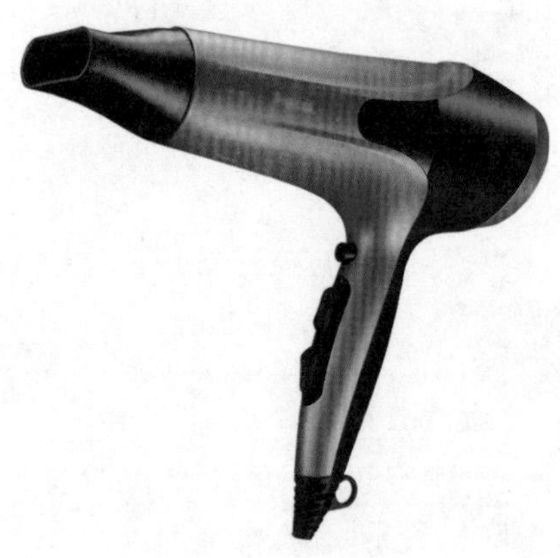

图 2-64 素材图像

STEP 02 选择“图像”|“调整”|“反相”命令，如图 2-65 所示。

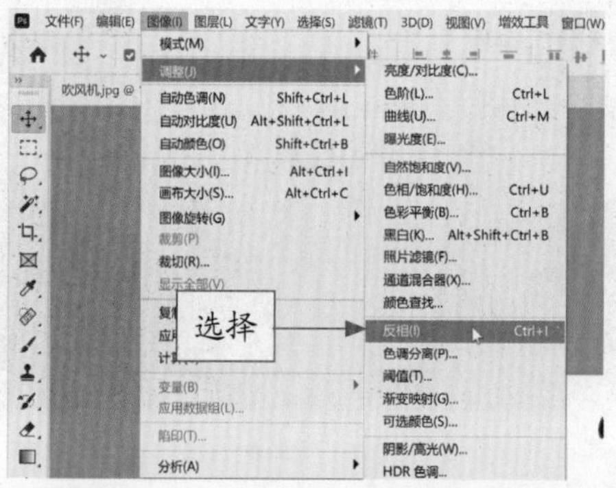

图 2-65 选择“反相”命令

专家指点

除了使用上述方法对图像进行反相外，用户还可以按【Ctrl + I】组合键快速对图像进行反相处理。“反相”命令用于制作类似于照片底片的效果，它可以对图像颜色进行反相，即将黑色转换成白色，或者从扫描的黑白阴片中得到一个阳片。如果是一幅彩色的图像，它能够把每一种颜色都反转成该颜色的互补色。将图像素材反相时，通道中每个像素的亮度值都会被转换为 256 级颜色刻度上相反的值。

STEP 03 执行操作后，即可反相图像，效果如图 2-66 所示。

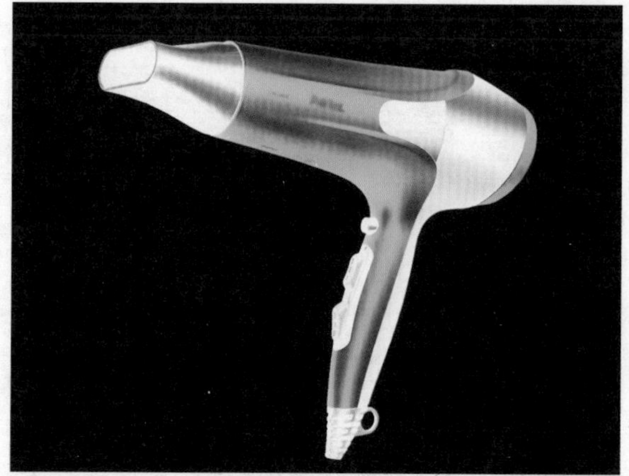

图 2-66 反相图像效果

2.4.3 阈值调整：纯黑白的艺术效果

“阈值”命令可以将灰度或彩色图像转换为高对比度的黑白图像。在转换过程中，被操作图像中比设置阈值高的像素将会转换为白色。

	素材文件	素材 \ 第 2 章 \ 蝴蝶 .jpg
	效果文件	效果 \ 第 2 章 \ 蝴蝶 .jpg
	视频文件	扫码可直接观看视频

【操练 + 视频】
——阈值调整：纯黑白的艺术效果

STEP 01 打开一幅素材图像，如图 2-67 所示。

STEP 02 在菜单栏中选择“图像”|“调整”|“阈值”命令，如图 2-68 所示。

图 2-67　素材图像

图 2-68　选择相应命令

STEP 03 弹出“阈值”对话框，保持默认设置，图 2-69 所示。

> **专家指点**
>
> 在“阈值”对话框中，可以对“阈值色阶”进行设置，设置后图像中所有亮度值比其小的像素都会变成黑色，所有亮度值比其大的像素都将变成白色。

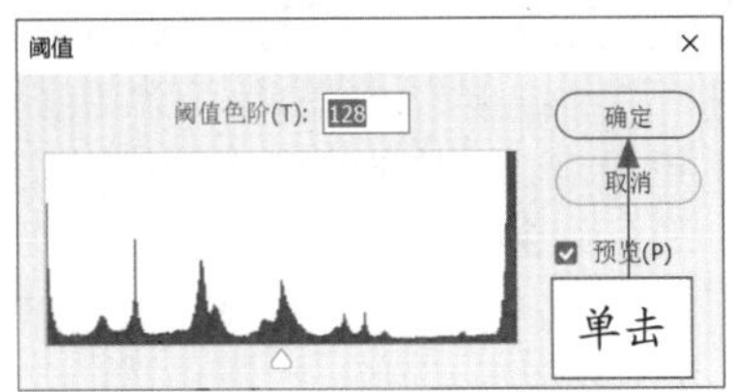

图 2-69　“阈值”对话框

STEP 04 单击“确定”按钮，即可制作黑白图像，效果如图 2-70 所示。

图 2-70　制作黑白图像

2.4.4　图像去色：快速制作黑白图像

“去色”命令可以将彩色图像转换为灰度图像，同时图像的颜色模式保持不变，从而快速制作黑白图像效果。下面介绍使用“去色”命令调整图像的操作方法。

素材文件	素材 \ 第 2 章 \ 男装 .jpg
效果文件	效果 \ 第 2 章 \ 男装 .jpg
视频文件	扫码可直接观看视频

【操练 + 视频】
——图像去色：快速制作黑白图像

STEP 01 打开一幅素材图像，如图 2-71 所示。

图 2-71　素材图像

STEP 02 选择“图像”|“调整”|“去色”命令，如图 2-72 所示。

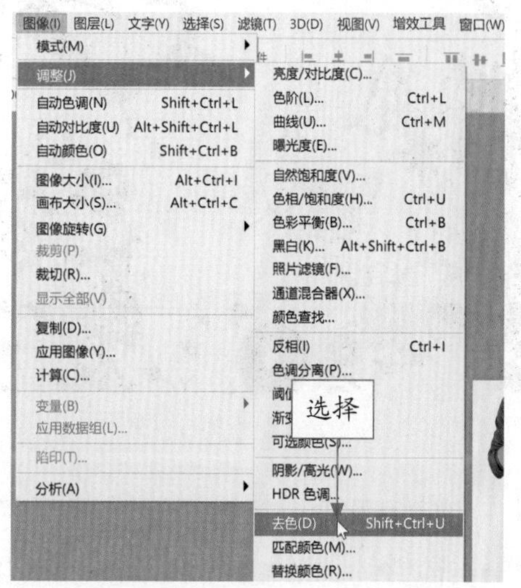

图 2-72 选择“去色”命令

STEP 03 执行操作后，对图像进行去色处理，效果如图 2-73 所示。

图 2-73 去色效果

专家指点

除了上述方法可以对图像去色外，用户还可以使用以下两种方法。

- 按【Shift ＋ Ctrl ＋ U】组合键，快速对图像进行去色，制作黑白图像。
- 依次按键盘上的【Alt】、【I】、【J】、【D】键，即可快速执行“去色”命令，对图像进行去色处理。

2.4.5 渐变映射：为图像指定渐变色

“渐变映射”命令可以将相等的图像灰度范围映射到指定的渐变填充色，下面介绍使用“渐变映射”命令调整图像的操作方法。

素材文件	素材\第 2 章\玫瑰花产品 .jpg
效果文件	效果\第 2 章\玫瑰花产品 .jpg
视频文件	扫码可直接观看视频

【操练 + 视频】
——渐变映射：为图像指定渐变色

STEP 01 打开一幅素材图像，如图 2-74 所示。

图 2-74 素材图像

STEP 02 选择“图像”|“调整”|“渐变映射”命令，弹出“渐变映射”对话框，如图 2-75 所示。

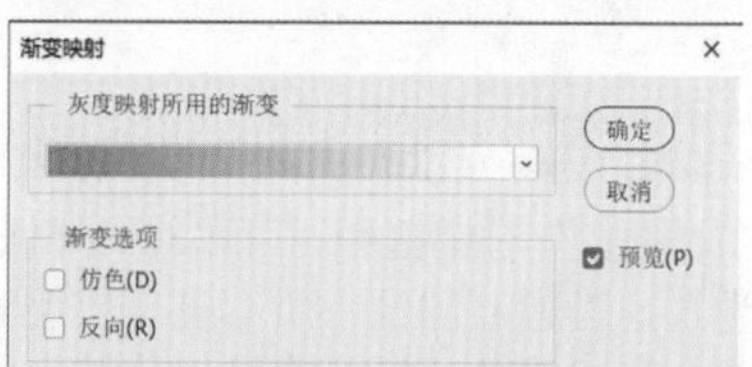

图 2-75 弹出“渐变映射”对话框

专家指点

在“渐变映射”对话框中，单击渐变条右侧的下拉按钮，在弹出的面板中可以选择一种预设渐变。如果要创建自定义渐变，则可以单击渐变条，打开“渐变编辑器”对话框进行设置。

STEP 03 单击渐变条，弹出“渐变编辑器”对话框，设置渐变从洋红（RGB 参数分别为 202、20、187）到白色，如图 2-76 所示。

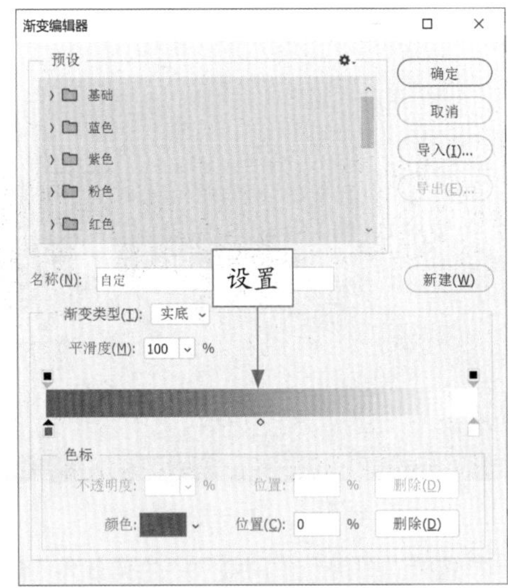

图 2-76　设置渐变色

STEP 04 单击“确定”按钮，返回“渐变映射”对话框，单击“确定”按钮，即可制作彩色渐变效果，如图 2-77 所示。

图 2-77　彩色渐变效果

2.4.6　照片滤镜：模拟特殊镜头效果

“照片滤镜”命令可以模仿镜头前加彩色滤镜的效果，以便通过调整镜头传输的色彩平衡和色温，使图像产生特定的曝光效果。

	素材文件	素材 \ 第 2 章 \ 动物 .jpg
	效果文件	效果 \ 第 2 章 \ 动物 .jpg
	视频文件	扫码可直接观看视频

【操练 + 视频】——照片滤镜：模拟特殊镜头效果

STEP 01 打开一幅素材图像，如图 2-78 所示。

图 2-78　素材图像

STEP 02 选择“图像”|“调整”|“照片滤镜”命令，弹出“照片滤镜”对话框，如图 2-79 所示。

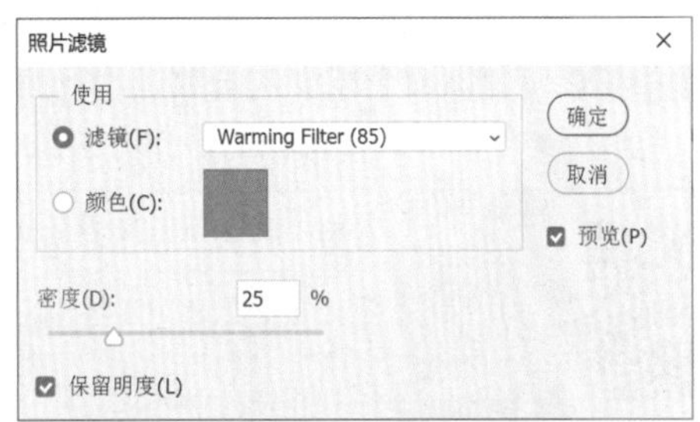

图 2-79　弹出“照片滤镜”对话框

STEP 03 在“滤镜”下拉列表中选择 Deep Red 选项，设置“密度”为 25%，图 2-80 所示。

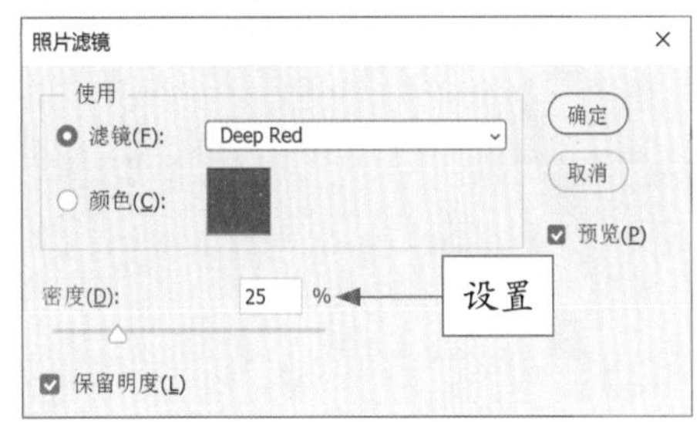

图 2-80　设置相应参数

STEP 04 单击“确定”按钮，即可在图像上添加红色的色调，效果如图 2-81 所示。

图 2-81　添加红色色调的效果

2.4.7　色调分离：指定图像色调级数

“色调分离”命令能够指定图像中每个通道的色调级（或亮度值）的数目，将像素映射为最接近的匹配级别。该命令也可以定义色阶的多少，在灰色图像中可以使用该命令减少灰阶数量。下面介绍使用“色调分离”命令调整图像的操作方法。

	素材文件	素材 \ 第 2 章 \UI 界面 .jpg
	效果文件	效果 \ 第 2 章 \UI 界面 .jpg
	视频文件	扫码可直接观看视频

【操练 + 视频】
——色调分离：指定图像色调级数

STEP 01 打开一幅素材图像，如图 2-82 所示。

图 2-82　素材图像

STEP 02 选择“图像”|“调整”|“色调分离”命令，弹出“色调分离”对话框，设置“色阶”为 3，单击“确定”按钮，即可对图像进行色调分离处理，效果如图 2-83 所示。

图 2-83　进行色调分离处理

第3章 掌握LR调色的专业技法

章前知识导读

Lightroom（LR）是Adobe公司出品的一款图像处理软件，主要支持各种RAW图像，此外还能用于jpg、tif等普通数码图像和数码相片的浏览、编辑、整理和打印等。本章主要介绍LR调色的专业技法，希望读者熟练掌握。

新手重点索引

- 照片色彩的基本调整
- 照片影调的高级调整

效果图片欣赏

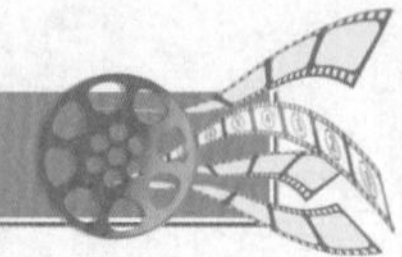

3.1 照片色彩的基本调整

摄影师在拍摄照片时，可能因为摄影技术或相机的使用问题，使得拍摄出来的照片出现扭曲、模糊、色调不正常等情况，或者拍摄对象本身就有一定的瑕疵，此时需要使用合理的工具和方法将照片的色彩进行修正。本节主要介绍调整照片色彩的基本操作方法。

3.1.1 效果预设：改变照片风格

在 Lightroom 中提供了多种预设选项，用户可以根据画面的需要选择合适的预设，对画面进行简单的处理。在下面的实例中，使用 Lightroom 预设为照片添加晕影，突出主体人物，再利用 Lightroom 预设将照片转换为黑白效果，更改照片的意境。

	素材文件	素材 \ 第 3 章 \ 侧脸美女 .jpg
	效果文件	效果 \ 第 3 章 \ 侧脸美女 .jpg
	视频文件	扫码可直接观看视频

【操练 + 视频】——效果预设：改变照片风格

STEP 01 在 Lightroom 中导入一张照片素材，进入“图库”模块，如图 3-1 所示。

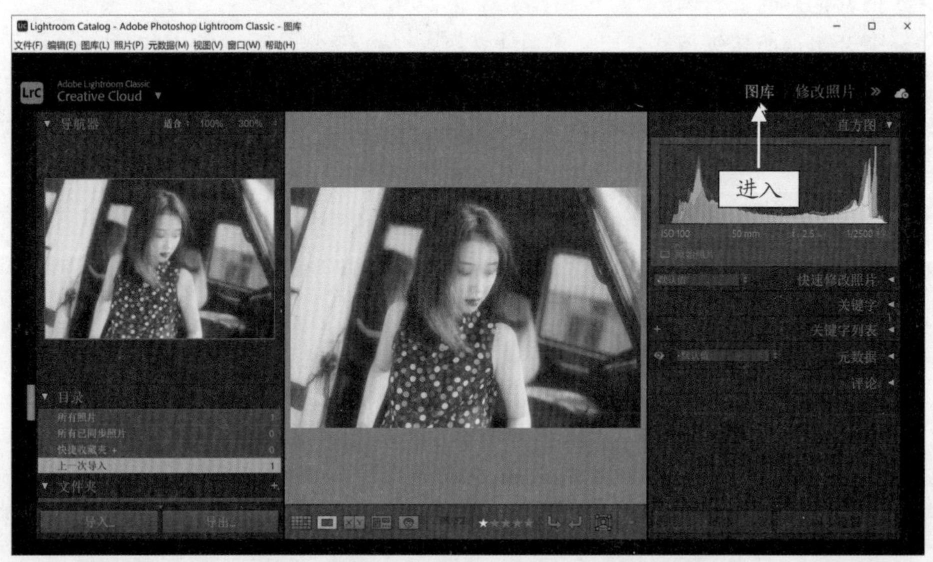

图 3-1 进入“图库”模块

STEP 02 展开“快速修改照片”面板，单击“存储的预设”选项右侧的扩展按钮，在弹出的下拉列表中选择“样式：电影效果”丨CN05 选项，如图 3-2 所示。

STEP 03 执行操作后，即可为照片添加电影效果，如图 3-3 所示。

STEP 04 单击“存储的预设”选项右侧的扩展按钮，在弹出的下拉列表中选择“样式：黑白”丨“BW01”选项，如图 3-4 所示。

图 3-2　选择相应预设选项（1）

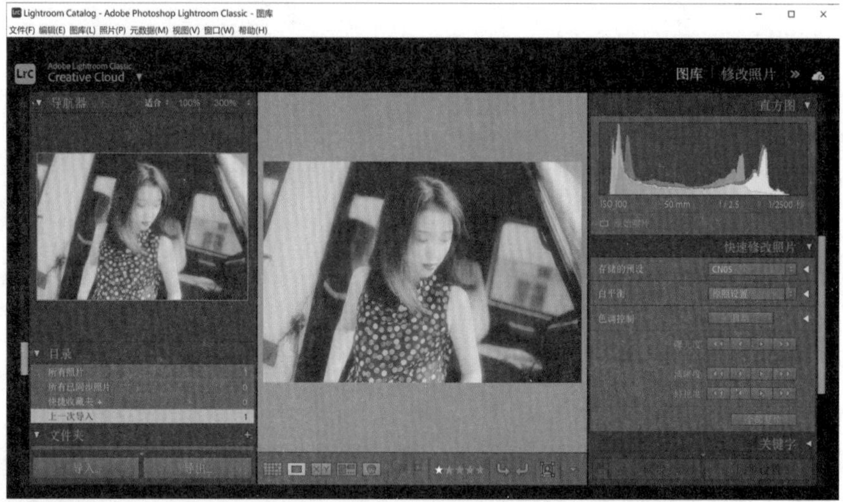

图 3-3　为照片添加电影效果

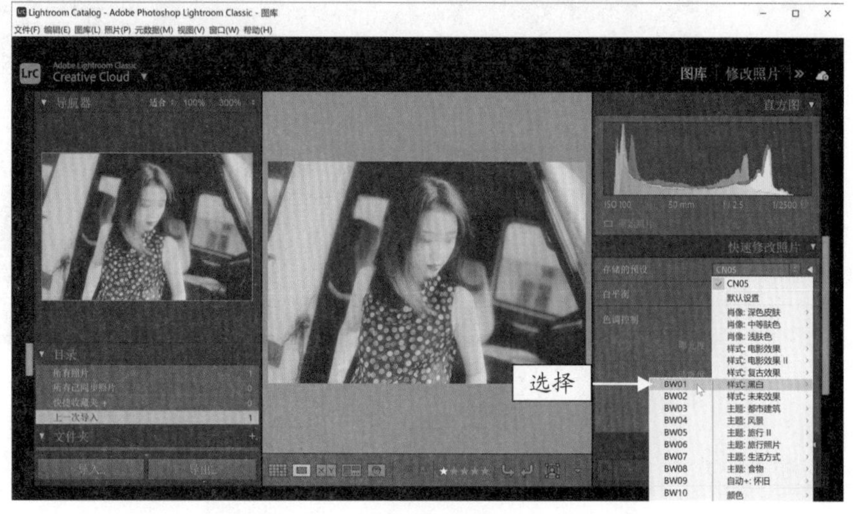

图 3-4　选择相应预设选项（2）

STEP 05 执行操作后，即可将照片转换为黑白效果，如图 3-5 所示。

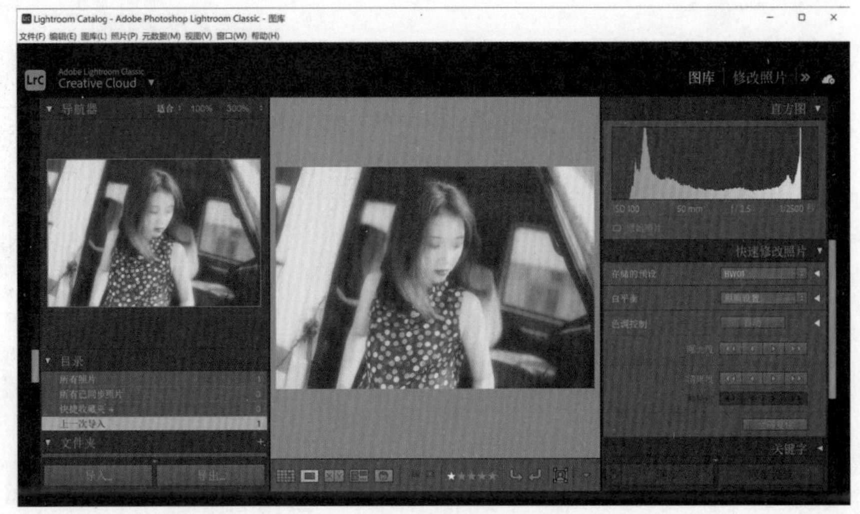

图 3-5 将照片转换为黑白效果

3.1.2 常规预设：改变照片色调

下面介绍使用 Lightroom 中的常规预设为照片使用“巨大 S 曲线”调节功能，加深照片的明暗对比，再利用暗角和颜色功能增强照片的光影和对比度。

	素材文件	素材 \ 第 3 章 \ 郁金香 .jpg
	效果文件	效果 \ 第 3 章 \ 郁金香 .jpg
	视频文件	扫码可直接观看视频

【操练 + 视频】——常规预设：改变照片色调

STEP 01 在 Lightroom 中导入一张照片素材，切换至“修改照片”模块，如图 3-6 所示。

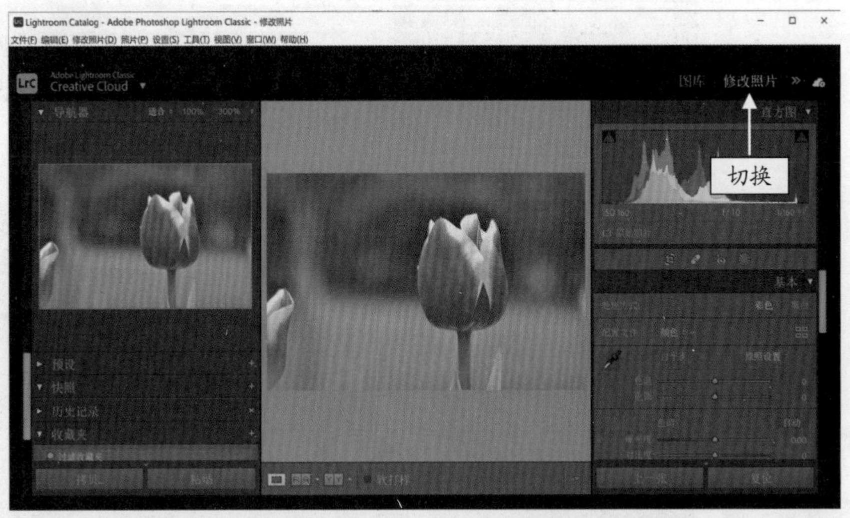

图 3-6 切换至“修改照片”模块

STEP 02 展开左侧的“预设”面板，在下方的列表框中选择“曲线”|“巨大 S 曲线”选项，如图 3-7 所示。

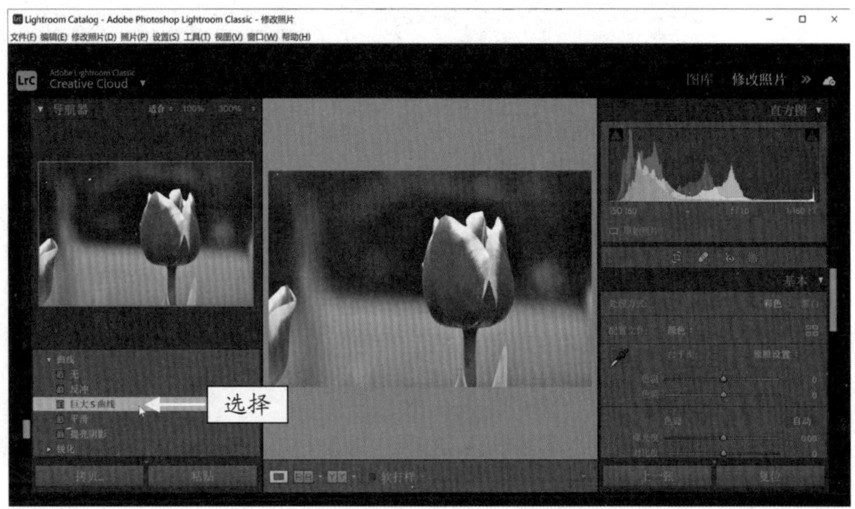

图 3-7　选择“巨大 S 曲线”选项

STEP 03 执行操作后，即可加深照片的对比效果，如图 3-8 所示。

图 3-8　加深照片的对比效果

STEP 04 在“预设”面板中选择“暗角”|“中”选项，即可为照片添加暗角效果，如图 3-9 所示。

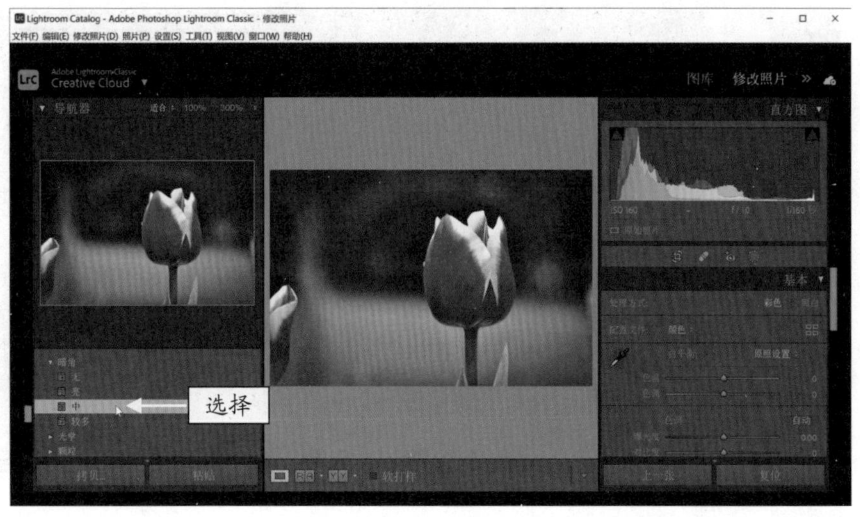

图 3-9　为照片添加暗角效果

STEP 05 在“预设”面板中选择“颜色”|“高对比度和细节”选项，即可增强照片的对比度和细节，效果如图 3-10 所示。

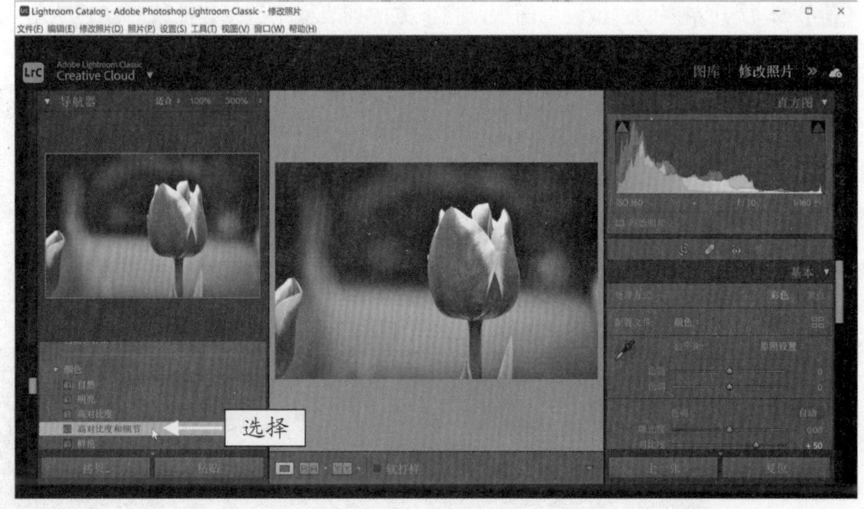

图 3-10 增强照片的对比度和细节

3.1.3 自动白平衡：校正照片色彩

Lightroom 中预设了自动的白平衡功能，当拍摄的照片出现不正常的白平衡效果时，在后期处理中就可以利用白平衡功能校正画面的白平衡。

	素材文件	素材 \ 第 3 章 \ 城市风光 .jpg
	效果文件	效果 \ 第 3 章 \ 城市风光 .jpg
	视频文件	扫码可直接观看视频

【操练 + 视频】——自动白平衡：校正照片色彩

STEP 01 在 Lightroom 中导入一张照片素材，切换至“修改照片”模块，如图 3-11 所示。

图 3-11 切换至“修改照片”模块

STEP 02 在右侧展开“基本”面板，单击“白平衡”选项后的下拉按钮，在弹出的下拉列表中选择“自动”选项，如图 3-12 所示。

图 3-12　选择“自动”选项

STEP 03 执行操作后，即可自动调整错误的白平衡设置，恢复自然的白平衡效果，如图 3-13 所示。

图 3-13　恢复自然的白平衡效果

3.1.4　曝光度：快速提高照片亮度

对于照片过暗的情况，我们可以利用“曝光度”功能提亮照片的亮度，使照片得到一个正常的曝光效果。下面介绍提高照片曝光的操作方法。

	素材文件	素材 \ 第 3 章 \ 小东江 .jpg
	效果文件	效果 \ 第 3 章 \ 小东江 .jpg
	视频文件	扫码可直接观看视频

【操练 + 视频】——曝光度：快速提高照片亮度

STEP 01 在 Lightroom 中导入一张照片素材，进入“图库”模块，如图 3-14 所示。

图 3-14 进入“图库”模块

STEP 02 展开“快速修改照片”面板，在“色调控制”选项区中单击“曝光度”右侧的“增加曝光度：1 档”按钮，即可提亮照片，效果如图 3-15 所示。

图 3-15 提亮照片后的效果

专家指点

单击“曝光度”右侧的“增加曝光度：1/3 档”按钮，可以增加 1/3 档的曝光量。

3.1.5 色温色调：转换为暖色调效果

色温对于摄影的色调是非常重要的，不同的色温下物体可以呈现出不同的效果。在“图库”模块中，使用“色温”选项可以快速更改一张或多张照片的色温。

	素材文件	素材 \ 第 3 章 \ 福元路大桥 .jpg
	效果文件	效果 \ 第 3 章 \ 福元路大桥 .jpg
	视频文件	扫码可直接观看视频

【操练 + 视频】——色温色调：转换为暖色调效果

STEP 01 在 Lightroom 中导入一张照片素材，进入“图库”模块，如图 3-16 所示。

图 3-16　进入“图库”模块

STEP 02 在右侧展开“白平衡”选项区，单击两次“提高色温”按钮，提高照片的色温，效果如图 3-17 所示。

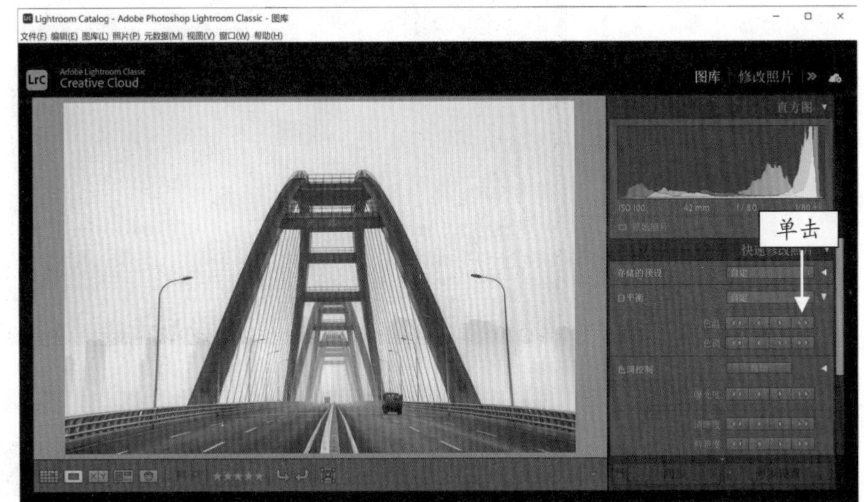

图 3-17　提高照片的色温

STEP 03 单击两次“增加洋红色调”按钮，提高照片的洋红色调，给人一种暖暖的视觉效果，如图 3-18 所示。

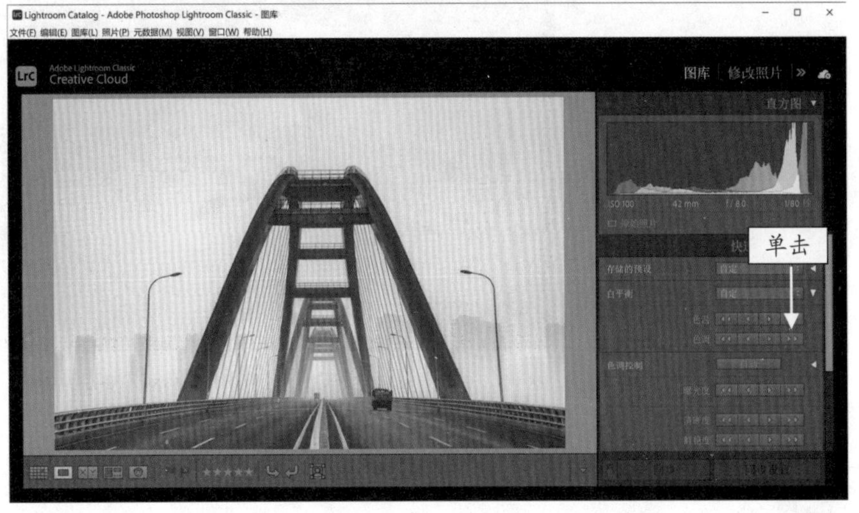

图 3-18　提高照片的洋红色调

3.1.6 清晰度：获取清晰的画面效果

对于摄影来说，并不是每个人都能拍出足够清晰的画面，绝大多数时候还是需要通过后期修复获取清晰的画面效果。通过 Lightroom 的清晰度设置，可以快速提高照片清晰度，获取具有强烈视觉冲击力的影像。

	素材文件	素材 \ 第 3 章 \ 咖啡 .jpg
	效果文件	效果 \ 第 3 章 \ 咖啡 .jpg
	视频文件	扫码可直接观看视频

【操练 + 视频】——清晰度：获取清晰的画面效果

STEP 01 在 Lightroom 中导入一张照片素材，进入“图库”模块，如图 3-19 所示。

图 3-19 进入“图库”模块

STEP 02 展开右侧的“快速修改照片”面板，单击“色调控制”右侧的“自动”按钮，自动调整照片的色调，效果如图 3-20 所示。

图 3-20 自动调整照片的色调

STEP 03 切换至“修改照片”模块，在“基本”面板中设置“纹理”为29、“清晰度”为37、“去朦胧”为35，增加画面的清晰度，效果如图 3-21 所示。

图 3-21　增加画面的清晰度

STEP 04 设置“鲜艳度”为 25、“饱和度”为26，增强画面的色彩，效果如图 3-22 所示。

图 3-22　增强画面的色彩

3.1.7　饱和度：对色彩的浓度进行控制

饱和度是色彩中构成的一部分，饱和度不同，对作品的诠释不同。所谓饱和度，指的是色彩的纯度，纯度越高，表现越鲜明；纯度较低，表现则较黯淡。下面介绍调整照片饱和度的操作方法。

	素材文件	素材 \ 第 3 章 \ 美食 .jpg
	效果文件	效果 \ 第 3 章 \ 美食 .jpg
	视频文件	扫码可直接观看视频

【操练 + 视频】——饱和度：对色彩的浓度进行控制

STEP 01 在 Lightroom 中导入一张照片素材，切换至“修改照片”模块，如图 3-23 所示。

图 3-23 切换至“修改照片”模块

STEP 02 在右侧展开“基本”面板，设置“鲜艳度”为 39、“饱和度”为 19，提高照片的饱和度，使美食更加鲜艳，效果如图 3-24 所示。

图 3-24 提高照片的饱和度

3.1.8 相机校准：恢复照片色彩

相机校准主要用于 RAW 格式图片的修正，让其和相机上所见效果相同。下面主要介绍“相机校准”的微调控制技巧，通过“相机校准”面板自由地调整照片色彩。

	素材文件	素材 \ 第 3 章 \ 江边风光 .jpg
	效果文件	效果 \ 第 3 章 \ 江边风光 .jpg
	视频文件	扫码可直接观看视频

【操练 + 视频】——相机校准：恢复照片色彩

STEP 01 在 Lightroom 中导入一张照片素材，进入“图库”模块，如图 3-25 所示。

图 3-25　进入“图库”模块

STEP 02 展开右侧的“快速修改照片”面板，单击“色调控制”右侧的“自动”按钮，自动调整照片的色调，效果如图 3-26 所示。

图 3-26　自动调整照片的色调

STEP 03 切换至“修改照片”模块，在“基本”面板中设置“纹理”为 18、“清晰度”为 35、“去朦胧”为 41、“鲜艳度”为 41、“饱和度”为 21，调整照片色彩，效果如图 3-27 所示。

图 3-27　调整照片色彩

STEP 04 展开“校准”面板，在“阴影”选项区中设置“色调”为 -45，调整照片的色调；在“红原色”选项区中设置“色相”为 20、“饱和度”为 31，使照片中的桥更加艳丽；在“绿原色”选项区中设置“色相”为 12、“饱和度”为 39，使照片中的树叶和江水更加翠绿；在“蓝原色”选项区中设置“色相”为 -8、“饱和度”为 22，使天空更显蔚蓝色。全部设置完成后，即可校准照片的色彩，效果如图 3-28 所示。

图 3-28 校准照片的色彩

专家指点

用过数码相机的人都有这样的经验：同样的物体，在不同的拍摄条件下，成像颜色会有差异，很难还原真实景象。如在荧光灯下拍出的照片发蓝，在钨丝灯下拍出的照片则明显偏暖色，这是由成像的外部条件不同而造成的，如外部光线等。

可是，为什么人眼看却没有不同呢？因为人眼会自动矫正光源色温的偏差。而数码相机的感光组件却不行，其成像色彩只能取决于外界光源的综合光谱特征，所以为得到正确的照片色彩，对数码相机成像色彩进行校正十分有必要。

3.2 照片影调的高级调整

Lightroom 有着丰富而强大的影调调整功能，可以让不够漂亮的照片变得艳丽，让本身已经很出众的照片变得更有魅力。本节主要介绍调整照片影调的操作技巧。

3.2.1 线性渐变：使用蒙版对照片调色

在拍摄自然风光时，摄影师为了突出天空下的景色忽略了天空，使其缺少应有的层次感，这时就需要通过后期处理还原天空色彩，增强画面的层次感。下面介绍在 Lightroom 中应用调整局部色彩明暗的渐变滤镜工具，从天空区域向下拖曳渐变，恢复天空色彩，再通过调整画面整体色彩和影调，展现更完美的风光效果。

	素材文件	素材 \ 第 3 章 \ 山顶风光 .jpg
	效果文件	效果 \ 第 3 章 \ 山顶风光 .jpg
	视频文件	扫码可直接观看视频

【操练 + 视频】——线性渐变：使用蒙版对照片调色

STEP 01 在 Lightroom 中导入一张照片素材，切换至“修改照片”模块，如图 3-29 所示。

图 3-29　切换至“修改照片”模块

STEP 02 在菜单栏中选择“工具”|“创建新蒙版”|“线性渐变”命令，如图 3-30 所示。

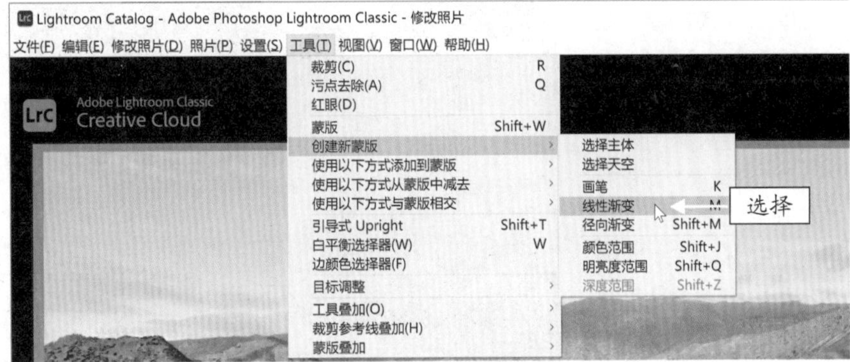

图 3-30　选择“线性渐变”命令

STEP 03 按住鼠标左键从图像上方向下方拖曳，至合适位置时释放鼠标，完成线性渐变的绘制，如图 3-31 所示。

图 3-31　绘制线性渐变

STEP 04 在右侧的“线性渐变”选项面板中，设置“色温”为 -40、“曝光度”为 -0.92、“色相”为 -9.4，调整天空的色彩色调，效果如图 3-32 所示。

图 3-32　调整天空的色彩色调

STEP 05 单击面板上方的“蒙版”按钮，或按【Shift + W】组合键，退出线性渐变蒙版编辑模式。在“基本”面板中设置“曝光度”为 0.3、“对比度”为 12、“白色色阶”为 20、“清晰度”为 9、“去朦胧”为 5、“鲜艳度”为 23、“饱和度”为 29，调整照片的整体色彩，使风光照片更加亮丽迷人，效果如图 3-33 所示。

图 3-33　调整照片的整体色彩

3.2.2　色调曲线：加强照片的冲击力

随着用户对曲线的熟练使用，即使原本焦点不清、对焦不实的照片，也有修复还原的可能。曲线是对影调区域分别加以控制的工具，根据照片的特点设置曲线是最大化曲线价值的方法。下面介绍通过色调曲线调整照片影调的操作方法。

	素材文件	素材 \ 第 3 章 \ 荷花 .jpg
	效果文件	效果 \ 第 3 章 \ 荷花 .jpg
	视频文件	扫码可直接观看视频

【操练 + 视频】——色调曲线：加强照片的冲击力

STEP 01 在 Lightroom 中导入一张照片素材，切换至“修改照片”模块，如图 3-34 所示。

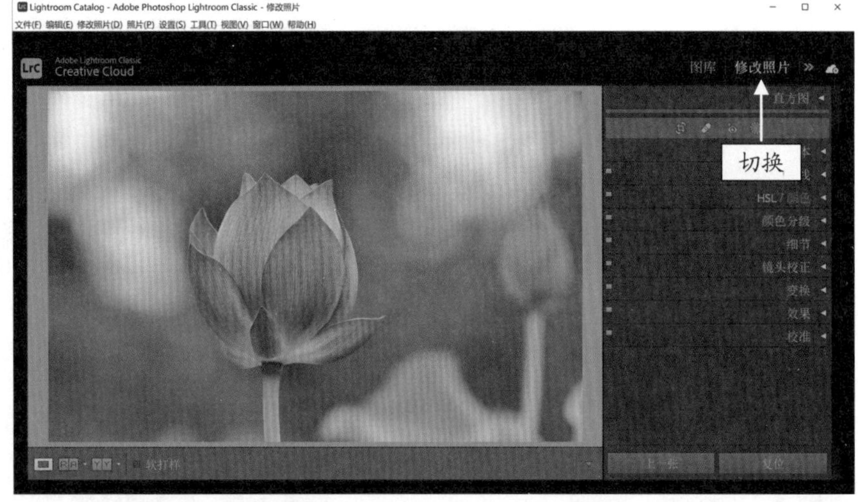

图 3-34　切换至“修改照片”模块

STEP 02 展开“色调曲线”面板，设置“亮色调”为 22、“暗色调”为 53、“阴影”为 -57，通过曲线调整照片的色彩，使画面的对比度更加和谐，如图 3-35 所示。

图 3-35　通过曲线调整照片的色彩

STEP 03 展开“基本”面板，单击“色调”右侧的“自动”按钮，自动调整照片的整体色彩，使荷花更加娇艳动人，效果如图 3-36 所示。

图 3-36　自动调整照片的整体色彩

3.2.3 HSL/ 颜色：单独调整某一种颜色

使用“基本”面板和“色调曲线”面板可以控制照片的整体影调与色彩，但是如果用户需要单独调整某一颜色区域的亮度与饱和度，则需要使用HSL/颜色工具。使用“修改照片”模块中的“HSL/颜色”面板，可以调整照片中的各种颜色范围。

“HSL/颜色”可以看做是两个面板的组合，分别是“HSL”面板、“颜色”面板。展开“HSL/颜色”面板，可以看到4个选项卡，如图3-37所示。左边3个选项卡分别用于控制不同色彩的色相、饱和度与明亮度，而“全部”选项卡将同时打开这3个命令选项。

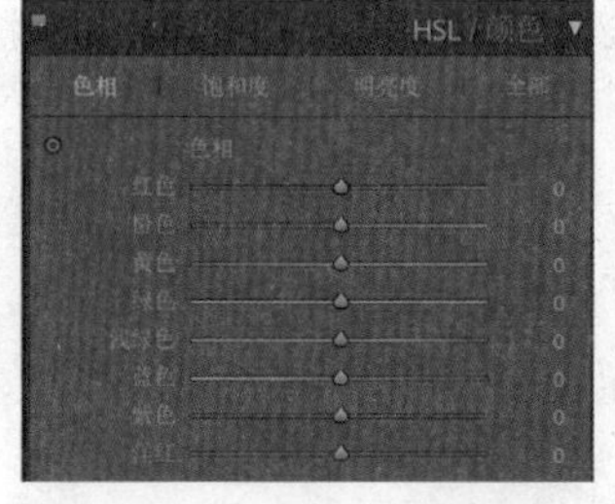
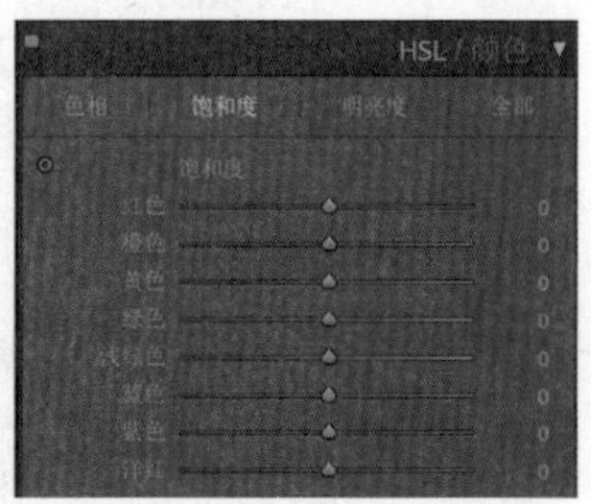

图 3-37 展开“HSL/颜色”面板

下面介绍“HSL/颜色”面板中各选项卡的含义。

- 色相：该选项卡主要用于修改图像的颜色，包括红色、橙色、黄色、绿色、浅绿色、蓝色、紫色、洋红。例如，用户可以将浅绿色的荷叶（以及所有其他浅绿色对象）更改为青绿色，而荷花花苞的颜色不受任何影响，如图3-38所示。

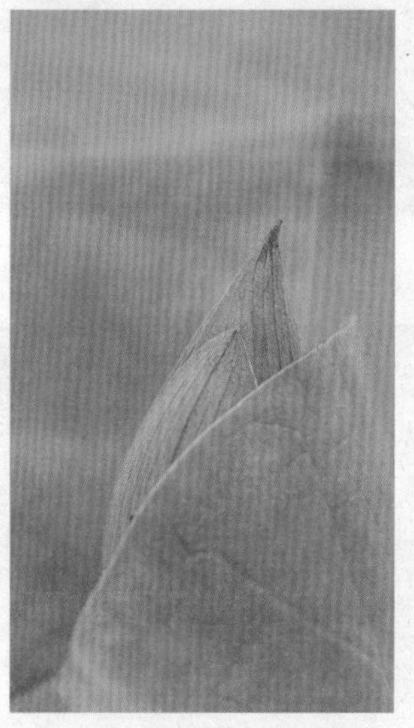

图 3-38 通过“色相”选项卡改变某种颜色

- 饱和度：该选项卡主要用于更改颜色鲜明度或颜色纯度。例如，用户可以将天空由灰白色更改为高饱和度的蓝色，如图3-39所示。

图 3-39 通过“饱和度”选项卡改变天空颜色

图 3-39　通过“饱和度”选项卡改变天空颜色（续）

- 明亮度：该选项卡主要用于更改颜色范围的亮度。例如，用户可以将美食由深红色更改为艳丽的浅红色，如图 3-40 所示。

图 3-40　通过“明亮度”选项卡改变美食颜色

下面通过一个案例详细讲解使用“HSL/ 颜色”面板进行调色的方法。

	素材文件	素材 \ 第 3 章 \ 秋收的季节 .jpg
	效果文件	效果 \ 第 3 章 \ 秋收的季节 .jpg
	视频文件	扫码可直接观看视频

【操练 + 视频】——HSL/ 颜色：单独调整某一种颜色

STEP 01　在 Lightroom 中导入一张照片素材，切换至“修改照片”模块，如图 3-41 所示。

图 3-41　切换至“修改照片”模块

STEP 02 展开“HSL/颜色”面板，在“色相”选项卡中设置“黄色”为-46、“绿色”为-12，将麦田调为成熟的橘黄色调，如图3-42所示。

图 3-42　将麦田调为成熟的橘黄色调

STEP 03 切换至“饱和度”选项卡，在其中设置“黄色”为33、“绿色”为27、“浅绿色”为41、“蓝色”为32，加强照片中黄色、绿色和蓝色的饱和度，如图3-43所示。

图 3-43　加强照片中黄色、绿色和蓝色的饱和度

专家指点

HSL色彩模式是工业界的一种颜色标准，是通过色相（Hue）、饱和度（Saturation）和亮度（Luminance）3个颜色通道的变化以及它们相互之间的叠加来得到各式各样的颜色。HSL色彩模式几乎包括了人类视力所能感知的所有颜色，是目前使用最广的颜色系统之一。

HSL色彩模型诞生于20世纪，已经在很多领域广泛应用，但不同的色彩模型有着不同的适用场景。例如，对GUI（Graphical User Interface，图形用户界面）设计领域来说，对HSL色彩模型的合理应用能让色彩处理的工作更加人性化，有助于建立和谐的人机交互关系，提升产品体验。在使用HSL调色的过程中，用户并不需要打开拾色器，也不需要了解复杂的色光混合原理，这是一个自然的、感性的、易于理解的过程。相比之下，RGB调色方式显得非常笨拙、难以理解。

STEP 04 切换至“明亮度”选项卡，设置“黄色”为 65、“浅绿色”为 24、“蓝色”为 49，提亮麦田和天空的颜色，效果如图 3-44 所示。

图 3-44　提亮麦田和天空的颜色

3.2.4　颜色分级：调出照片个性色彩

去色是增强照片魅力的一种有效方法，能使画面明暗对比变得更加突出，让景物的形态与纹理变化更能吸引观众的注意力。黑白作品的色彩倾向能增强画面的审美趣味，同时加强画面的情绪感染力。如果用户能给画面的阴影与高光部分适当加入新的颜色，产生个性化的分离色调特效，照片的美感会得到进一步提高。下面介绍使用颜色分级进行调色的技巧，给照片的阴影与高光部分加入不同的色彩后，得到一幅迷人的双色调摄影作品。

	素材文件	素材 \ 第 3 章 \ 花瓣 .jpg
	效果文件	效果 \ 第 3 章 \ 花瓣 .jpg
	视频文件	扫码可直接观看视频

【操练 + 视频】——颜色分级：调出照片个性色彩

STEP 01 在 Lightroom 中导入一张照片素材，切换至“修改照片”模块，如图 3-45 所示。

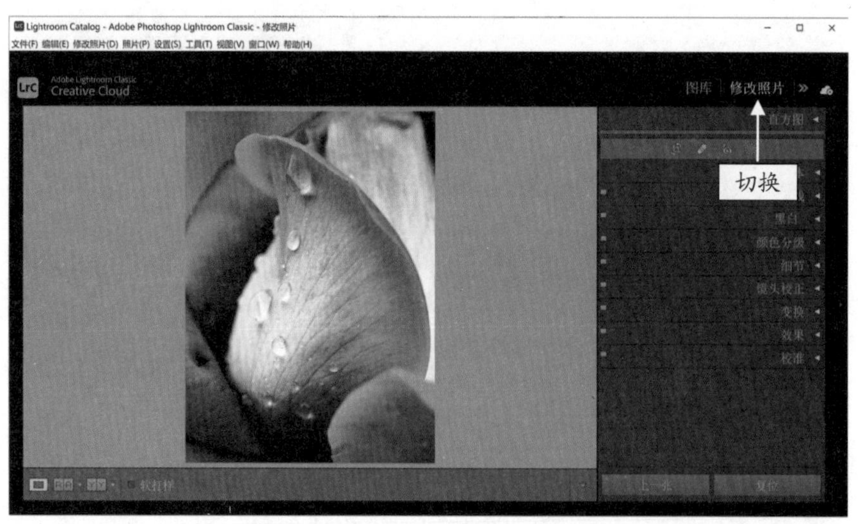

图 3-45　切换至“修改照片”模块

STEP 02 展开“颜色分级”面板，单击“高光”按钮，设置“色相”为257、“饱和度”为99、“明亮度”为20、“混合”为94，调整照片高光区域的颜色，如图3-46所示。

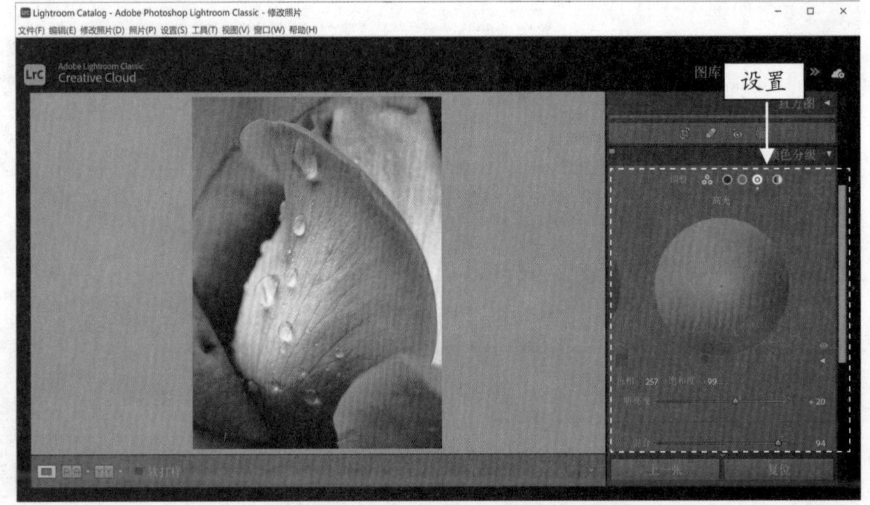

图 3-46　调整照片高光区域的颜色

STEP 03 单击“阴影”按钮，设置“色相”为118、“饱和度”为100，调整照片阴影部分的颜色，如图3-47所示，调出照片的双色调效果。

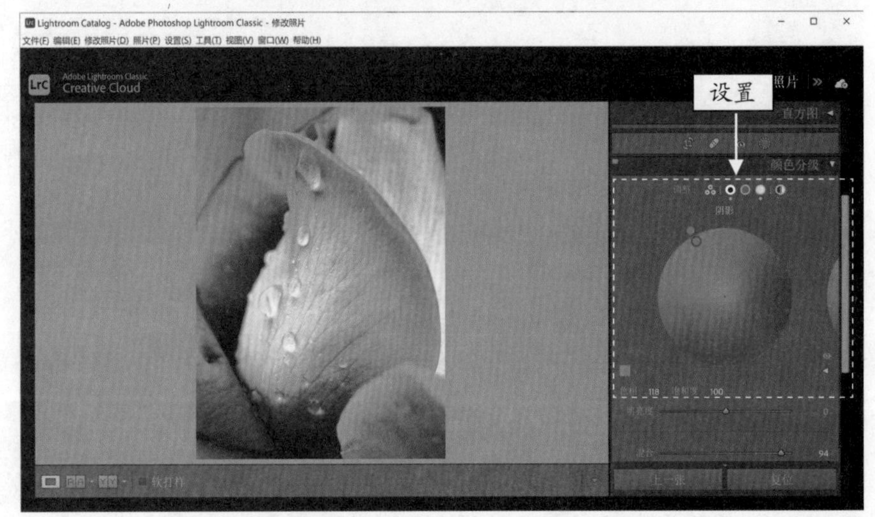

图 3-47　调整照片阴影部分的颜色

3.2.5　明暗影调：突出画面光影层次感

由于拍摄环境的光线和场地的限制，有时拍出来的画面整体影调暗淡，色彩也显得昏暗，此时可通过“基本”“色调曲线”和“HSL/ 颜色”面板中的相应选项，调整照片的明暗影调，突出画面的光影层次感。

	素材文件	素材 \ 第 3 章 \ 古城风光 .NEF
	效果文件	效果 \ 第 3 章 \ 古城风光 .jpg
	视频文件	扫码可直接观看视频

【操练 + 视频】——明暗影调：突出画面光影层次感

STEP 01　在 Lightroom 中导入一张照片素材，切换至“修改照片”模块，如图 3-48 所示。

图 3-48　切换至“修改照片”模块

STEP 02　展开“基本”面板，单击“色调”右侧的“自动”按钮，自动调整照片的色调，效果如图 3-49 所示。

图 3-49　自动调整照片的色调

STEP 03　设置“色温”为 3775、“色调”为 -37，修改照片的白平衡效果，如图 3-50 所示。

图 3-50　修改照片的白平衡效果

STEP 04 设置“曝光度”为0.38，适当提亮画面；设置“清晰度”为14、“去朦胧”为21，调整照片的清晰度；设置“鲜艳度”为26，提升照片的饱和度，效果如图3-51所示。

图 3-51　调整照片的基本色彩

STEP 05 展开“色调曲线”面板，设置“高光”为-13、“亮色调”为15、“暗色调”为6、“阴影”为12，调整照片的明暗对比效果，如图3-52所示。

图 3-52　调整照片的明暗对比效果

STEP 06 展开“HSL/颜色”面板，在“色相”选项卡中设置“黄色”为-100、“绿色”为39、“浅绿色”为36，调出古镇的青绿色影调，如图3-53所示。

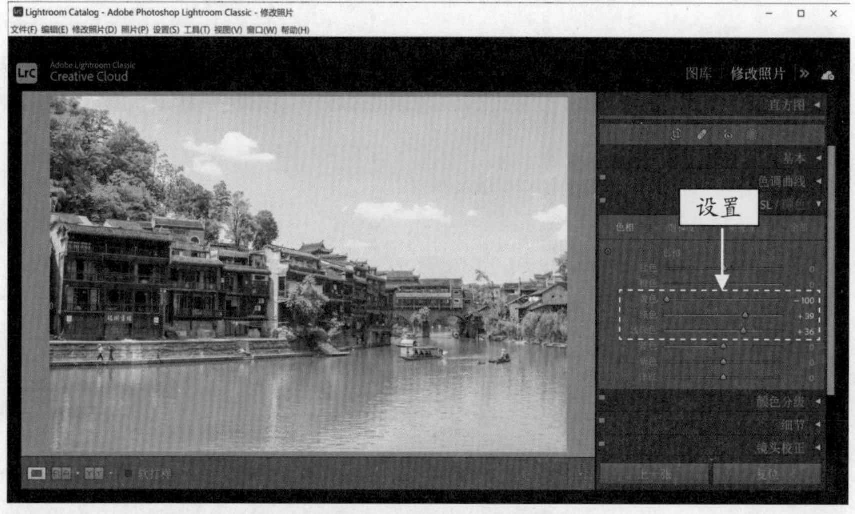

图 3-53　调出古镇的青绿色影调

STEP 07 切换至“明亮度”选项卡，设置“浅绿色”为 9、“蓝色”为 -62，降低蓝色的亮度，使天空更蓝，给人一种蓝天白云的画面感，效果如图 3-54 所示。

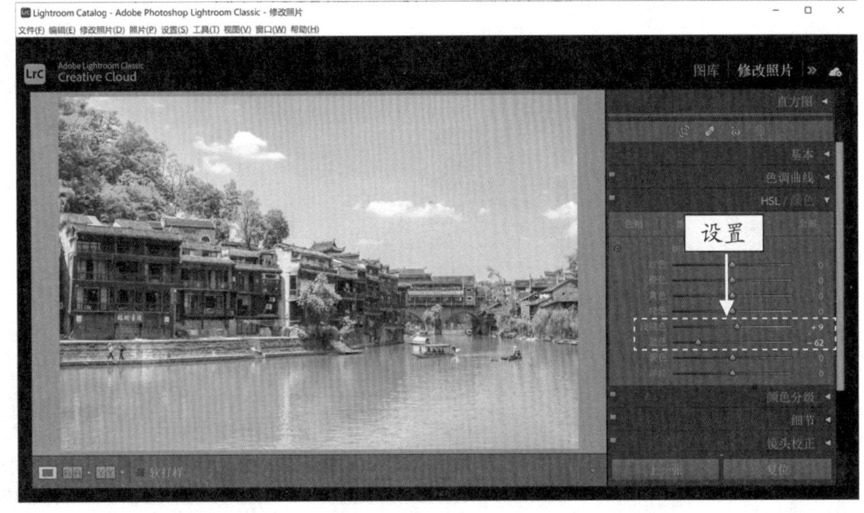

图 3-54　降低蓝色的亮度

3.2.6　恢复细节：恢复照片的高光细节

曝光过度的照片，高光部分会丢失很多细节，画面显得苍白。在后期处理中，可以在更大范围内对曝光度、色彩、反差等画面元素进行精细调节，恢复照片的高光细节，使照片的影调更具吸引力。

	素材文件	素材 \ 第 3 章 \ 高原风光 .NEF
	效果文件	效果 \ 第 3 章 \ 高原风光 .jpg
	视频文件	扫码可直接观看视频

【操练 + 视频】——恢复细节：恢复照片的高光细节

STEP 01 在 Lightroom 中导入一张照片素材，切换至“修改照片”模块，如图 3-55 所示。

图 3-55　切换至“修改照片”模块

STEP 02 展开“基本”面板，设置“色温”为5450、“色调”为9、“曝光度”为0.16、“对比度”为25、“高光”为-71、“阴影”为-17、“白色色阶”为-6、“黑色色阶”为22，调整照片的基本色调与影调，如图3-56所示。

图 3-56　调整照片的基本色调与影调

STEP 03 在“偏好”选项区中，设置“清晰度”为49、“去朦胧”为63、“鲜艳度”为30，恢复高光部分的细节，使照片更具层次感，效果如图3-57所示。

图 3-57　恢复高光部分的细节

3.2.7　变换颜色：打造季节转换的效果

在Lightroom软件中，用户不仅可以调整照片的饱和度，还可以将春色变换为秋色，打造季节转换的画面效果。

	素材文件	素材 \ 第 3 章 \ 草原风光 .NEF
	效果文件	效果 \ 第 3 章 \ 草原风光 .jpg
	视频文件	扫码可直接观看视频

【操练 + 视频】——变换颜色：打造季节转换的效果

STEP 01 在 Lightroom 中导入一张照片素材，切换至“修改照片”模块，如图 3-58 所示。

图 3-58　切换至“修改照片”模块

STEP 02 展开“基本”面板，设置“曝光度”为 -0.38、“对比度”为 33、“高光”为 -68、“阴影”为 83、“白色色阶”为 38、“黑色色阶”为 -19、“清晰度”为 26、“去朦胧”为 26、“鲜艳度”为 38、“饱和度”为 1，调整照片的基本影调，如图 3-59 所示。

图 3-59　调整照片的基本影调

STEP 03 展开“HSL/ 颜色”面板，在“色相”选项卡中设置“橙色”为 37、“黄色”为 -77、“绿色”为 -100、“浅绿色”为 100，调出秋天的画面，如图 3-60 所示。

图 3-60　调出秋天的画面

STEP 04 切换至“饱和度”选项卡，设置“橙色”为36、“黄色”为61，提升画面的饱和度，使秋意更浓，如图3-61所示。

图3-61 提升画面的饱和度

STEP 05 切换至“明亮度”选项卡，设置“橙色”为43、“黄色”为9，提升照片中橙色与黄色的明亮度，使景色更加鲜艳，效果如图3-62所示。

图3-62 提升橙色与黄色的明亮度

STEP 06 切换至“校准”面板，在“阴影”选项区中设置“色调”为49，调整照片的色调；在“红原色”选项区中设置“色相”为21、“饱和度”为39，使照片中的秋景更加艳丽，更有秋天的味道，效果如图3-63所示。

图3-63 使照片中的秋景更加艳丽

第4章 用预设一键调出网红色调

章前知识导读

滤镜预设是指预先设定的一组调色参数所生成的xmp或dng文件，将其安装到PS或者LR软件中，可通过软件一键生成想要的网红色调。本章主要介绍在PS和LR中用预设一键调出网红色调的操作方法。

新手重点索引

- 安装滤镜预设
- 使用滤镜预设调色
- 不用滤镜预设制作网红色调

效果图片欣赏

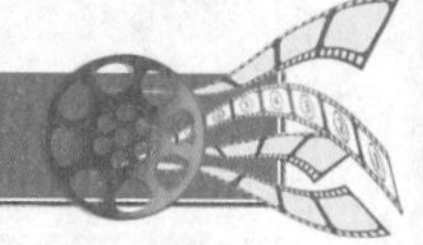

4.1 安装滤镜预设

使用滤镜预设之前，需要先将滤镜预设文件安装到 PS 和 LR 软件中，这样才能通过 PS 和 LR 软件一键调用相关滤镜预设文件。本来主要介绍安装滤镜预设文件的操作方法。

4.1.1 PS 滤镜：在 PS 中安装预设文件

在电脑中的 Adobe 文件夹下，有一个 Settings 文件夹，只需要将预设文件复制并粘贴到该文件夹下，即可安装成功，下面介绍具体操作方法。

	素材文件	无
	效果文件	无
	视频文件	扫码可直接观看视频

【操练 + 视频】——PS 滤镜：在 PS 中安装预设文件

STEP 01 在电脑中选择需要安装的滤镜预设文件，单击鼠标右键，在弹出的快捷菜单中选择“复制”选项，复制预设文件，如图 4-1 所示。

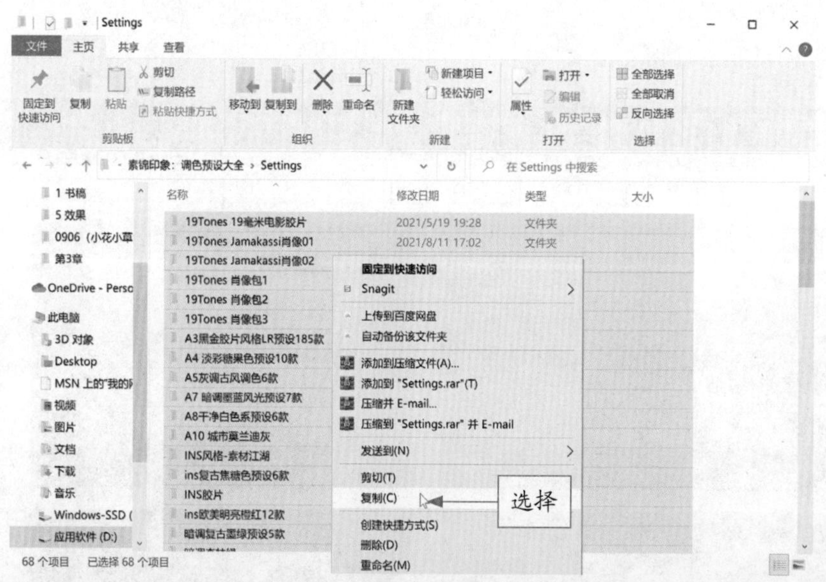

图 4-1　选择“复制”选项

STEP 02 在窗口中切换至“查看”面板，在“显示 / 隐藏”选项板中选中“隐藏的项目”复选框，如图 4-2 所示，表示显示计算机中隐藏的文件夹。

STEP 03 找到 Camera Raw 插件所在的文件夹，把复制的滤镜预设文件粘贴至 Settings 文件夹中，如图 4-3 所示。注意，若用户设置了电脑系统的用户名，则路径中的 lenovo 为自己的用户名。

STEP 04 执行操作后，滤镜预设文件即可安装完成。打开 PS 工作界面，进入 Camera Raw 窗口，单击右侧的“预设”按钮，即可查看安装的预设文件，如图 4-4 所示。

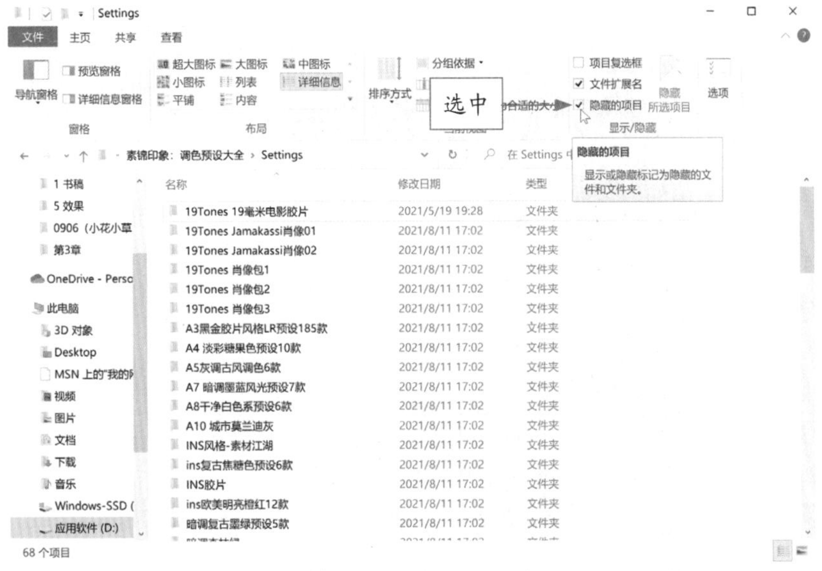

图 4-2　选中“隐藏的项目”复选框

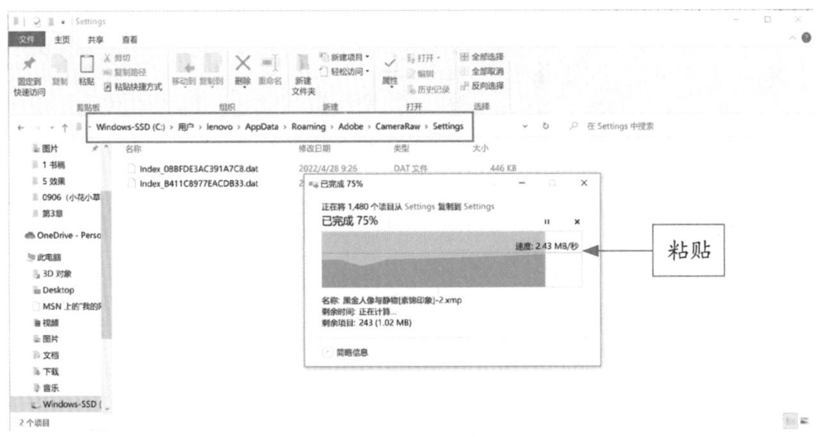

图 4-3　将滤镜预设文件粘贴至 Settings 文件夹

图 4-4　查看安装的预设文件

4.1.2 LR 滤镜：在 LR 中安装预设文件

在 LR 中安装滤镜预设文件的方法与在 PS 中的操作一样，只需要将滤镜预设文件复制并粘贴到 Camera Raw 插件的 Settings 文件夹中即可，大家可根据上一小节介绍的方法进行操作。此时在 LR 软件中单击“存储的预设”选项右侧的扩展按钮，在弹出的下拉列表中即可查看安装的滤镜预设文件，如图 4-5 所示。

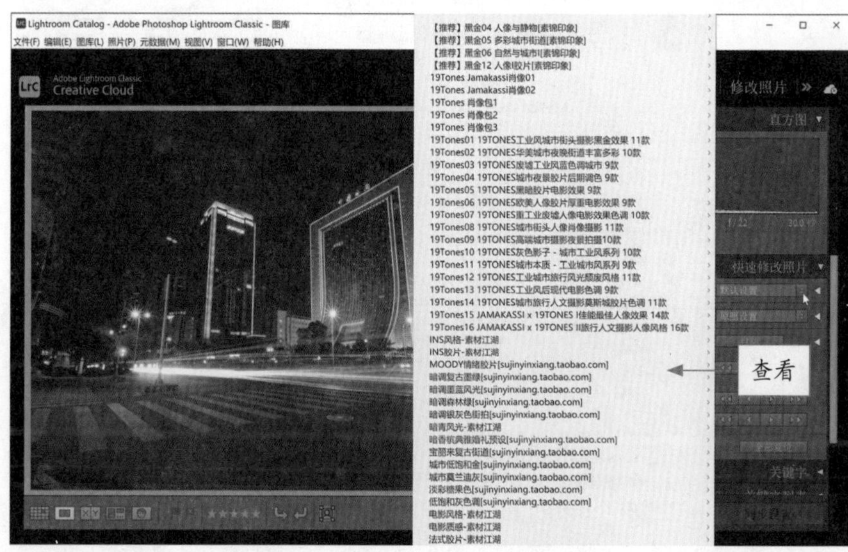

图 4-5 查看安装的滤镜预设文件

4.1.3 App 滤镜：在手机上安装预设文件

在 Lightroom App 上安装预设文件的操作比较复杂，没有电脑版的那么容易。首先需要在 Lightroom 电脑版中将预设文件导出，然后才能应用于 App 上。下面介绍具体操作方法。

 	素材文件	素材 \ 第 4 章 \ 大桥夜景 .jpg
	效果文件	效果 \ 第 4 章 \ 黑金效果 .dng、黑金效果 .jpg
	视频文件	扫码可直接观看视频

【操练 + 视频】——App 滤镜：在手机上安装预设文件

STEP 01 在 Lightroom 电脑版中导入一张照片素材，如图 4-6 所示。

图 4-6 导入一张照片素材

STEP 02 在“快速修改照片”面板中单击“存储的预设”选项右侧的扩展按钮，在弹出的列表框中选择相应的预设模式，更改照片的色调风格，如图 4-7 所示。

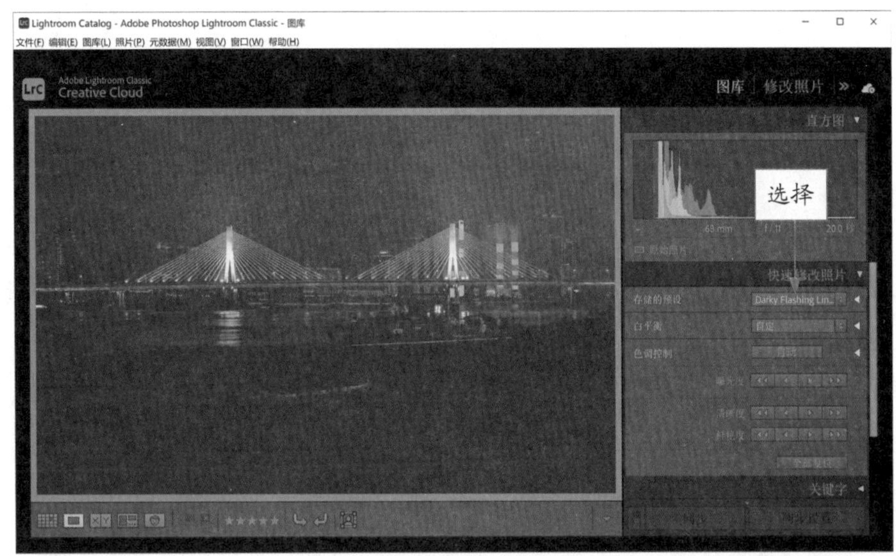

图 4-7 选择相应的预设模式

STEP 03 在菜单栏中选择“文件”|“使用预设导出”|“导出为 DNG”命令，如图 4-8 所示。

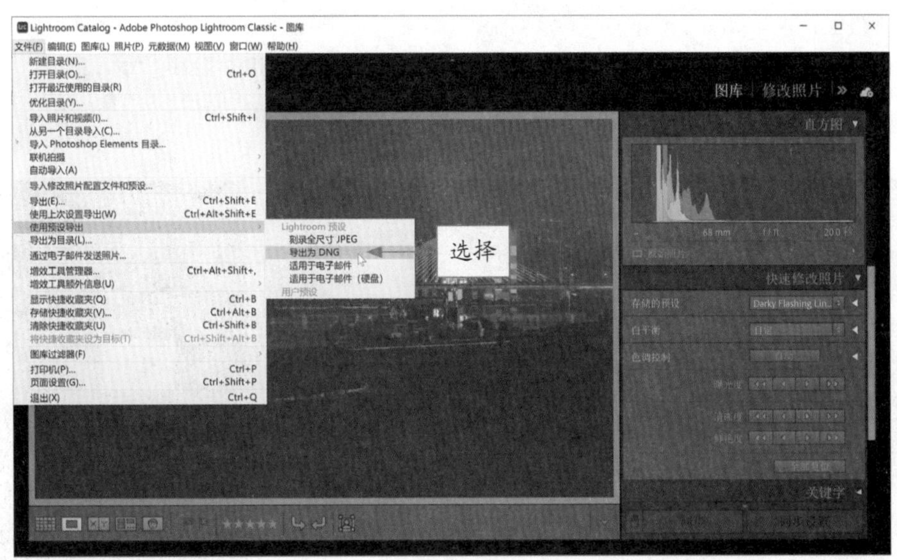

图 4-8 选择“导出为 DNG”命令

STEP 04 执行操作后，即可导出一个 dng 格式的预设文件，将其重命名为“黑金效果”。然后将其复制并粘贴到手机图库的任意文件夹中，如图 4-9 所示。

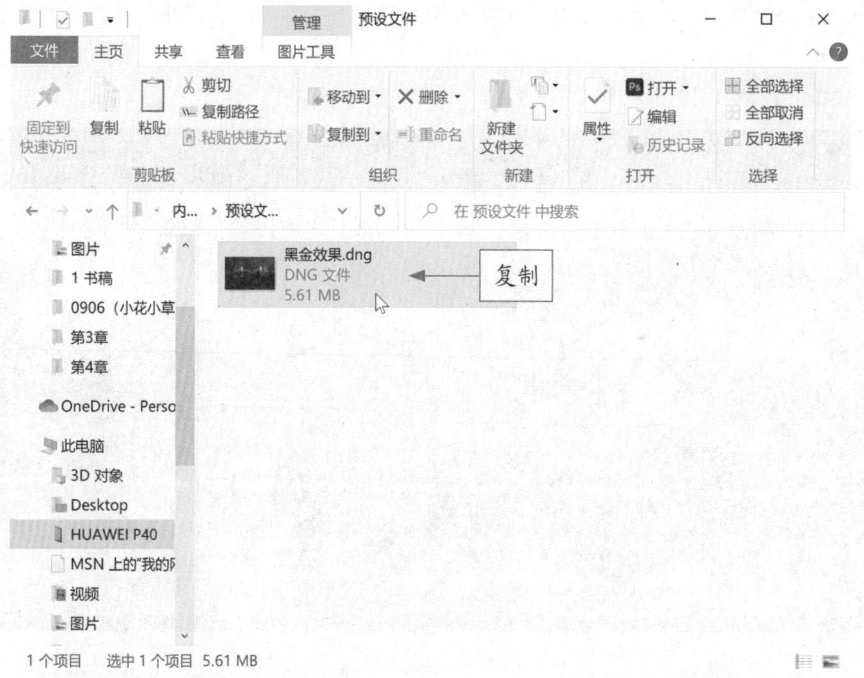

图 4-9　将预设文件复制到手机中

STEP 05 在手机上打开 Lightroom App，进入“图库”界面，点击右下角的按钮，如图 4-10 所示。

STEP 06 进入“时间”界面，在其中选择步骤 04 中复制的预设文件，如图 4-11 所示。

STEP 07 点击“添加”按钮，即可将预设文件导入“图库”界面的“所有照片”选项，其中显示了两张照片，如图 4-12 所示。

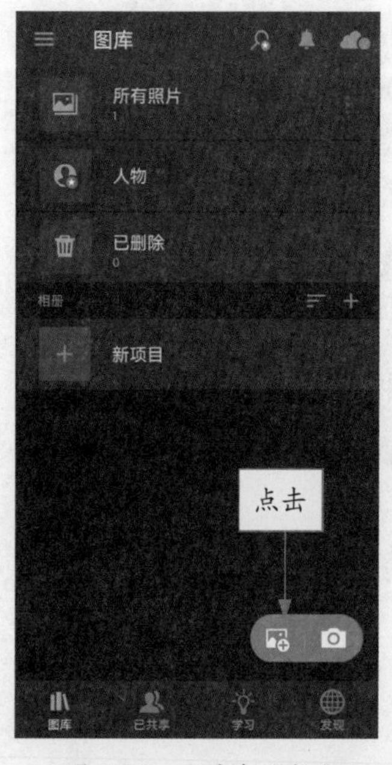

图 4-10　点击相应按钮

图 4-11　选择预设文件

图 4-12　导入“图库”界面

STEP 08 选择“所有照片”选项，进入相应界面，选择刚才导入的预设文件，如图 4-13 所示。

STEP 09 执行操作后，自动进入“编辑”界面。点击右上角的⋮按钮，如图 4-14 所示。

STEP 10 在弹出的下拉列表中选择“创建预设”选项，如图 4-15 所示。

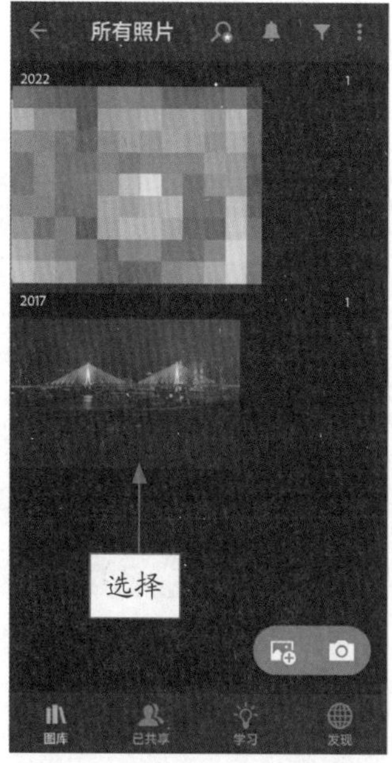

图 4-13　选择导入的预设文件

图 4-14　点击右上角的相应按钮

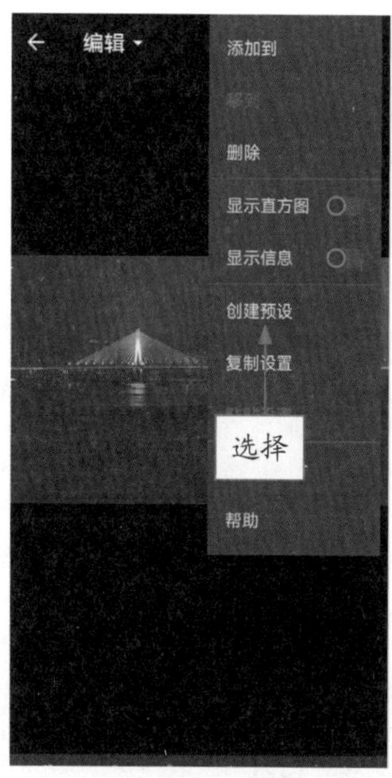

图 4-15　选择“创建预设”选项

STEP 11 进入“新建预设”界面，设置预设名称，如图 4-16 所示。点击右上角的✓按钮，即可保存预设文件。

STEP 12 在“编辑”界面的下方，点击“预设”按钮，如图 4-17 所示。

STEP 13 弹出相应面板，点击“您的版本”标签，切换至“您的版本”选项卡，选择“用户预设”选项，如图 4-18 所示。

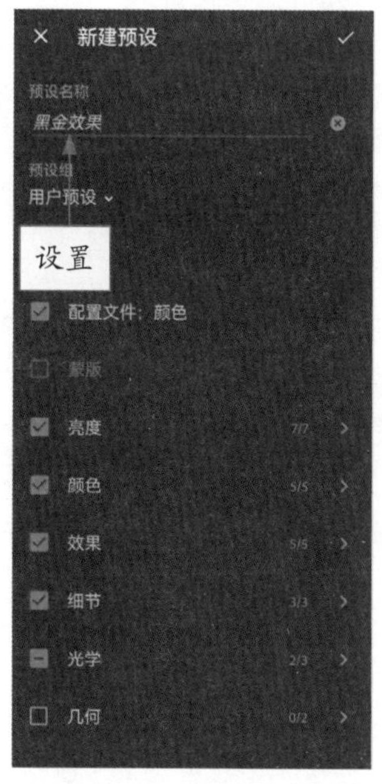

图 4-16　设置预设名称

图 4-17　点击“预设”按钮

图 4-18　选择相应选项

STEP 14 进入“用户预设”面板，其中显示了保存在手机上的预设文件，如图 4-19 所示。下次直接选择该预设文件，即可一键套用滤镜预设效果。

STEP 15 用同样的方法，在 Lightroom App 中安装其他预设文件，如图 4-20 所示。

图 4-19　显示预设文件

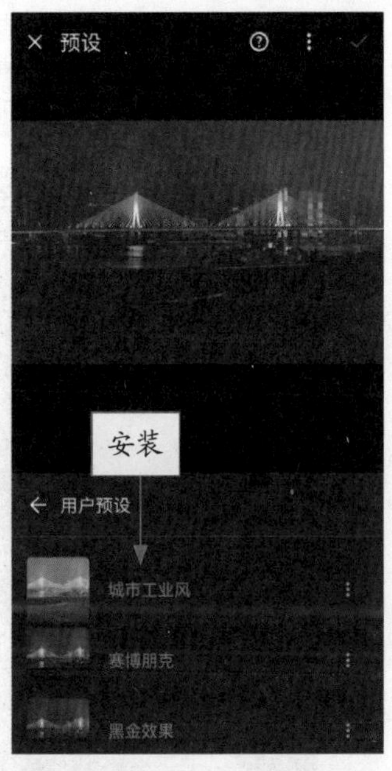

图 4-20　安装其他预设文件

4.2 使用滤镜预设调色

当安装好滤镜预设文件后，接下来就可以直接套用滤镜预设文件对素材进行一键调色，快速得到想要的网红色调。

4.2.1 赛博朋克：洋红色为主的色调风格

赛博朋克风格是现在网上非常流行的色调，想要让这种照片更加出彩，需要用户多多练习，以及反复拍摄类似的照片。赛博朋克风格主要以青色和洋红色为主，也就是说这两种色调的搭配是画面的整体主基调。

	素材文件	素材 \ 第 4 章 \ 夜晚烛光 .jpg
	效果文件	效果 \ 第 4 章 \ 夜晚烛光 .jpg
	视频文件	扫码可直接观看视频

【操练 + 视频】——赛博朋克：洋红色为主的色调风格

STEP 01 打开 Lightroom App，进入“图库”界面，点击右下角的按钮，如图 4-21 所示，导入一张照片素材。

STEP 02 在“所有照片”界面中，选择导入的照片素材，如图 4-22 所示。

STEP 03 进入“编辑”界面，点击下方的“预设”按钮，如图 4-23 所示。

图 4-21　点击右下角的按钮

图 4-22　选择导入的照片素材

图 4-23　点击“预设”按钮

STEP 04 弹出相应面板，点击“您的版本”标签，切换至“您的版本”选项卡，选择“用户预设”选项，如图 4-24 所示。

STEP 05 进入“用户预设”面板，选择“赛博朋克”预设效果，如图 4-25 所示。

STEP 06 执行操作后，即可一键制作出赛博朋克网红色调，效果如图 4-26 所示。

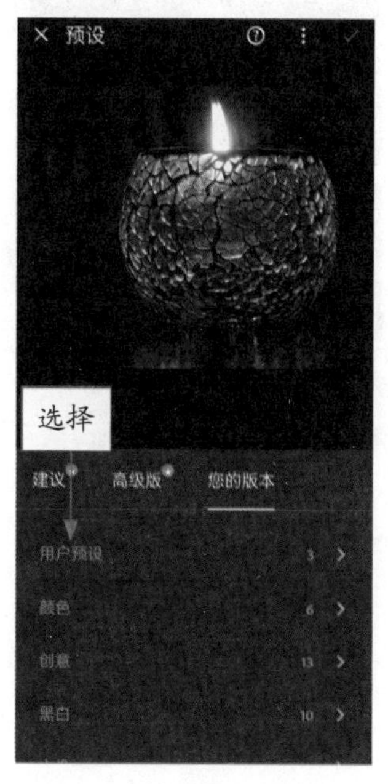

图 4-24　选择“用户预设”选项

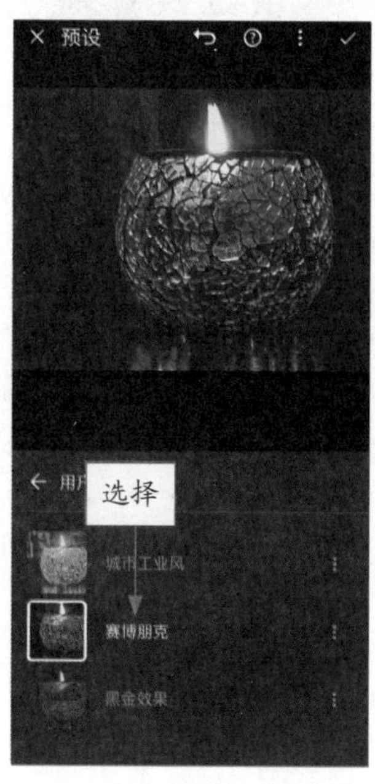

图 4-25　选择相应预设效果

图 4-26　制作赛博朋克色调

4.2.2 城市工业风：一种粗犷的画面色彩

城市工业风的色调给人一种粗犷、奔放的感觉，这样的画面极具视觉冲击力，能给人非常深刻的印象，用来处理车流夜景是非常不错的选择。

	素材文件	素材 \ 第 4 章 \ 车流光影 .jpg
	效果文件	效果 \ 第 4 章 \ 车流光影 .jpg
	视频文件	扫码可直接观看视频

【操练 + 视频】——城市工业风：一种粗犷的画面色彩

STEP 01 打开 Lightroom App，进入“图库”界面，点击右下角的按钮，如图 4-27 所示，导入一张照片素材。

STEP 02 在“所有照片”界面中，选择导入的照片素材，如图 4-28 所示。

STEP 03 进入“编辑”界面，点击下方的“预设”按钮，如图 4-29 所示。

图 4-27 点击右下角的相应按钮

图 4-28 选择导入的照片素材

图 4-29 点击“预设”按钮

STEP 04 弹出相应面板，点击“您的版本”标签，切换至“您的版本”选项卡，选择“用户预设”选项，如图 4-30 所示。

STEP 05 进入“用户预设”面板，选择“城市工业风”预设效果，如图 4-31 所示。

STEP 06 执行操作后，即可一键制作出城市工业风网红色调，效果如图 4-32 所示。

图 4-30 选择“用户预设”选项

图 4-31 选择相应预设效果

图 4-32 制作城市工业风色调

4.2.3 低饱和灰：体现明暗对比的色调

低饱和灰色调具有一种低饱和的特点，还带了一点灰色调，照片的明暗对比强烈，适合用来处理建筑风光类的素材，画面色彩深邃、耐看。

	素材文件	素材 \ 第 4 章 \ 学校全景 .jpg
	效果文件	效果 \ 第 4 章 \ 学校全景 .jpg
	视频文件	扫码可直接观看视频

【操练 + 视频】——低饱和灰：体现明暗对比的色调

STEP 01 在 Photoshop 中打开一幅素材图像，选择“滤镜”|“Camera Raw 滤镜”命令，打开 Camera Raw 窗口，如图 4-33 所示。

图 4-33 打开 Camera Raw 窗口

STEP 02 单击右侧的“预设”按钮，打开“预设”面板，展开“低饱和灰色调”选项，在下方选择相应的预设效果，即可更改照片的色调，效果如图 4-34 所示。

图 4-34　选择相应的“低饱和灰色调”预设效果

4.2.4　暗调森林绿：适合营造神秘氛围

暗调森林绿的特点是画面偏暗绿色，暗中带着翠绿的质感，让人感受到一种深邃的安静，适合用来处理山水、森林类的照片。

	素材文件	素材 \ 第 4 章 \ 湖边景色 .jpg
	效果文件	效果 \ 第 4 章 \ 湖边景色 .jpg
	视频文件	扫码可直接观看视频

【操练 + 视频】——暗调森林绿：适合营造神秘氛围

STEP 01 在 Photoshop 中打开一幅素材图像，选择“滤镜”|“Camera Raw 滤镜”命令，打开 Camera Raw 窗口，如图 4-35 所示。

图 4-35　打开 Camera Raw 窗口

STEP 02 单击右侧的"预设"按钮，打开"预设"面板，展开"暗调森林绿"选项，在下方选择相应的预设效果，使湖水和森林都显得翠绿，效果如图 4-36 所示。

图 4-36　选择相应的"暗调森林绿"预设效果

4.2.5　日系色调：调出小清新的画面感

日系风格来源于日本的一个摄影分支，如果单指日系人像照片的风格，包括清新风、文艺风、复古风、校园风、私房风等。下面介绍调出日系小清新色调的方法。

	素材文件	素材 \ 第 4 章 \ 美女 .jpg
	效果文件	效果 \ 第 4 章 \ 美女 .jpg
	视频文件	扫码可直接观看视频

【操练 + 视频】——日系色调：调出小清新的画面感

STEP 01 在 Photoshop 中打开一幅素材图像，选择"滤镜" | "Camera Raw 滤镜"命令，打开 Camera Raw 窗口，如图 4-37 所示。

图 4-37　打开 Camera Raw 窗口

STEP 02 单击右侧的“预设”按钮，打开“预设”面板，展开“日系清新”选项，在下方选择相应的预设效果，使画面给人一种小清新的感觉，效果如图 4-38 所示。

图 4-38 选择相应的“日系清新”预设效果

4.2.6 墨蓝色调：用于表现建筑的厚重感

暗调墨蓝色调的主要特色是暗调能体现建筑的厚重感，而墨蓝能体现历史的深韵感。这种颜色耐看，能体现出古建筑的厚重、深度，像国窖，味醇香。

	素材文件	素材 \ 第 4 章 \ 公园凉亭 .jpg
	效果文件	效果 \ 第 4 章 \ 公园凉亭 .jpg
	视频文件	扫码可直接观看视频

【操练 + 视频】——墨蓝色调：用于表现建筑的厚重感

STEP 01 在 Lightroom 中打开一幅素材图像，进入“图库”模块，如图 4-39 所示。

图 4-39 进入“图库”模块

STEP 02 展开"快速修改照片"面板，单击"存储的预设"选项右侧的扩展按钮，在弹出的列表中选择相应的暗调墨蓝风光色调，使建筑有一种历史的厚重感，效果如图 4-40 所示。

图 4-40　选择相应的"暗调墨蓝风光"预设效果

4.2.7　莫兰迪色：低调、耐看的城市风

莫兰迪色调源自著名意大利版画家、油画家乔治·莫兰迪。莫兰迪色调风格的特点是低调、耐看，去掉大艳大丽，以灰沉的青、黄、蓝等体现安静与厚重。

	素材文件	素材 \ 第 4 章 \ 大桥风光 .jpg
	效果文件	效果 \ 第 4 章 \ 大桥风光 .jpg
	视频文件	扫码可直接观看视频

【操练 + 视频】——莫兰迪色：低调、耐看的城市风

STEP 01 在 Lightroom 中打开一幅素材图像，进入"图库"模块，如图 4-41 所示。

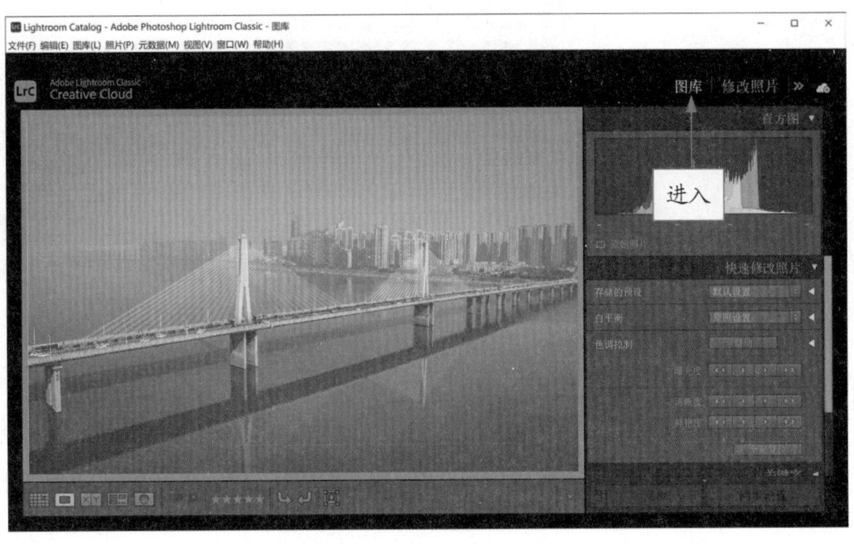

图 4-41　进入"图库"模块

STEP 02 展开“快速修改照片”面板，单击“存储的预设”选项右侧的扩展按钮，在弹出的列表中选择相应的莫兰迪色调，使大桥风光的色彩低调、耐看，效果如图 4-42 所示。

图 4-42　选择相应的莫兰迪预设效果

4.2.8　人像风格：使人物肤色更加亮白

人像风格的滤镜效果可以优化照片的色调与光影，使人物看上去更显气质，肤色更加亮白。下面介绍使用人像风格滤镜调整照片色调的操作方法。

	素材文件	素材 \ 第 4 章 \ 人像 .jpg
	效果文件	效果 \ 第 4 章 \ 人像 .jpg
	视频文件	扫码可直接观看视频

【操练 + 视频】——人像风格：使人物肤色更加亮白

STEP 01 在 Lightroom 中打开一幅素材图像，进入“图库”模块，如图 4-43 所示。

图 4-43　进入“图库”模块

STEP 02 展开“快速修改照片”面板，单击“存储的预设”选项右侧的扩展按钮，在弹出的列表中选择相应的人像风格色调，提升人像照片的光影与气质，效果如图 4-44 所示。

图 4-44　选择相应的人像风格色调

4.3 不用滤镜预设制作网红色调

上一节详细讲解了一键调出网红色调的操作方法，优点是既方便又快捷，缺点是只能根据预设滤镜进行选择，如果对色调不满意，还需要微调参数。因此，本节主要介绍不用滤镜预设制作网红色调的操作方法，让大家学会自定义参数，调出想要的照片色彩。

4.3.1 黑金色调：使用 App 手动调色

城市黑金风格色调的主要亮点在于能够更好地展示画面质感，让照片看起来更有档次，非常适合处理工业风、城市、建筑、夜景、街拍等类型的作品。

[二维码]	素材文件	素材 \ 第 4 章 \ 城市夜景 .jpg
	效果文件	效果 \ 第 4 章 \ 城市夜景 .jpg
	视频文件	扫码可直接观看视频

【操练 + 视频】——黑金色调：使用 App 手动调色

STEP 01 打开 Lightroom App，导入一张照片素材，进入“编辑”界面，如图 4-45 所示。

STEP 02 在下方点击“亮度”按钮，弹出“亮度”面板，设置“曝光度”为 0.35EV、“对比度”为 35、“高光”为 -89、“阴影”为 100，初步调整照片的光影，如图 4-46 所示。

STEP 03 从下往上滑动面板，在下方设置“白色色阶”为 -46、“黑色色阶”为 -36，调整照片中白色与黑色的色阶，如图 4-47 所示。

图 4-45　进入“编辑”界面

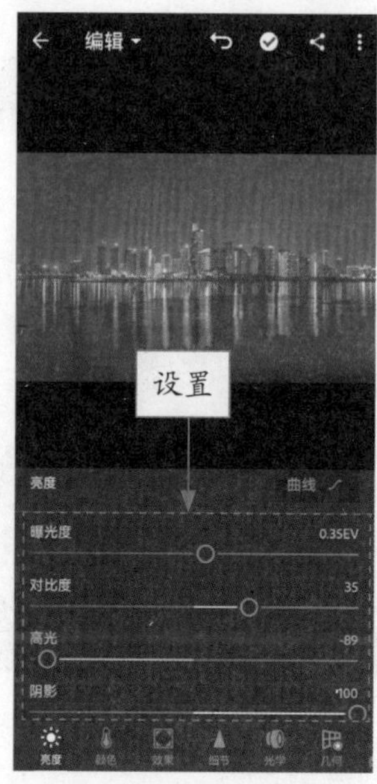

图 4-46　初步调整照片的光影

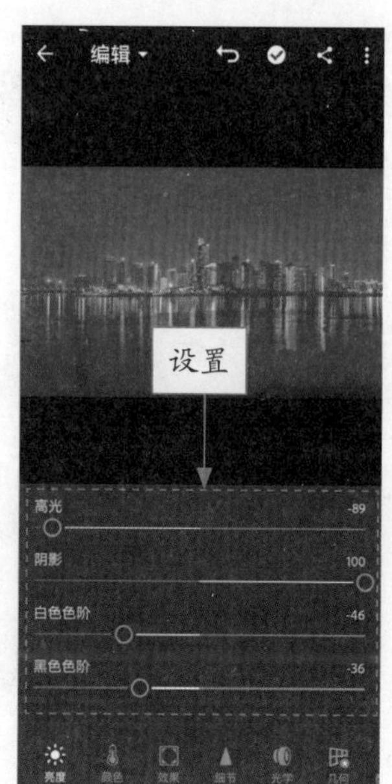

图 4-47　调整白色与黑色色阶

STEP 04 在“亮度”面板中单击“曲线”按钮，进入曲线调整界面，在其中添加曲线控制点，调整曲线的高光、阴影与暗部色彩，如图 4-48 所示。

STEP 05 点击“完成”按钮，返回相应界面。在下方点击“颜色”按钮，弹出“颜色”面板，设置“色温”为 -5、“色调”为 -26、“自然饱和度”为 -28、“饱和度”为 -40，降低画面的饱和度，如图 4-49 所示。

STEP 06 在下方点击“效果”按钮，弹出“效果”面板，设置“清晰度”为 -20、“晕影”为 -10、“中点”为 50，为照片添加暗角效果，如图 4-50 所示。

图 4-48　添加曲线控制点

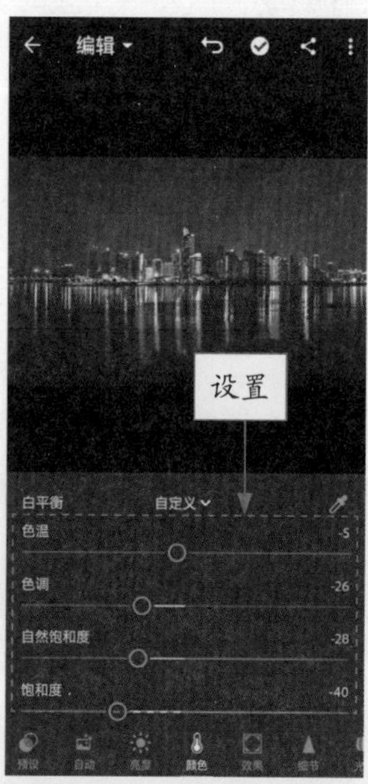

图 4-49　降低画面的饱和度

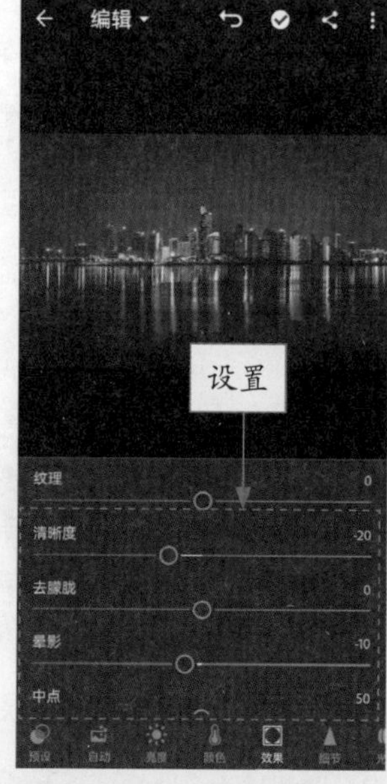

图 4-50　为照片添加暗角效果

STEP 07 切换至“颜色”面板，在其中点击“混合”按钮，如图 4-51 所示。

STEP 08 进入“混色”面板，点击红色圆圈，在下方设置“色相”为 53、“饱和度”为 40、“明亮度”

为 31，调整照片中的红色色调，如图 4-52 所示。

STEP 09 点击蓝色圆圈，在下方设置“色相”为 5、“饱和度”为 -75、“明亮度”为 42，降低蓝色色调的饱和度，提高蓝色的明亮度，如图 4-53 所示。

图 4-51　单击“混合”按钮

图 4-52　调整照片中的红色色调

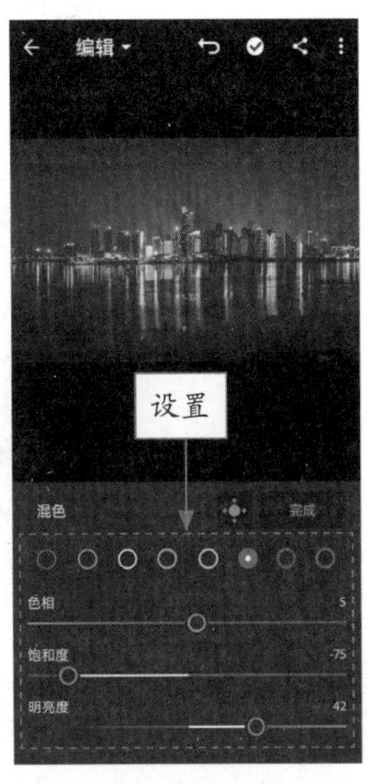

图 4-53　降低蓝色的饱和度

STEP 10 点击青色圆圈，在下方设置“色相”为 15、“饱和度”为 -38、“明亮度”为 -45，降低青色色调的饱和度和明亮度，如图 4-54 所示。

STEP 11 点击“完成”按钮，完成照片的调色操作。点击界面上方的分享按钮，弹出列表框，选择“导出为”选项，如图 4-55 所示。

STEP 12 进入相应界面，在其中设置导出选项，点击✓按钮，如图 4-56 所示。

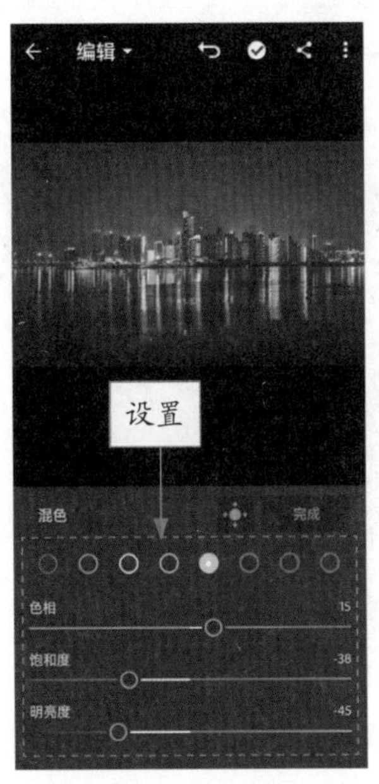

图 4-54　降低青色饱和度和明亮度

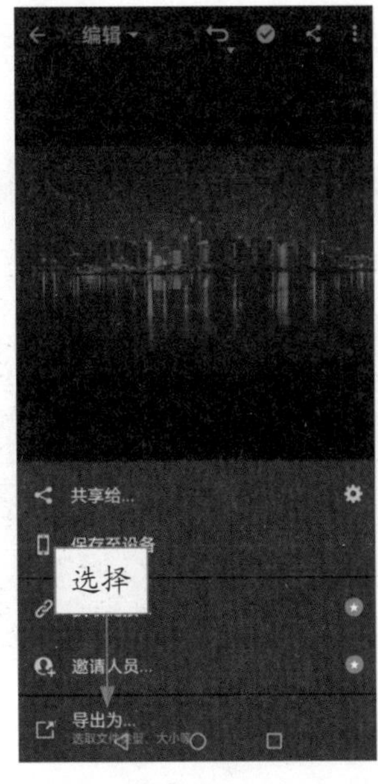

图 4-55　选择“导出为”选项

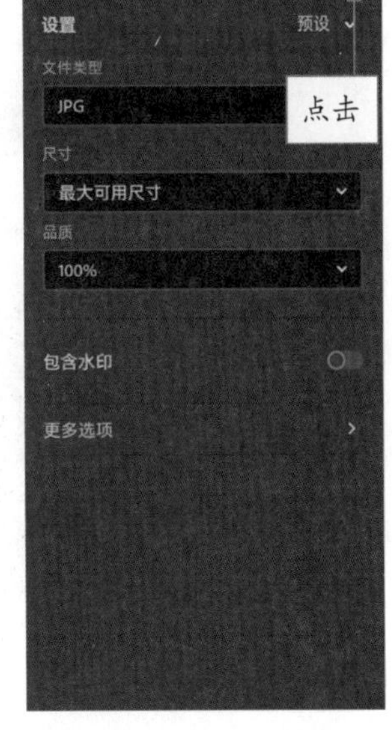

图 4-56　点击相应按钮

STEP 13 执行操作后，即可将照片导出为 JPG 格式文件，如图 4-57 所示，点击“确定”按钮。

STEP 14 执行操作后，即可完成城市黑金色调的调色处理，效果如图 4-58 所示。

图 4-57 导出为 JPG 格式

图 4-58 完成城市黑金色调的调色

4.3.2 橙红色调：使用 PS 手动调色

橙红色调是一种很鲜艳的暖色调，明度很高，融合了红色的视觉冲击力和橙色的热情，散发着令人振奋的激情与活力，色感直逼眼球，刺激感官，适合城市车流夜景照片效果。

	素材文件	素材 \ 第 4 章 \ 车流夜景 .jpg
	效果文件	效果 \ 第 4 章 \ 车流夜景 .jpg
	视频文件	扫码可直接观看视频

【操练 + 视频】——橙红色调：使用 PS 手动调色

STEP 01 在 Photoshop 中打开一幅素材图像，打开 Camera Raw 窗口，如图 4-59 所示。

图 4-59 打开 Camera Raw 窗口

STEP 02 展开“基本”面板，设置“曝光”为 2.75、“对比度”为 19、“高光”为 -47、“阴影”为 59、“白色”为 -5、“黑色”为 -6、“清晰度”为 16、“去除薄雾”为 14、“自然饱和度”为 25、“饱和度”为 11，对照片色彩进行基本调整，如图 4-60 所示。

图 4-60　对照片色彩进行基本调整

STEP 03 展开“曲线”面板，添加一个曲线控制点，设置“输入”为 168、“输出”为 188，适当提亮照片，如图 4-61 所示。

图 4-61　设置“输入”和“输出”参数

STEP 04 展开“细节”面板，设置“锐化”为 40、“减少杂色”为 25、“杂色深度减低”为 25，对画面进行降噪处理，如图 4-62 所示。

图 4-62　对画面进行适当降噪处理

STEP 05 展开“混色器”面板，在“色相”选项卡中设置“红色”为-18、“橙色”为-2、“黄色”为-45，调整红色、橙色与黄色的色相，如图4-63所示。

图4-63　调整红色、橙色与黄色的色相

STEP 06 切换至“饱和度”选项卡，设置“红色”为12、“橙色”为21、“黄色”为6，加强红色、橙色与黄色的饱和度，如图4-64所示。

图4-64　加强红色、橙色与黄色的饱和度

STEP 07 切换至“明亮度”选项卡，设置“红色”为17、“橙色”为13，提升红色和橙色的明亮度，如图4-65所示。

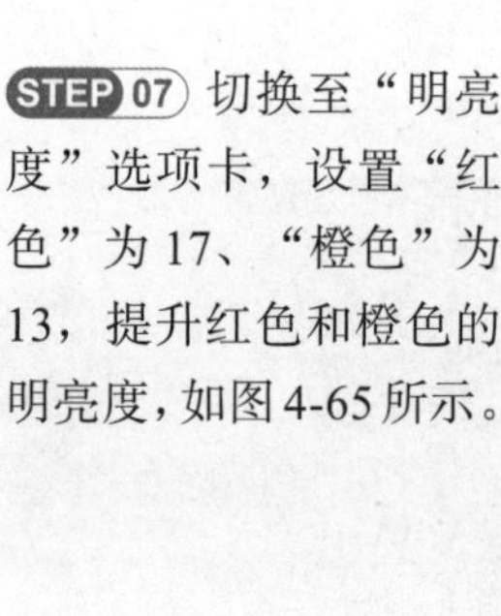

图4-65　提升红色和橙色的明亮度

STEP 08 展开“光学”面板，选中“删除色差”和“使用配置文件校正”复选框，如图 4-66 所示。这一步操作的目的主要是为了校正镜头的畸变，改善画面四周的暗角问题，使画面恢复正常的视觉效果。

图 4-66　校正镜头的畸变

STEP 09 展开“校准”面板，在“红原色”选项区中设置“饱和度”为 14，提升红色的饱和度；在“蓝原色”选项区中设置“饱和度”为 7，加强天空的蓝色调，如图 4-67 所示。

图 4-67　加强红色和蓝色的饱和度

STEP 10 展开“效果”面板，设置“晕影”为 -20，为照片四周添加暗角效果，使照片的光影对比更加强烈，如图 4-68 所示。

图 4-68　为照片四周添加暗角效果

STEP 11 调色完成后，单击“打开”按钮，进入PS工作界面，橙红色调的照片效果极具视觉冲击力，如图4-69所示。

图 4-69 预览橙红色调的照片效果

4.3.3 青橙色调：使用 LR 手动调色

青橙色调比较显著的一个特点是只有青色和橙色，是近几年火爆于网络的一种流行色彩搭配，在很多摄影题材上都可以使用，比如风光、建筑、街头随拍等。

	素材文件	素材 \ 第 4 章 \ 蓝天白云 .NEF
	效果文件	效果 \ 第 4 章 \ 蓝天白云 .jpg
	视频文件	扫码可直接观看视频

【操练 + 视频】——青橙色调：使用 LR 手动调色

STEP 01 在 Lightroom 中打开一幅素材图像，如图 4-70 所示。

图 4-70 打开一幅素材图像

STEP 02 切换至“修改照片”模块，展开“基本”面板，设置“对比度”为 29、“高光”为 18、“阴影”为 18、“黑色色阶”为 29、“清晰度”为 46、“鲜艳度”为 46、“饱和度”为 -18，调整照片的基本色调与影调，如图 4-71 所示。

图 4-71　调整照片的基本色调与影调

STEP 03 展开“细节”面板，设置“数量”为 102，加强照片的锐化效果，如图 4-72 所示。

图 4-72　加强照片的锐化效果

STEP 04 展开“HSL/ 颜色”面板，切换至“饱和度”选项卡，设置“红色”为 16、“浅绿色”为 34、“蓝色”为 43，加强色彩的饱和度，如图 4-73 所示。

图 4-73　加强色彩的饱和度

STEP 05 展开“校准”面板，在“红原色”选项区中设置“色相”为86、“饱和度”为6；在“绿原色”选项区中设置“色相”为60、“饱和度”为22；在“蓝原色”选项区中设置“色相”为-100、“饱和度”为8，调出青橙色的照片效果，如图4-74所示。

图 4-74 调出青橙色的照片效果

STEP 06 展开“效果”面板，在“裁剪后暗角”选项区中设置“数量”为-14、“中点”为55，为照片四周添加暗角效果，使照片的光影对比更加强烈，如图4-75所示。

图 4-75 为照片四周添加暗角效果

STEP 07 照片处理完成后，预览青橙色调的城市风光照片，蓝天白云为青色调，城市建筑为暗橙色调，画面具有吸睛的视觉效果，如图4-76所示。

图 4-76 预览青橙色调的城市风光照片

第5章 数码照片的后期调色实战

章前知识导读

色彩暗淡的照片不仅看起来没有层次感和吸引力，而且不能清楚表现原本的色彩。通过 Photoshop 和 Lightroom 中的各种调色功能，可以得到艳丽色彩的画面。本章主要介绍数码照片的后期调色技巧。

新手重点索引

- PS 调色——涠洲岛海景风光
- LR 调色——墨蓝风格的古建筑

效果图片欣赏

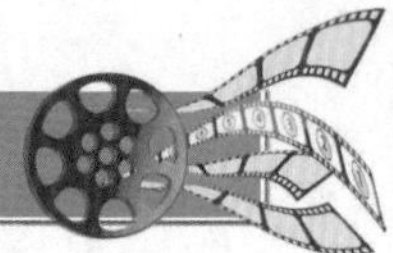

5.1 PS 调色——涠洲岛海景风光

Photoshop 2022 拥有非常强大的调色功能，使用 Camera Raw 插件可以调出用户满意的色彩和影调，还可以使用蒙版对照片进行曝光合成。本节以涠洲岛海景风光素材为例，讲解使用 PS 对照片进行调色与合成的操作方法。素材与效果如图 5-1 所示。

图 5-1　涠洲岛海景风光

5.1.1　基本处理：调出高光与暗部影调

在拍摄照片时，有时为了得到一个正常的曝光效果，需要拍摄两张或两张以上的照片，然后将每张照片调到一个正常的曝光效果，再用蒙版进行光影合成。下面首先介绍分别调出照片高光与暗部影调的操作方法。

	素材文件	素材 \ 第 5 章 \ 涠洲岛 1.NEF、涠洲岛 2.NEF
	效果文件	无
	视频文件	扫码可直接观看视频

【操练 + 视频】——基本处理：调出高光与暗部影调

STEP 01　打开 Photoshop 工作界面，将“涠洲岛 1.NEF”素材拖曳至其中，此时软件自动弹出 Camera Raw 窗口，如图 5-2 所示。

图 5-2　自动弹出 Camera Raw 窗口

STEP 02 首先调整岩壁的光影，依据山洞岩壁的亮度，让岩壁的细节和色彩充分显现。展开“基本”面板，设置“曝光”为 0.55、“对比度”为 49、“高光”为 -26、“白色”为 64、“黑色”为 51、“清晰度”为 44、“去除薄雾”为 91，初步调整岩壁的光影，如图 5-3 所示。

图 5-3　初步调整岩壁的光影

专家指点

将 RAW 文件直接拖曳至 PS 中，会自动弹出 Camera Raw 窗口。RAW 是一种记录数码相机传感器上的原始信息和由相机所产生的一些原数据的文件，是真正意义上的“电子底片”。

STEP 03 展开“光学”面板，选中“删除色差”和“使用配置文件校正”复选框，如图 5-4 所示。这一操作的目的主要是为了校正镜头的畸变，改善画面四周的暗角问题，使画面恢复正常的视觉。

图 5-4　分别选中相应复选框

STEP 04 单击窗口下方的“Adobo RGB（1998）-8 位……”文字链接，弹出“Camera Raw 首选项”对话框，选中“在 Photoshop 中打开为智能对象”复选框，如图 5-5 所示。

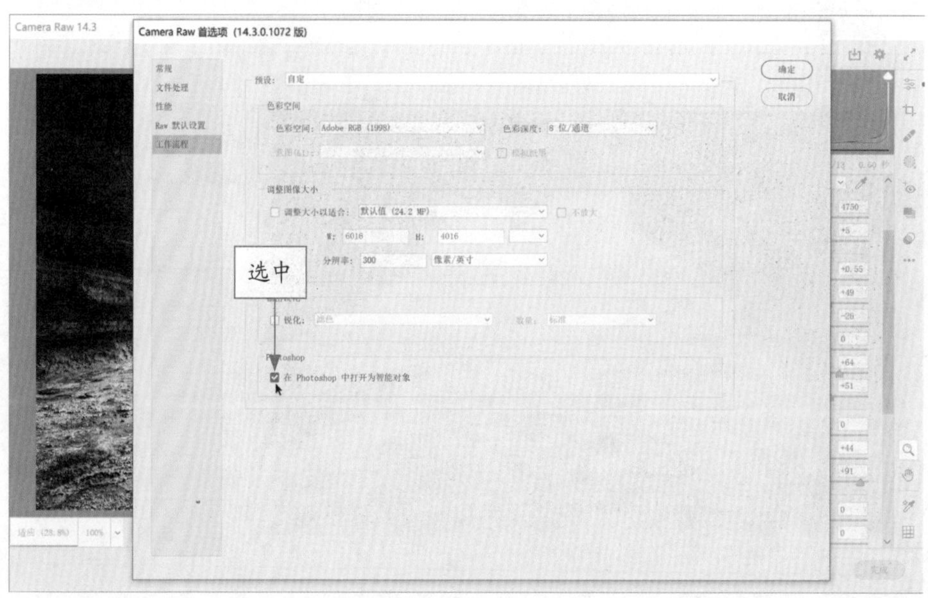

图 5-5 选中相应复选框

STEP 05 单击“确定”按钮，返回 Camera Raw 窗口，单击“打开对象”按钮，进入 Photoshop 工作界面，此时“图层”面板中显示一个智能图层，如图 5-6 所示。

图 5-6 “图层”面板中显示一个智能图层

STEP 06 接下来处理第 2 张素材的光影。将“涠洲岛 2.NEF”素材拖曳至 Photoshop 工作界面，此时软件自动弹出 Camera Raw 窗口，如图 5-7 所示。

图 5-7　自动弹出 Camera Raw 窗口

STEP 07 接下来处理海景风光的影调。展开“基本”面板，设置“色温”为 4350、“色调”为 5、“曝光”为 3.20、“对比度”为 29、“高光”为 -48、“阴影”为 46、“白色”为 -74、“黑色”为 -14、“清晰度”为 43、“去除薄雾”为 19、“自然饱和度”为 24、“饱和度”为 14，初步调整海景的光影，如图 5-8 所示。

图 5-8　初步调整海景的光影

STEP 08 展开“光学”面板，选中“删除色差”和“使用配置文件校正”复选框，如图 5-9 所示。这一操作的目的主要是为了校正镜头的畸变，改善画面四周的暗角问题，使画面恢复正常的视觉。

图 5-9　校正镜头的畸变

STEP 09 单击“打开对象”按钮，进入 Photoshop 工作界面，此时“图层”面板中显示一个智能图层。按【Ctrl + A】组合键全选照片，按【Ctrl + C】组合键复制照片。然后切换至“涠洲岛 1”图像编辑窗口，按【Ctrl + V】组合键粘贴图像素材，得到“图层 1”图层，此时处理的两张照片出现在同一个编辑窗口中，如图 5-10 所示。

图 5-10　复制并粘贴图像素材

5.1.2　曝光合成：使用蒙版合成山洞与海景

当处理好两张照片的色彩和光影后，接下来使用“通道”面板中的蒙版功能对照片进行曝光合成，以得到一张色感和质感都不错的照片。

	素材文件	无
	效果文件	无
	视频文件	扫码可直接观看视频

【操练 + 视频】——曝光合成：使用蒙版合成山洞与海景

STEP 01 在“图层”面板中，单击底部的“添加图层蒙版”按钮■，为“图层 1”图层添加一个白色的图层蒙版，如图 5-11 所示。

STEP 02 打开“通道”面板，按住【Ctrl】键的同时单击“红”通道，如图 5-12 所示。

图 5-11　添加白色图层蒙版

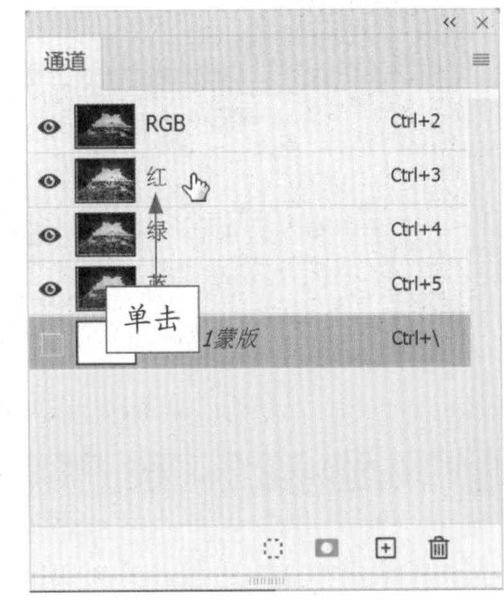

图 5-12　单击“红”通道

STEP 03 执行操作后，即可载入“红”通道的高光选区。再次按住【Ctrl + Shift】组合键的同时单击“红”通道，扩大选区，如图 5-13 所示。

图 5-13　载入“红”通道的高光选区

STEP 04 选取画笔工具，设置前景色为黑色，在工具属性栏中设置“大小”为200像素、“硬度”为0%、“不透明度”为15%，在照片中的适当区域按住鼠标左键并拖曳，涂抹图像，擦出照片的高光影调。按【Ctrl＋D】组合键取消选区，即可完成照片的曝光合成，效果如图5-14所示。

图5-14　完成照片的曝光合成

专家指点

用户使用画笔工具在蒙版上进行涂抹时，按住【Ctrl】键载入选区后，可多次按住【Ctrl＋Shift】组合键的同时单击“红”通道，扩大选区的范围，然后在需要高亮显示的区域进行涂抹，对照片进行曝光合成。

STEP 05 在“图层”面板中，按【Ctrl＋Shift＋Alt＋E】组合键盖印一个图层，得到“图层2”图层，如图5-15所示。

STEP 06 在菜单栏中选择“图像”|“图像大小”命令，如图5-16所示。

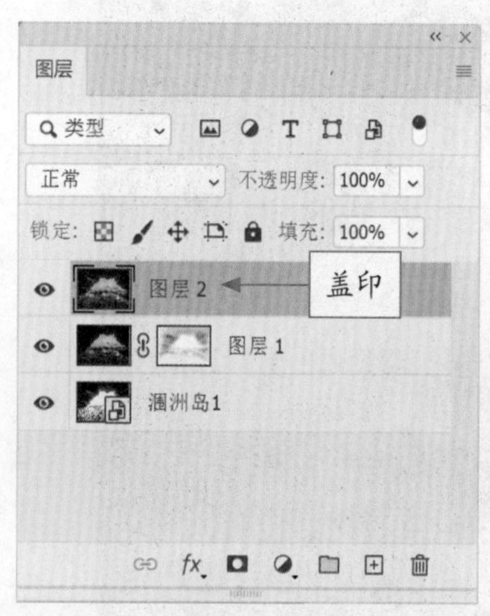

图5-15　得到“图层2”图层

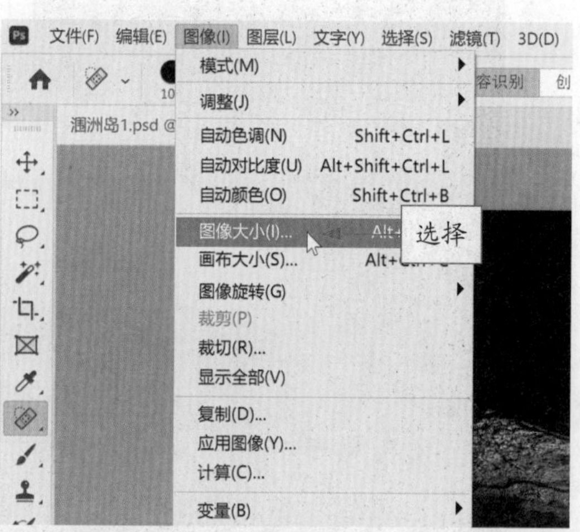

图5-16　选择“图像大小”命令

STEP 07 弹出“图像大小”对话框，设置“宽度”为 3000 像素，此时“高度”数值会自动等比例调整，如图 5-17 所示。单击“确定”按钮，即可调整图像的大小。

图 5-17　设置“宽度”为 3000 像素

5.1.3　照片调色：将照片调为冷蓝色调

对照片进行曝光合成后，接下来处理照片的色彩与色调，使照片达到我们期望的效果。这里主要通过 Camera Raw 滤镜功能将照片调为冷蓝色调，使照片更显清透与质感。

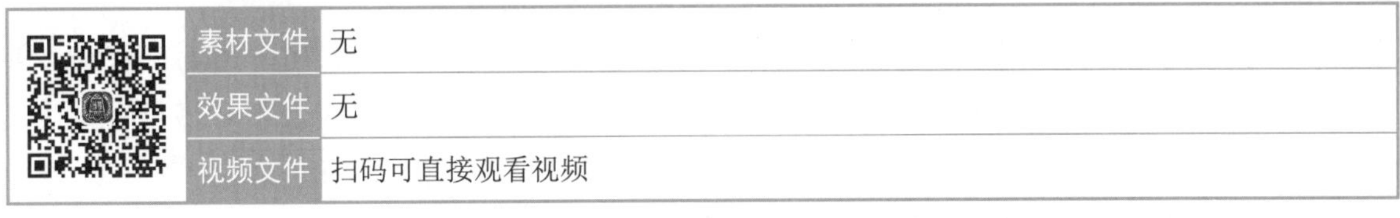

素材文件	无
效果文件	无
视频文件	扫码可直接观看视频

【操练 + 视频】——照片调色：将照片调为冷蓝色调

STEP 01 选择“图层 2”图层，在菜单栏中选择“滤镜”|“Camera Raw 滤镜”命令，弹出 Camera Raw 窗口，展开“效果”面板，设置“晕影”为 -50，为照片四周添加暗角效果，使光影更好地聚焦到画面的中间，如图 5-18 所示。

图 5-18　设置“晕影”为 -50

STEP 02 展开“基本”面板，在其中设置“色温”为 -42、“色调”为 -24，改变照片的色温与色调，将照片调为冷蓝色调，如图 5-19 所示。

图 5-19　改变照片的色温与色调

STEP 03 展开“校准”面板，在“绿原色”选项区中设置“饱和度”为 16、在“蓝原色”选项区中设置“饱和度”为 42，提高照片的蓝色饱和度，如图 5-20 所示。

图 5-20　提高照片的蓝色饱和度

STEP 04 展开“混色器”面板，在“饱和度”选项卡中设置“蓝色”为 15，再次加强蓝色的饱和度，增强海景照片的环境氛围，如图 5-21 所示。单击“确定”按钮。

图 5-21　再次加强蓝色的饱和度

5.1.4　完善画面：对照片进行修复与裁剪

处理好照片的色彩与色调后，接下来对照片进行修复与裁剪操作，使照片更加干净，使画面的比例更加协调。

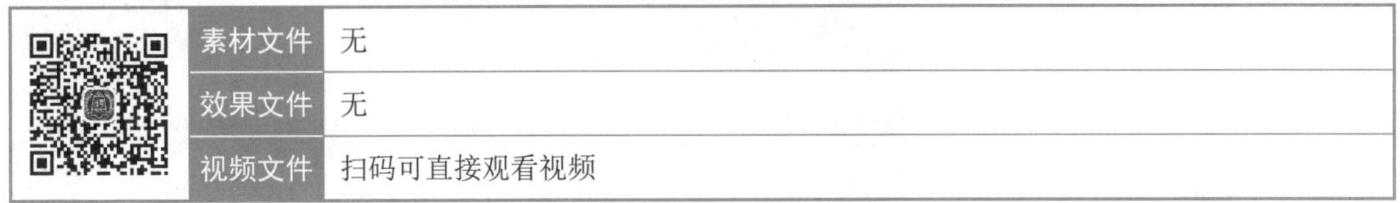

素材文件	无
效果文件	无
视频文件	扫码可直接观看视频

【操练 + 视频】——完善画面：对照片进行修复与裁剪

STEP 01 在工具箱中选取污点修复画笔工具，在工具属性栏的画笔下拉面板中设置“大小”为 70 像素、“硬度”为 100%，设置“类型”为“内容识别”，如图 5-22 所示。

图 5-22　设置各选项

STEP 02 使用缩放工具放大照片，将光标移至天空中有污点的地方，如图 5-23 所示。

STEP 03 单击鼠标左键，即可修复画面中的污点，使画面更显干净，如图 5-24 所示。

图 5-23　放大照片

图 5-24　修复画面

STEP 04 用同样的方法修复天空中的其他污点，使照片更加清透、干净，如图 5-25 所示。

图 5-25　修复天空中的其他污点

STEP 05 用同样的方法，使用污点修复画笔工具在地面中的相应污点处进行涂抹、修复，使地面更干净，如图 5-26 所示。

图 5-26　在地面中的相应污点处进行涂抹

STEP 06 在工具箱中选取裁剪工具，在照片上拖曳出裁剪控制框，确定裁剪区域，如图 5-27 所示。

图 5-27　确定裁剪区域

STEP 07 在裁剪控制框内双击鼠标左键，即可裁剪照片，效果如图 5-28 所示。

图 5-28　裁剪照片的效果

STEP 08 再次选取污点修复画笔工具，在前景中的沙土区域进行适当涂抹，修复画面中的污点，使前景更显干净，如图 5-29 所示。至此，完成照片的修复与裁剪操作。

图 5-29　在沙土区域进行适当涂抹

5.1.5　调整影调：使用曲线调整照片影调

对照片进行修复与裁剪操作后，接下来使用曲线功能调整照片的影调，可使照片的色彩更具视觉冲击力。

	素材文件	无
	效果文件	无
	视频文件	扫码可直接观看视频

【操练 + 视频】——调整影调：使用曲线调整照片影调

STEP 01 在“通道”面板中选择 RGB 通道，按住【Ctrl】键的同时单击 RGB 通道，生成高光选区；按住【Ctrl ＋ Alt】组合键的同时单击 RGB 通道，弹出信息提示框，如图 5-30 所示，单击“确定”按钮，生成中间调选区。

图 5-30　弹出信息提示框

STEP 02 在“图层”面板中，单击“创建新的填充或调整图层”按钮，在弹出的列表中选择“曲线”选项，如图 5-31 所示。

STEP 03 此时，“曲线”调整图层自带了一个灰色蒙版，这个蒙版就是刚才在通道里生成的中间调选区产生的。在“属性”面板中，拉出一个 S 形曲线，如图 5-32 所示，增强画面的明暗反差，形成画面高光和亮部的变化。

图 5-31　选择“曲线”选项

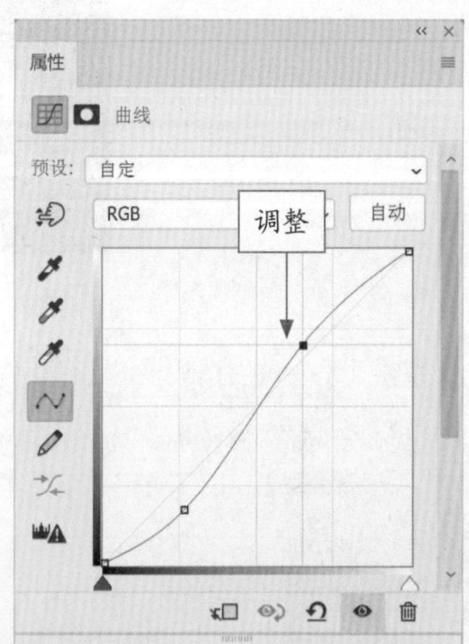

图 5-32　拉出一个 S 形曲线

专家指点

在“属性”面板中拉出的这个 S 形曲线，即便曲线幅度很大，也不会过多地造成画面高光和亮部的变化，变化的只有中间调。整体增加的反差自然而柔顺，是中间调选区所生成的曲线特点。

STEP 04 在“图层”面板中可以看到这个灰色蒙版的变化，如图 5-33 所示。

STEP 05 在“图层”面板中，按【Ctrl + Shift + Alt + E】组合键盖印一个图层，得到“图层 3”图层，如图 5-34 所示。

图 5-33　灰色蒙版的变化

图 5-34　得到“图层 3”图层

STEP 06 在菜单栏中选择“滤镜”|“Camera Raw 滤镜”命令，弹出 Camera Raw 窗口，展开“基本”面板，设置“自然饱和度”为 -9，降低照片的饱和度，使色彩更加自然、生动，如图 5-35 所示。单击“确定”按钮。

图 5-35　适当降低照片的饱和度

专家指点

在照片的最后处理阶段，如果对色彩还有不满意的地方，可以用 ACR 再次微调。

5.1.6 照片合成：将人物合成到海景风光中

海景照片的色彩和色调处理完后，我们发现照片中少了一个主体对象，此时可以添加一个人物素材，将其合成到海景风光中，使照片更具视觉冲击力。

	素材文件	素材 \ 第 5 章 \ 人像素材 .png
	效果文件	效果 \ 第 5 章 \ 涠洲岛风光 .psd
	视频文件	扫码可直接观看视频

【操练 + 视频】——照片合成：将人物合成到海景风光中

STEP 01 将“人像素材 .png”拖曳至 Photoshop 工作界面中，如图 5-36 所示。

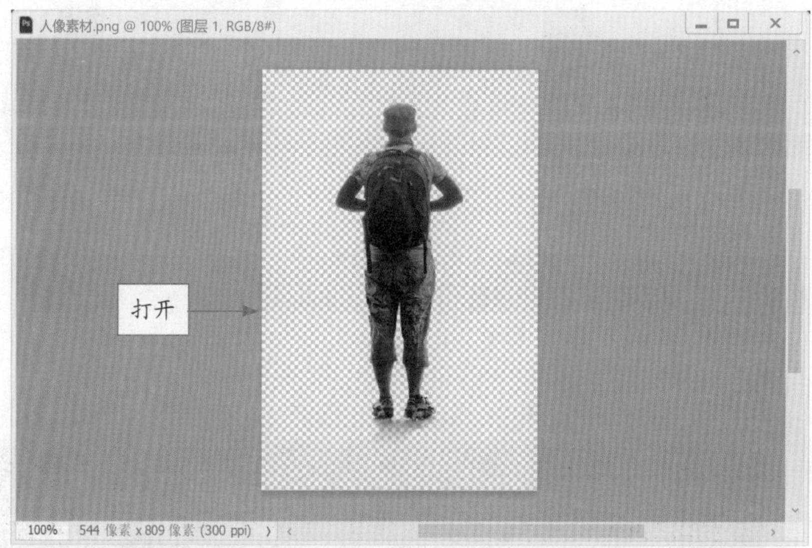

图 5-36 打开“人像素材 .png”

STEP 02 选取工具箱中的移动工具，将人像素材拖曳至“涠洲岛 1”图像编辑窗口中的合适位置，如图 5-37 所示。

图 5-37 拖曳至窗口中的合适位置

STEP 03 按【Ctrl ＋ T】组合键调出变换控制框，拖曳素材四周的控制柄，调整人像素材的大小和位置，按【Enter】键确认，最终效果如图 5-38 所示。

图 5-38　调整人像素材的大小和位置

5.2 LR 调色——墨蓝风格的古建筑

除了构图之外，照片的影调和色彩也是非常重要的因素。一张照片的好坏，说到底就是影调分布能否体现光线的美感，以及色彩是否表现得恰到好处。可以说，影调与色彩是后期处理的核心，几乎所有工具都是在处理这两个方面的问题。

本节以寺庙古建筑素材为例，讲解使用 LR 对照片进行调色的操作方法，素材与效果如图 5-39 所示。

图 5-39　墨蓝风格的古建筑

5.2.1 导入素材：在 LR 中导入古建筑素材

在 Lightroom 中对照片进行编辑之前，第一步操作就是将照片素材导入到“图库”模块中，下面介绍导入照片素材的操作方法。

	素材文件	素材 \ 第 5 章 \ 古建筑 .jpg
	效果文件	无
	视频文件	扫码可直接观看视频

【操练 + 视频】——导入素材：在 LR 中导入古建筑素材

STEP 01 打开 Lightroom 工作界面，在菜单栏中选择“文件”|“导入照片和视频”命令，如图 5-40 所示。

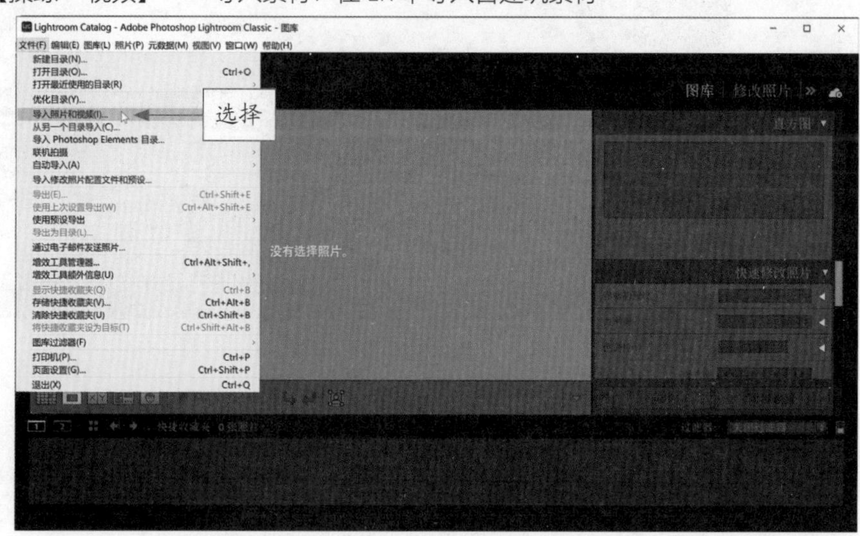

图 5-40 选择“导入照片和视频”命令

专家指点

Lightroom 与很多照片处理软件一样，支持导入多种格式的文件，其中包括 RAW 格式、数字负片格式（DNG）、TIFF 格式、JPEG 格式和 Photoshop 格式（PSD）等。

STEP 02 弹出“综合文件”窗口，在左侧窗格中选择需要导入照片的文件夹，在中间窗格中选择需要导入的单张照片素材，如图 5-41 所示，单击右下角的“导入”按钮。

图 5-41 选择需要导入的单张照片素材

STEP 03 执行操作后，即可将照片素材导入到“图库”模块中，如图 5-42 所示。

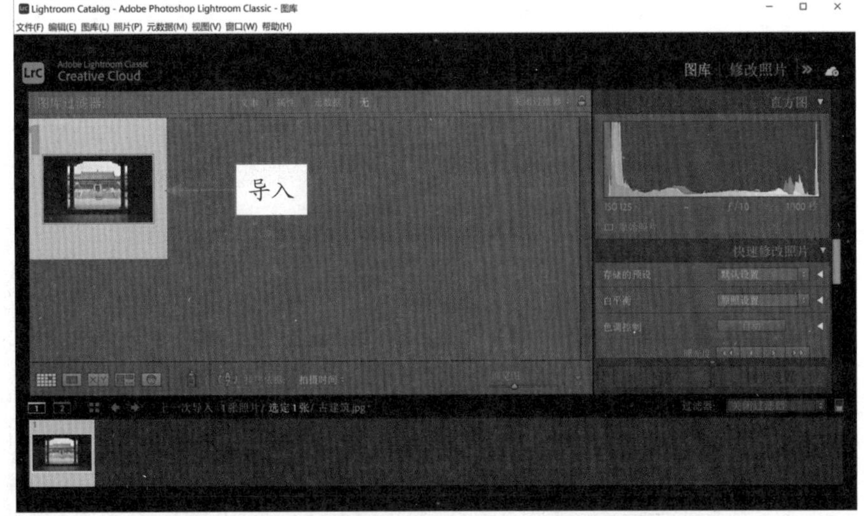

图 5-42 将照片素材导入到“图库”模块中

STEP 04 双击导入的照片素材，即可放大查看照片效果，如图 5-43 所示。

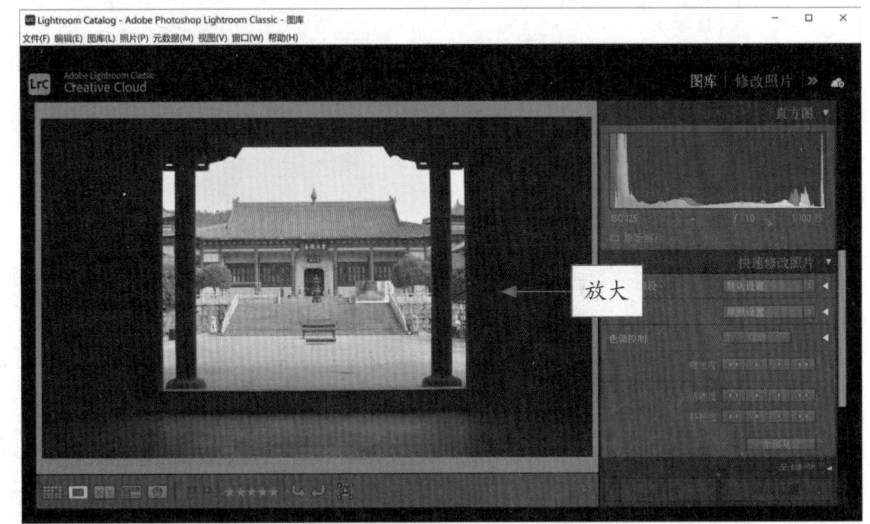

图 5-43 放大查看照片效果

5.2.2 基本调色：初步调整古建筑的色调

下面介绍古建筑的基本调色技巧，主要包括色温、色调、曝光度、对比度、高光、阴影、白色色阶以及黑色色阶的调整，使照片的基本色彩符合要求。

	素材文件	无
	效果文件	无
	视频文件	扫码可直接观看视频

【操练 + 视频】——基本调色：初步调整古建筑的色调

STEP 01 在界面右上方单击“修改照片”标签，切换至“修改照片”模块，如图 5-44 所示。

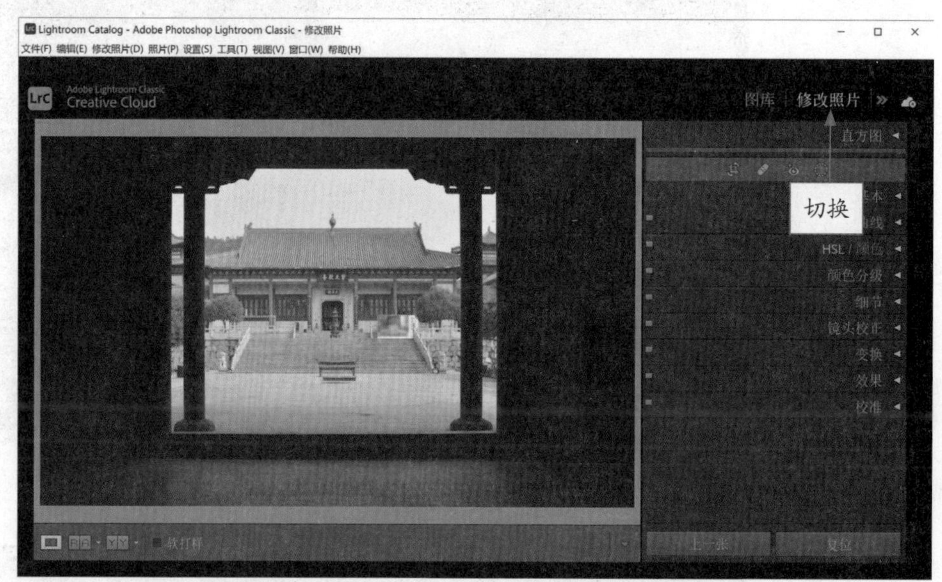

图 5-44 切换至“修改照片”模块

STEP 02 首先调整照片的色温与色调，不同的色温下照片可以呈现出不同的效果。展开“基本”面板，设置“色温”为 -2、“色调”为 -48，调整照片的色温与色调，使照片呈现出明亮的暖黄色调，如图 5-45 所示。

图 5-45 调整照片的色温与色调

STEP 03 接下来调整照片的曝光度与对比度，增强照片的明暗对比效果。这里设置“曝光度”为 -0.40、“对比度”为 33，如图 5-46 所示。

图 5-46　调整照片的曝光度与对比度

专家指点

在“基本”面板中有两种设置参数的方法，一种是在右侧的数值框中手动输入参数，另一种是拖曳控制条上的滑块可快速设置调色参数。

STEP 04 接下来设置照片的高光、阴影、白色色阶和黑色色阶的参数，降低高光部分和阴影部分的亮度，提高白色色阶和黑色色阶，使照片呈现出墨蓝色调。这里设置“高光”为 -100、“阴影”为 -29、“白色色阶”为 33、“黑色色阶”为 12，如图 5-47 所示。

图 5-47　设置照片的高光、阴影、白色色阶和黑色色阶

STEP 05 在“偏好”选项区中，设置“清晰度”为45，提高照片的清晰度，使画面更加清透、明亮，如图 5-48 所示。

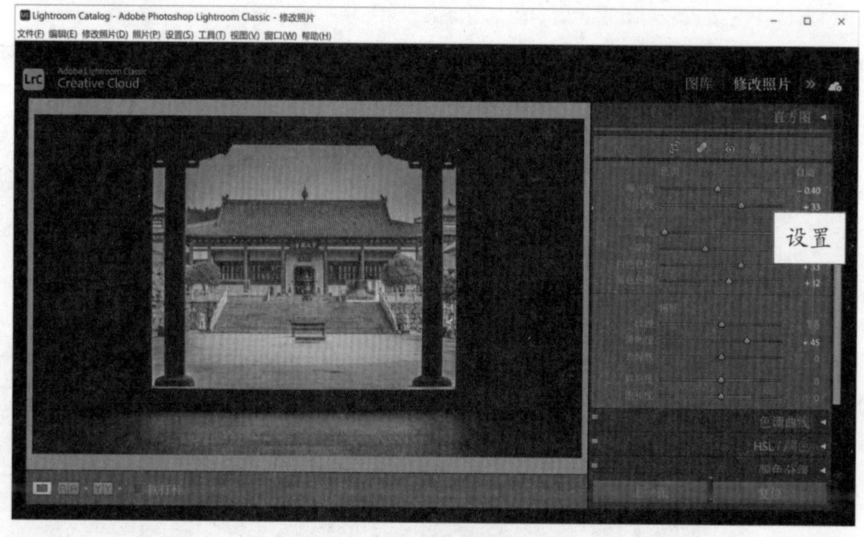

图 5-48　提高照片的清晰度

5.2.3　HSL 调色：分别调整照片中各色彩

下面介绍使用“HSL/ 颜色”功能分别调整照片中各色彩的操作方法，将照片调成暗调效果，使照片显得深邃、耐看。

	素材文件	无
	效果文件	无
	视频文件	扫码可直接观看视频

【操练 + 视频】——HSL 调色：分别调整照片中各色彩

STEP 01 展开“HSL/ 颜色”面板，在“色相”选项卡中设置“红色”为 7、“橙色”为 -13，调整照片中红色和橙色的色相，如图 5-49 所示。

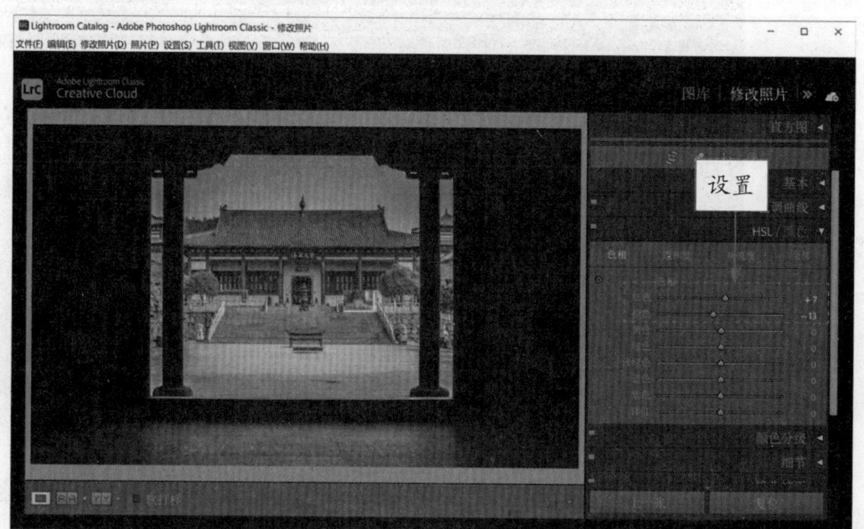

图 5-49　调整照片中红色和橙色的色相

STEP 02 切换至“饱和度”选项卡，设置“红色”为 13、“橙色”为 -31、“绿色”为 -100、“浅绿色”为 -100、“蓝色”为 -100、“紫色”为 -100、“洋红”为 -100，降低照片中各色彩的饱和度，如图 5-50 所示。

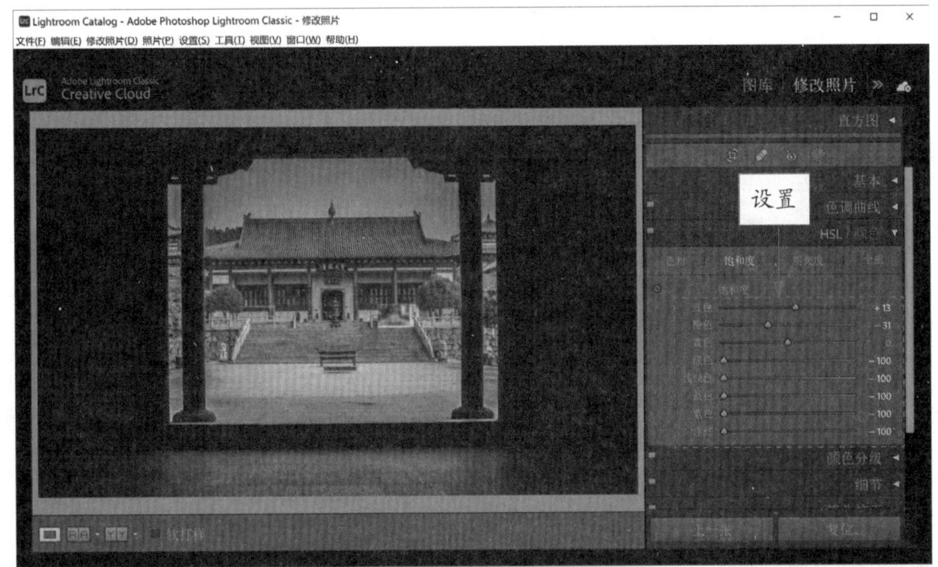

图 5-50　降低照片中各色彩的饱和度

STEP 03 切换至“明亮度”选项卡，设置“红色”为 76、“橙色”为 4，提高照片中红色与橙色的明亮度，如图 5-51 所示。

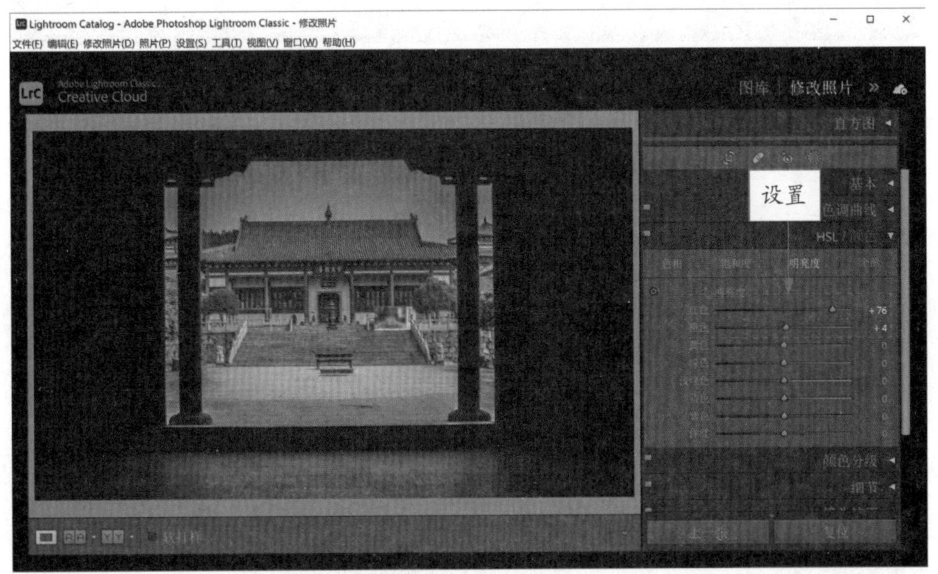

图 5-51　提高照片中红色与橙色的明亮度

5.2.4　颜色分级：对照片进行分离色调处理

下面对照片进行颜色分级处理，分别调整照片中的高光与阴影色调，并对照片的色彩进行适当校正，调出我们想要的墨蓝色调。

	素材文件	无
	效果文件	无
	视频文件	扫码可直接观看视频

【操练 + 视频】——颜色分级：对照片进行分离色调处理

STEP 01 展开"颜色分级"面板，单击"调整"右侧的"高光"按钮，如图 5-52 所示。

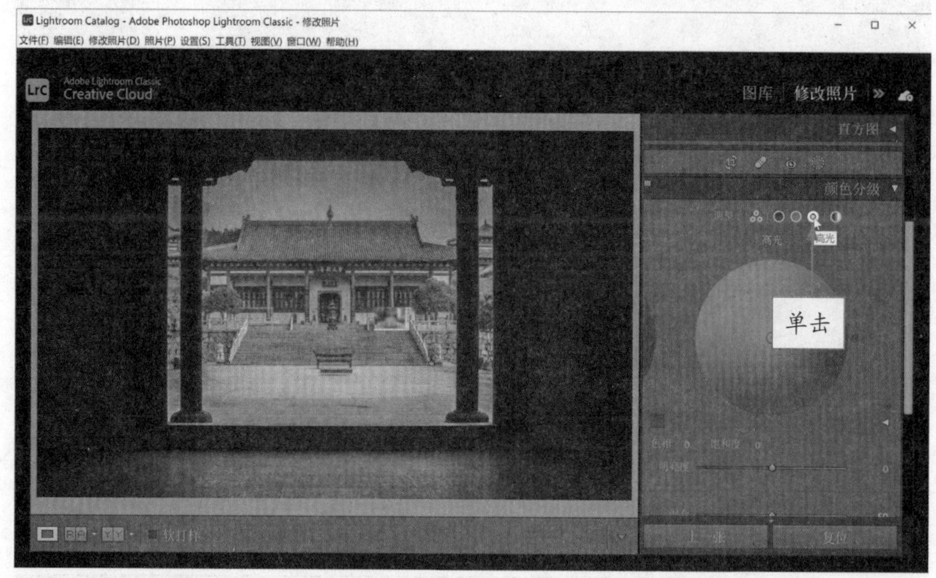

图 5-52 单击"高光"按钮

STEP 02 进入"高光"选项区，在下方设置"色相"为 216、"饱和度"为 8，调整高光区域的色调，如图 5-53 所示。

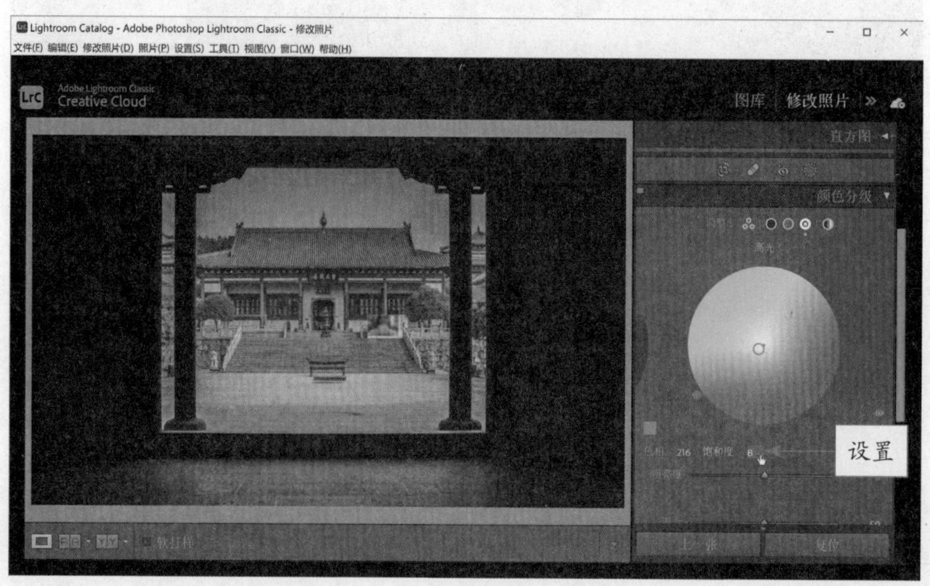

图 5-53 调整高光区域的色调

STEP 03 单击“调整”右侧的“阴影”按钮◎，在“阴影”选项区中设置“色相”为 217、“饱和度”为 38，调整阴影区域的色调，如图 5-54 所示。

图 5-54　调整阴影区域的色调

STEP 04 在面板下方设置“明亮度”为 -21、“混合”为 99，调整混合色调，如图 5-55 所示。

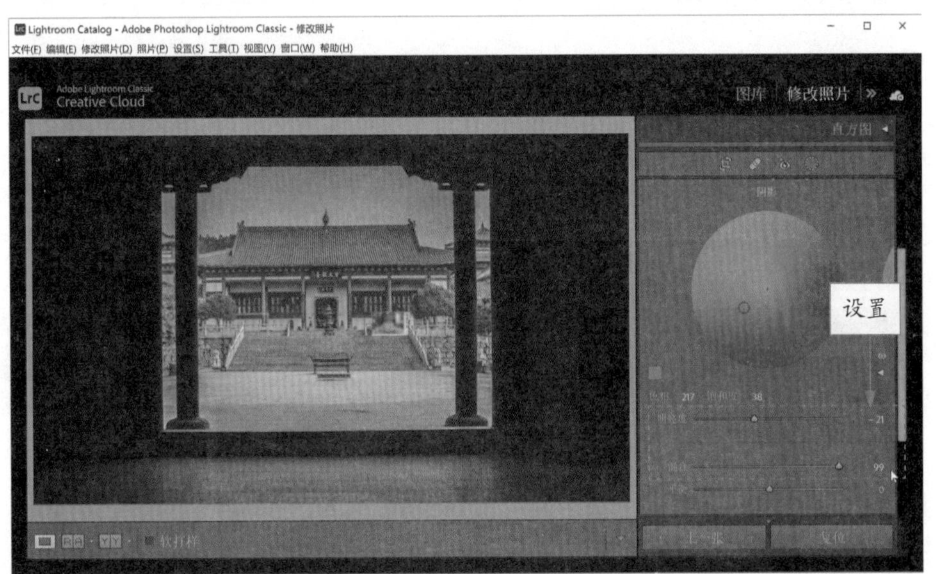

图 5-55　调整高光与阴影的混合色调

STEP 05 展开“校准”面板，在“红原色”选项区设置“色相”为 100、“饱和度”为 -21，在“绿原色”选项区设置“色相”为 98、“饱和度”为 7，在“蓝原色”选项区设置“色相”为 -100、“饱和度”为 -2，调出照片的墨蓝色调，效果如图 5-56 所示。

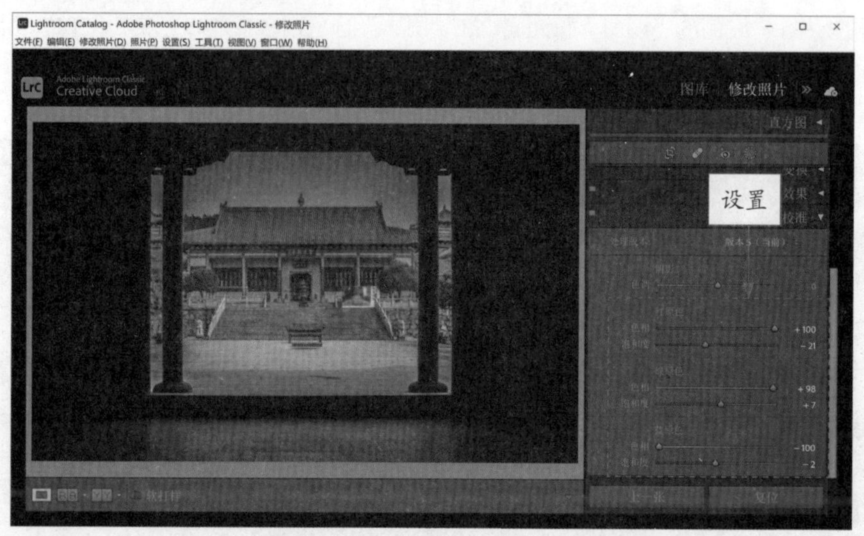

图 5-56　调出照片的墨蓝色调

5.2.5　色调曲线：增强照片的明暗反差

下面介绍使用“色调曲线”面板增强照片的明暗反差，使用“效果”面板为照片添加暗角，以及通过“导出”命令导出成品效果文件的操作方法。

	素材文件	无
	效果文件	效果 \ 第 5 章 \ 古建筑 .jpg
	视频文件	扫码可直接观看视频

【操练 + 视频】——色调曲线：增强照片的明暗反差

STEP 01 展开“色调曲线”面板，设置“亮色调”为 7、“阴影”为 -29，提高照片的亮度，如图 5-57 所示。

图 5-57　提高照片的亮度

STEP 02 单击上方的“点曲线”按钮，进入“点曲线”调整面板，在曲线上添加相应的控制点，调整照片的明暗反差，如图 5-58 所示。

图 5-58 调整照片的明暗反差

STEP 03 展开“效果”面板，设置“数量”为 -14、“圆度”为 100，为照片四周添加暗角效果，将光影聚焦到画面中间，如图 5-59 所示。

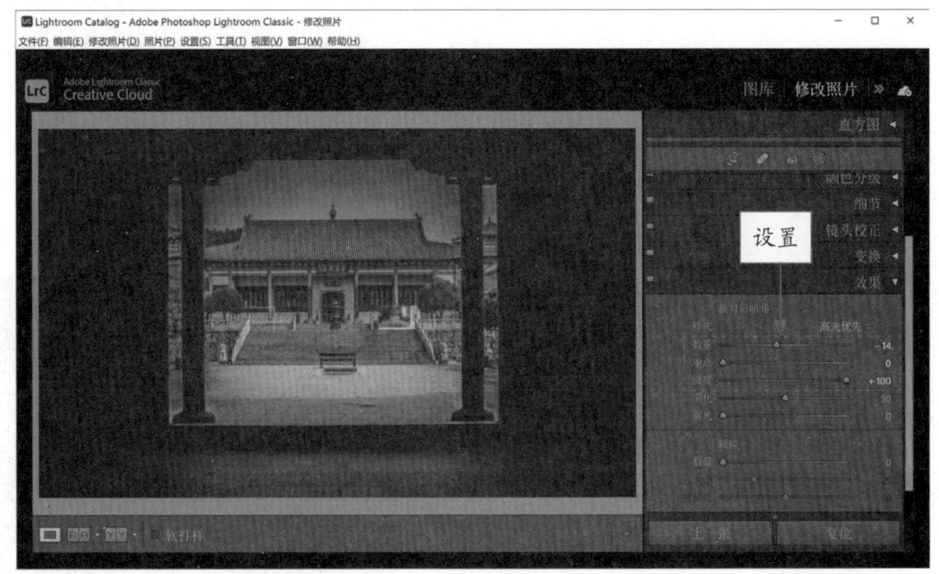

图 5-59 为照片四周添加暗角效果

STEP 04 照片处理完成后，选择“文件”|“导出”命令，如图 5-60 所示。

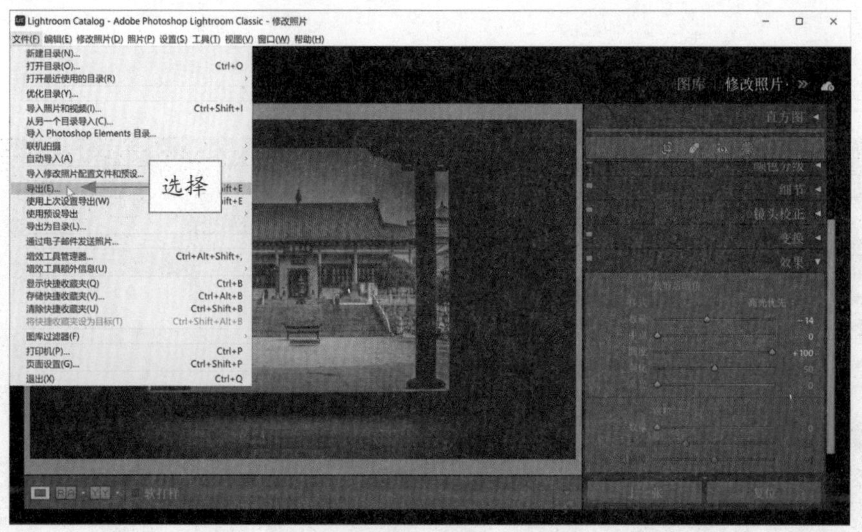

图 5-60　选择“导出”命令

专家指点

在 Lightroom 软件中，我们还可以批量修改多张照片的色调：使用同步功能可将同一照片的修改设置应用于一个组中的所有照片，达到批量更改照片的效果，从而在处理图像时节省大量的时间。在菜单栏中选择“设置”|“同步设置”命令，在弹出的对话框中设置照片的同步选项，单击“同步”按钮，即可对照片进行批量、同步修改。

在 Lightroom 工作界面右侧的面板中，单击下方的“复位”按钮，可以将照片恢复至导入时的原始状态，恢复默认设置。

STEP 05 弹出“导出一个文件”对话框，在其中设置文件的导出位置与名称，单击“导出”按钮，如图 5-61 所示。

STEP 06 执行操作后，即可导出照片文件，预览墨蓝风格的古建筑效果，如图 5-62 所示。

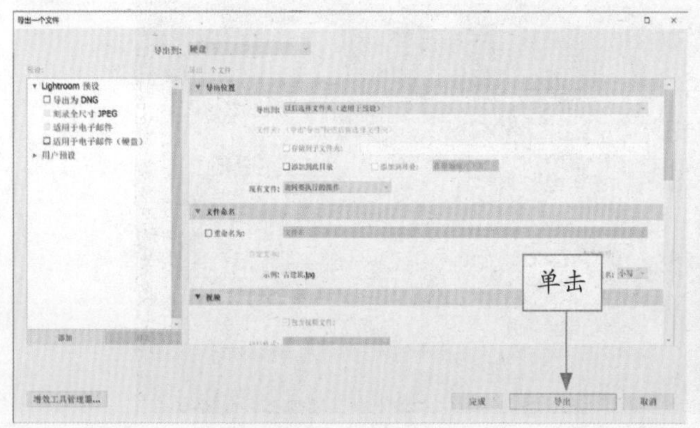

图 5-61　单击“导出”按钮

图 5-62　预览墨蓝风格的古建筑效果

第6章

电影和视频调色基础知识

章前知识导读

在影视视频的编辑中，色彩往往可以给观众留下第一印象，并在某种程度上抒发一种情感。本章主要介绍电影和视频调色的基础知识，使读者能更好地了解视频调色，掌握相关的原理与要点。

新手重点索引

- 影视艺术与色彩
- 影视调色主要调什么
- 认识示波器与灰阶调节

效果图片欣赏

6.1 影视艺术与色彩

色彩是影视艺术中的基本构成元素，在影视作品中起到非常重要的作用，是表现影视作品内容的一种表达语言，它能传情达意、宣泄情绪。本节主要介绍影视艺术与色彩的相关内容，让大家更加深刻地了解电影与视频调色。

6.1.1 黑白彩色：银幕色彩展现方式

早期的电影只有黑白色彩，在后来的发展中才逐渐有了彩色电影，如图 6-1 所示为银幕影像的黑白与彩色的对比。电影色彩包括影片的主色调、人物服装色彩、人物化妆色彩、周围环境色彩、场景空间色彩以及镜头画面之间的转换色彩等。它是创作者根据故事情节和剧本内容在摄制前就已经设计好的色彩结构，只是在银幕前得到了具体体现。

图 6-1 银幕影像的黑白与彩色的对比

电影与图像的区别在于：图像是一张平面作品，它是静止的，只需要将个人情感及色彩融入到一张画布中即可；而电影是运动的，是一种动态的色彩体现，电影色彩更注重前后的对比，以及整体画面的色彩是否协调。

6.1.2 构成方法：电影中的主体色彩

一部完整的彩色电影在银幕上展现出来的是总体色彩结构，每个电影镜头由无数帧静止的画面构成，每个画面中的色彩运动构成了影片的整体色彩。银幕影像中的电影色彩构成方法一共有 6 种，包括主体色彩的构成、素描式色彩的构成、渐变色彩的构成、对立色彩的构成、梦幻色彩的构成以及银幕色彩五角色，这里只对主体色彩的构成方法进行相关讲解。

在一部电影中，主体色彩的构成一定要鲜明，但表达要含蓄，可以通过人物服装、建筑颜色以及道具颜色等自然地流露出来。如图 6-2 所示，我们可以看到在这部影片中，红色作为影片的主体色彩几乎无处不在，它是一种情绪、一种态度，更是一种不可或缺的语言。

红色的服装及栏杆

红色的头饰蝴蝶结

暗红色的枫叶

红色的鲜花道具

红色的灯笼

橘红色的古式窗户

红色的祈福带

红色的建筑及文字

图 6-2　红色作为影片的主体色彩

6.1.3 色彩表达：营造影片独特风格

电影中的调色如同现实中的“调情”一样，是一种氛围的表达、一种情感的展现、一种基调的确定。影视色彩和氛围的表达，可以营造出影片的独特风格，给观众留下深刻的印象。通过色调、光影、人物、环境以及物件等元素，能确定影片的色彩基调，使之和谐与统一，从而在银幕上达到审美的最佳境界。

影视色彩的表达主要通过色彩构图营造出视觉的连贯性，比如色彩的对比构图；通过两种或两种以上颜色的对比，突出其中某些对象；通过色彩吸引观众的注意力，形成画面中的兴趣点。如图 6-3 所示，影片中的人物身穿白色上衣，白色的明度很高，非常亮眼，与周围环境中的绿色形成了强烈对比，可以更好地聚焦观众的视线。

图 6-3　通过色彩对比突出影片中的人物

我们还可以通过时间来表达电影中的色彩，比如你在高层写字楼中不知不觉已加班到深夜，看向窗外马路上的黄色灯光，才觉得有一种时间漫长的感觉。这就是因为写字楼中的白色日光灯不会让我们感觉到时间的漫长，而黄色的路灯提醒着我们该回家了，这就是色彩的时间表达。如图 6-4 所示，当我们看到这种黄色的路灯时，心中所想的就是回家。

图 6-4　色彩的时间表达方式

我们还可以通过冷暖色彩来表达电影中的故事和情感，渲染一种情绪，烘托一种气氛，强调一种意境。比如，我们要表现一个人悲伤的情绪，可以通过蓝色调的灯光或环境氛围来展现人物悲痛的心情，因为蓝色容易让人联想到冰和雪，能给人一种冰冷的视觉感受。

如图 6-5 所示，灰蓝色的天空加上人物身上的黑色衣服，表达出了一种忧郁的心情。

图 6-5　使用冷色调表达人物的情绪

如果我们要表现出一个人的心情非常好，可以多用红色和黄色这种暖色调，它能给人带来温暖、热情的视觉感受，如图 6-6 所示。

图 6-6　使用暖色调表达人物的情绪

6.1.4　色彩蒙太奇：高级的视觉表现

蒙太奇在电影中引申为“剪辑”的意思，一般包括画面剪辑和画面合成两方面，而色彩蒙太奇就是指电影的色彩剪辑和转换。

色彩蒙太奇是电影蒙太奇的重要手段之一，因为电影画面是运动的，色彩会随着画面的变化而变化，而色调、影调、色彩的变化也带来了蒙太奇转换的可能。在剪辑当中，色彩蒙太奇还具有转换色彩的作用，使影片衔接自如、更加流畅。

例如，在一个盛大的酒会上，环境氛围非常热闹，人声鼎沸。当剧情需要从室内热闹的内景切换到室外黑暗的庭院外景时，为了使两个对比强烈的场景过渡自然，就需要采用色彩蒙太奇进行转换。具体方式为：先将镜头推近大厅内某种冷色调的器皿、蓝色的窗帘或暗色的酒杯，然后再转换为月色朦胧的室外景色，这样在视觉上就会有一种过渡，不会产生强烈的色彩对比适感，使画面中的色彩更加流畅、自然，这就是色彩蒙太奇的作用。

图 6-7 所示为日落夕阳到夜幕降临的色彩转换与流畅衔接，画面色彩过渡自然。

图 6-7　日落夕阳到夜幕降临的色彩转换与流畅衔接

6.1.5　调色流程：影视调色步骤解析

一部优秀的影视作品是前期的拍摄与后期的剪辑相辅相成打造出来的精品。在后期处理中，我们需要掌握很多的技能，而调色技术就是必不可少的技能之一。下面介绍影视调色的基本流程，如图 6-8 所示，让大家对后期调色的步骤有一个大概了解。

第一步：降噪处理	当拍摄的原始素材画面有噪点时，首先需要对画面进行降噪处理，调色前进行降噪的效果远比调色后降噪的效果好
第二步：一级校正	一级校正是指调整视频画面整体的色彩、色调、色温、亮度、饱和度以及对比度等，使视频画面看起来更加自然、美观
第三步：局部光线校正	对视频中局部光线曝光不足或者曝光过度的情况进行修正，或者调整画面局部的亮度或色彩，使画面的整体色彩协调
第四步：增加光学滤镜	可以在视频画面中添加类似于 Soften、ProMist 这样的光学滤镜效果，改善视频的画质和美观度，使视频更具吸引力
第五步：暗角处理	暗角是调色师用来强化画面主体的最常用工具之一，将光线聚焦到中间的主体对象上，可以吸引观众目光，增强视觉冲击力
第六步：风格化处理	对视频画面进行风格化处理将对画面产生较大的影响，视频画面的色彩色调变化很大，一般用于影片最后的定调
第七步：模拟胶片质感	为了模拟某种胶片质感，可以套用透明通道素材（如光效、老电影效果），使画面的黑白电平和曲线等参数产生显著变化
第八步：锐化及修正	制作视频的最后一步是对画面进行锐化处理，并通过裁剪的方式确定视频画幅的尺寸，例如 4K 素材变成 1080P 成片

图 6-8　影视调色的基本流程

6.2 影视调色主要调什么

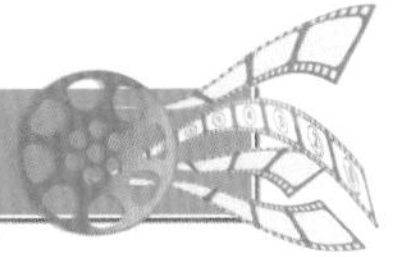

在视频后期处理中，合理的色彩搭配加上靓丽的色彩感总能为视频增添几分亮点。由于在拍摄和采集素材的过程中，常会遇到一些很难控制的环境光照，使拍摄出来的源素材色感欠缺、层次不明。因此，需要通过后期调色来调整前期拍摄的不足，那么，影视调色主要调什么呢？本节以达芬奇软件为例，介绍影视调色的基本内容。

6.2.1　增强对比：调整视频画面对比度

对比度是指图像中阴暗区域最亮的白与最暗的黑之间不同亮度范围的差异。下面介绍调整画面对比度的操作方法。

	素材文件	素材 \ 第 6 章 \ 马路车流 .drp、马路车流 .mp4
	效果文件	效果 \ 第 6 章 \ 马路车流 .drp
	视频文件	扫码可直接观看视频

【操练 + 视频】——增强对比：调整视频画面对比度

STEP 01 进入“剪辑”步骤面板，在“时间线”面板中插入一段视频素材，如图 6-9 所示。

STEP 02 在预览窗口中可以预览插入的视频效果，如图 6-10 所示。

图 6-9　插入一段视频素材

图 6-10　预览视频效果

STEP 03 切换至“调色”步骤面板，进入“一级 - 校色轮”面板，设置“对比度”为 1.300，如图 6-11 所示。

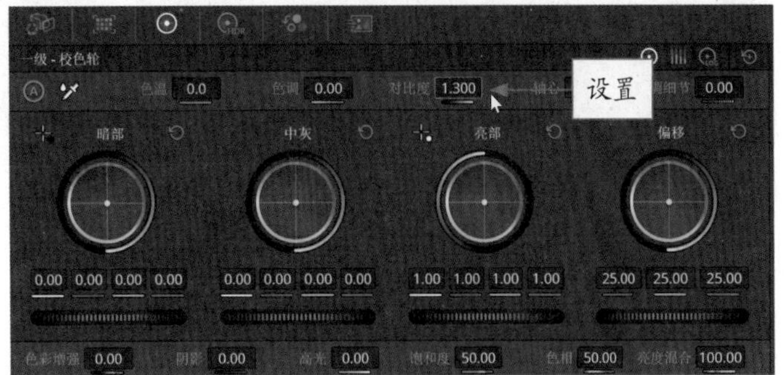

图 6-11　设置“对比度”为 1.300

STEP 04 执行操作后，在预览窗口中即可预览调整对比度后的视频效果，如图 6-12 所示。

图 6-12　预览视频效果

6.2.2　提升色彩：调整视频画面饱和度

饱和度是指色彩的鲜艳程度，由颜色的波长来决定。饱和度取决于色彩中含色成分与消色成分之间的比例。简单地讲，色彩的亮度越高，颜色就越淡；反之，亮度越低，颜色就越重，并最终表现为黑色。从色彩的成分来讲，含色成分越多，饱和度则越高；反之，消色成分越多，则饱和度越低。下面介绍调整画面饱和度的操作方法。

	素材文件	素材 \ 第 6 章 \ 一个人 .drp、一个人 .mp4
	效果文件	效果 \ 第 6 章 \ 一个人 .drp
	视频文件	扫码可直接观看视频

【操练 + 视频】——提升色彩：调整视频画面饱和度

STEP 01 进入“剪辑”步骤面板，在“时间线”面板中插入一段视频素材，如图 6-13 所示。

STEP 02 在预览窗口中可以预览插入的视频效果，如图 6-14 所示。

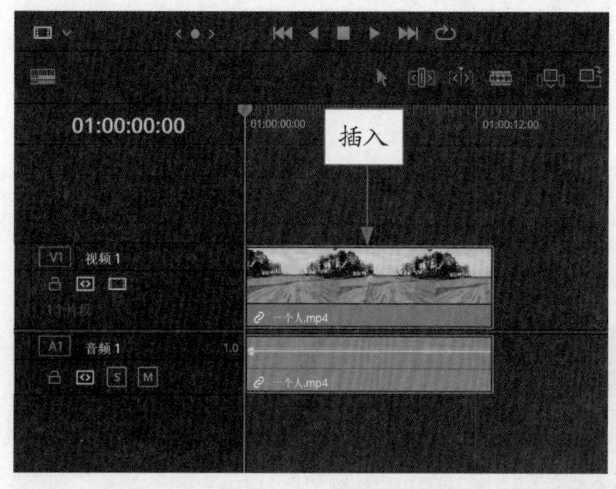

图 6-13　插入一段视频素材

图 6-14　预览视频效果

STEP 03 切换至“调色”步骤面板，进入“一级 - 校色轮”面板，设置“饱和度”为 100.00，如图 6-15 所示。

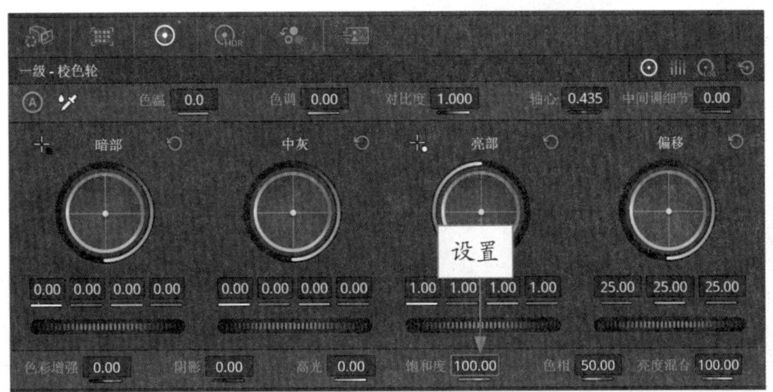

图 6-15　设置“饱和度”为 100.00

STEP 04 执行操作后，在预览窗口中即可预览调整饱和度后的视频效果，如图 6-16 所示。

图 6-16　预览视频效果

6.2.3　处理色温：调整画面白平衡和色温

白平衡是指红、绿、蓝三基色混合生成后的白色平衡指标。通过调整色温参数，可以调整白平衡，还原图像色彩。下面介绍调整画面白平衡和色温的操作方法。

	素材文件	素材 \ 第 6 章 \ 公园风光 .drp、公园风光 .mp4
	效果文件	效果 \ 第 6 章 \ 公园风光 .drp
	视频文件	扫码可直接观看视频

【操练 + 视频】——处理色温：调整画面白平衡和色温

STEP 01 进入“剪辑”步骤面板，在“时间线”面板中插入一段视频素材，如图 6-17 所示。

STEP 02 在预览窗口中可以预览插入的视频效果，如图 6-18 所示。

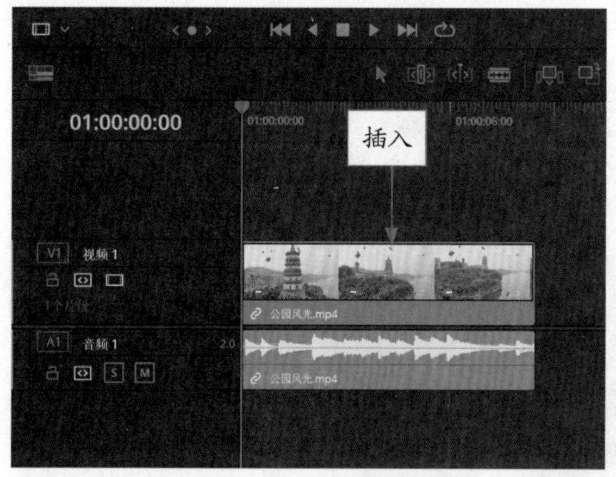

图 6-17　插入一段视频素材

图 6-18　预览视频效果

STEP 03 切换至“调色”步骤面板，进入“一级 - 校色轮”面板，设置“色温”为 -2000.0，如图 6-19 所示。

图 6-19　设置“色温”为 -2000.0

STEP 04 在预览窗口中，即可预览调整白平衡和色温后的视频效果，如图 6-20 所示。

图 6-20　预览视频效果

专家指点

除了通过修改色温参数来调整画面白平衡外，用户还可以通过以下两种方式调整画面。

- 白平衡：单击“白平衡”吸管工具，鼠标指针变为白平衡吸管样式，在预览窗口中的素材上单击鼠标左键，吸取画面中白色或灰色的色彩偏移画面，即可调整视频画面的白平衡。
- 自动平衡：单击“自动平衡”按钮A，即可一键自动调整画面白平衡效果。

6.2.4　更换颜色：替换画面中的局部色彩

替换画面中的局部色彩是指通过调整红、绿、蓝三基色参数，将素材中的画面色彩进行颜色替换，达到色彩转换的效果。下面介绍替换画面中的局部色彩的操作方法。

	素材文件	素材 \ 第 6 章 \ 满园鲜花 .drp、满园鲜花 .mp4
	效果文件	效果 \ 第 6 章 \ 满园鲜花 .drp
	视频文件	扫码可直接观看视频

【操练 + 视频】——更换颜色：替换画面中的局部色彩

STEP 01 进入“剪辑”步骤面板，在“时间线”面板中插入一段视频素材，如图 6-21 所示。

STEP 02 在预览窗口中可以预览插入的视频效果，如图 6-22 所示。

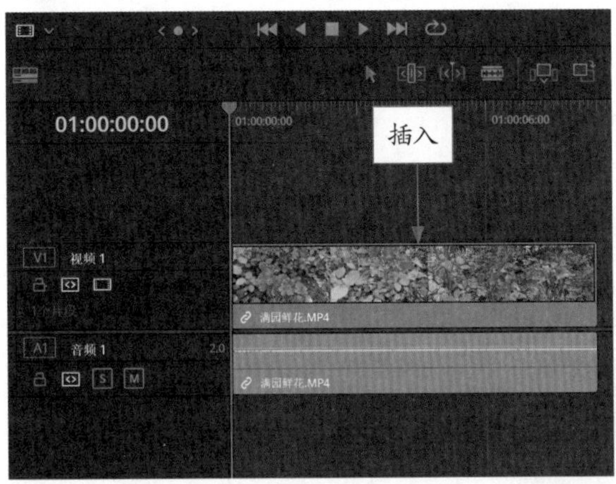

图 6-21　插入一段视频素材

图 6-22　预览视频效果

STEP 03 切换至“调色”步骤面板，进入“RGB 混合器”面板，在“红色输出”通道中设置参数为 0.58，如图 6-23 所示。

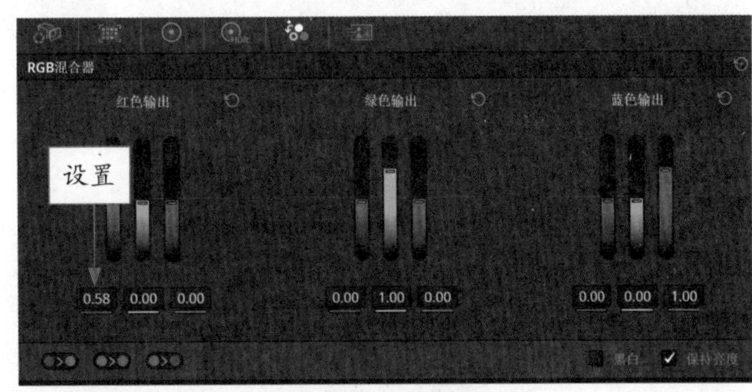

图 6-23　设置参数为 0.58

STEP 04 在预览窗口中，即可预览替换画面中的局部色彩后的视频效果，如图 6-24 所示。

图 6-24　预览视频效果

6.2.5　视频去色：对画面进行单色处理

对画面进行去色或单色处理主要是将素材画面转换为灰度图像，制作黑白视频效果。下面介绍对画面去色、一键将画面转换为黑白色的操作方法。

	素材文件	素材 \ 第 6 章 \ 杜甫江阁 .drp、杜甫江阁 .mp4
	效果文件	效果 \ 第 6 章 \ 杜甫江阁 .drp
	视频文件	扫码可直接观看视频

【操练 + 视频】——视频去色：对画面进行单色处理

STEP 01 进入“剪辑”步骤面板，在“时间线”面板中插入一段视频素材，如图 6-25 所示。

STEP 02 在预览窗口中可以预览插入的视频效果，如图 6-26 所示。

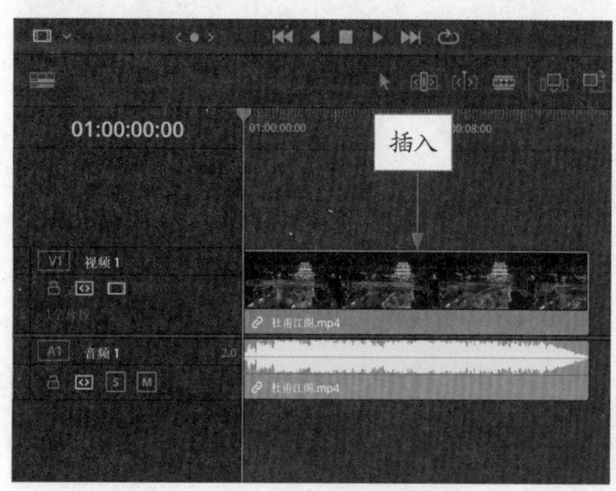

图 6-25　插入一段视频素材

图 6-26　预览视频效果

STEP 03 切换至“调色”步骤面板，进入“RGB 混合器”面板，在下方选中“黑白”复选框，如图 6-27 所示。

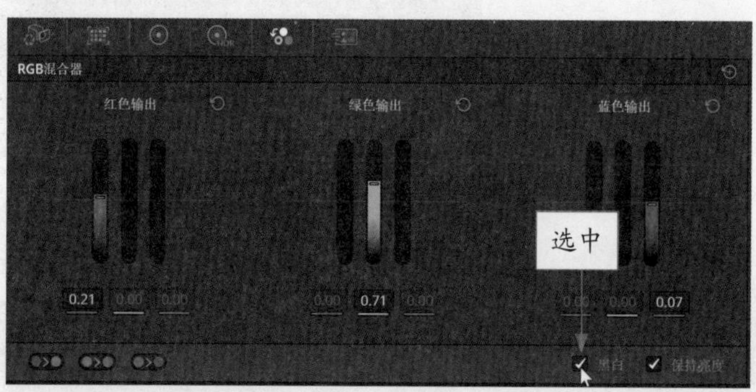

图 6-27　选中“黑白”复选框

STEP 04 在预览窗口中，即可预览制作的黑白图像画面效果，如图 6-28 所示。

图 6-28　预览视频效果

6.2.6　调整色彩：调整视频的整体色调

在达芬奇软件的“调色”步骤面板中，用户在制作特殊的颜色偏移效果时，可以通过调整红、绿、蓝三基色参数值，调整图像画面为整体偏红、偏绿、偏蓝等色调，为图像整体调色，也可以用同样的方法消除偏色画面。下面介绍具体的操作方法。

	素材文件	素材 \ 第 6 章 \ 蓝天白云 .drp、蓝天白云 .mp4
	效果文件	效果 \ 第 6 章 \ 蓝天白云 .drp
	视频文件	扫码可直接观看视频

【操练 + 视频】——调整色彩：调整视频的整体色调

STEP 01 进入“剪辑”步骤面板，在“时间线”面板中插入一段视频素材，如图 6-29 所示。

STEP 02 在预览窗口中可以预览插入的视频效果，如图 6-30 所示。

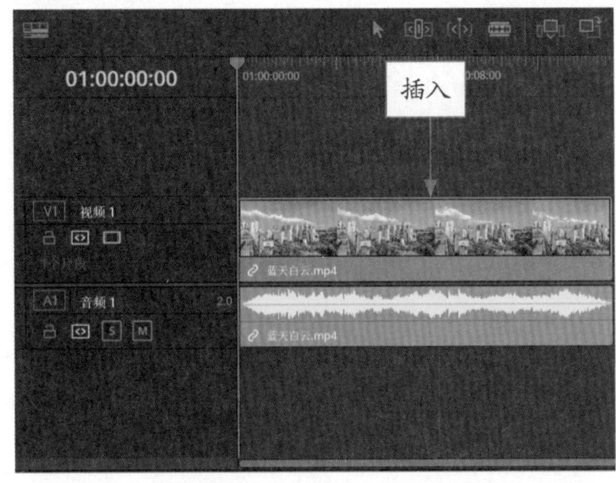

图 6-29　插入一段视频素材

图 6-30　预览视频效果

STEP 03 切换至“调色”步骤面板，进入“RGB 混合器”面板，在“红色输出”“绿色输出”以及“蓝色输出”通道中设置相应参数，如图 6-31 所示。

图 6-31　设置相应参数

STEP 04 在预览窗口中，即可预览画面色调整体偏蓝后的视频效果，如图 6-32 所示。

图 6-32　预览视频效果

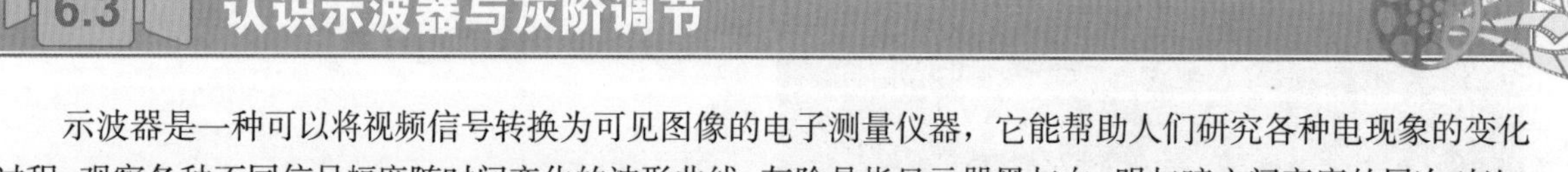

6.3 认识示波器与灰阶调节

示波器是一种可以将视频信号转换为可见图像的电子测量仪器，它能帮助人们研究各种电现象的变化过程，观察各种不同信号幅度随时间变化的波形曲线。灰阶是指显示器黑与白、明与暗之间亮度的层次对比。本节主要介绍达芬奇中的几种示波器查看模式。

6.3.1　颜色分布：认识波形图示波器

波形图示波器主要用于检测视频信号的幅度和单位时间内所有脉冲扫描图形，让用户看到当前画面亮度信号的分布情况，用来分析画面的明暗和曝光情况。

波形图示波器的横坐标表示当前帧的水平位置；纵坐标在 NTSC 制式下表示图像每一列的色彩密度（单位是 IRE），在 PAL 制式下则表示视频信号的电压值。在 NTSC 制式下，以消隐电平 0.3V 为 0IRE，将 0.3 ～ 1V 进行 10 等分，每一等分定义为 10IRE。

下面介绍在 DaVinci Resolve 18 中查看波形图示波器的操作方法。

	素材文件	素材 \ 第 6 章 \ 城市风光 .drp、城市风光 .mp4
	效果文件	效果 \ 第 6 章 \ 城市风光 .drp
	视频文件	扫码可直接观看视频

【操练 + 视频】——颜色分布：认识波形图示波器

STEP 01 打开一个项目文件，效果如图 6-33 所示。

图 6-33　打开一个项目文件

STEP 02 在步骤面板中，单击“调色”按钮，如图 6-34 所示。

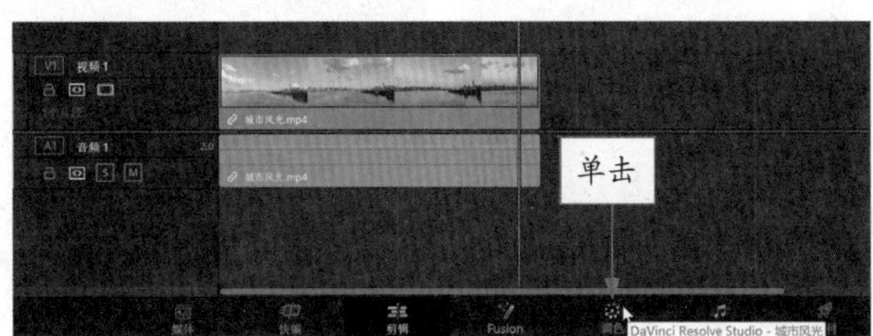

图 6-34　单击“调色”按钮

STEP 03 执行操作后，即可切换至“调色”步骤面板，如图 6-35 所示。

图 6-35　切换至“调色”步骤面板

STEP 04 在工具栏中单击“示波器”按钮，如图 6-36 所示。

STEP 05 执行操作后，即可切换至“示波器”显示面板，如图 6-37 所示。

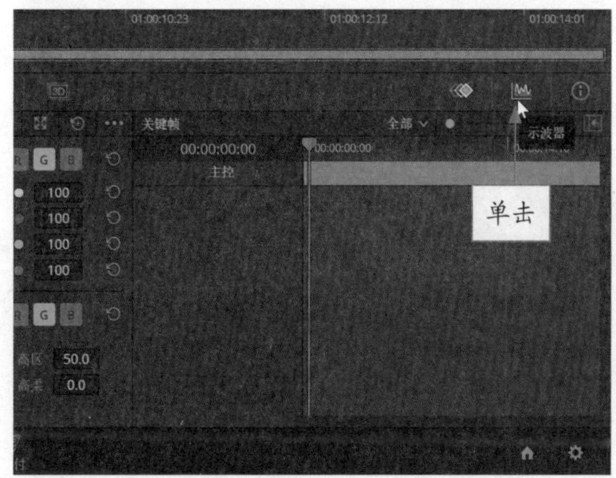

图 6-36 单击“示波器”按钮

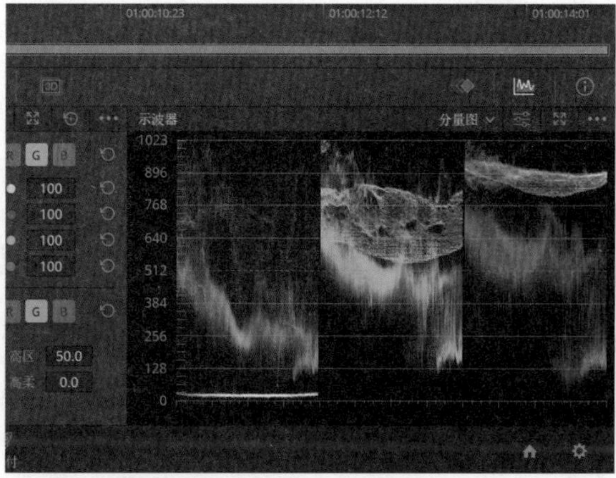

图 6-37 切换至“示波器”显示面板

STEP 06 在示波器窗口的右上角单击下拉按钮，在弹出的下拉列表中选择“波形图”选项，如图 6-38 所示。

STEP 07 执行操作后，即可在下方窗口中查看和检测视频画面的颜色分布情况，如图 6-39 所示。

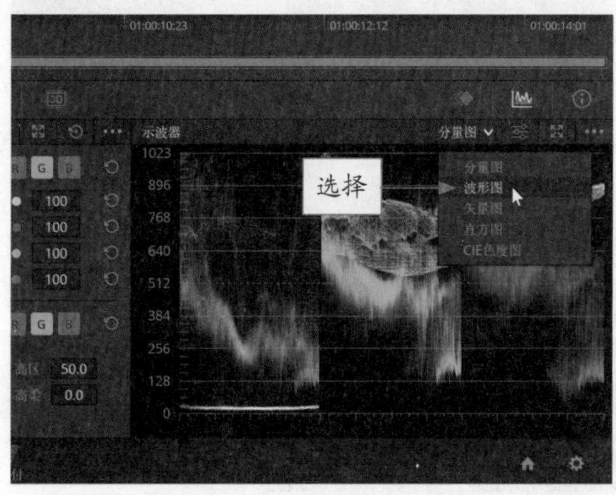

图 6-38 选择“波形图”选项

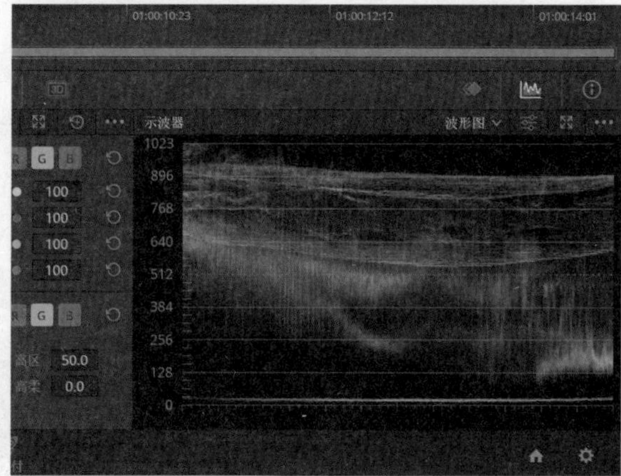

图 6-39 查看和检测画面的颜色分布情况

6.3.2 三色通道：认识分量图示波器

分量图示波器其实就是将波形图示波器分为红绿蓝（RGB）三色通道，将画面中的色彩信息直观地展示出来。通过分量图示波器，可以分析图像画面的色彩是否平衡。

如图 6-40 所示，下方的阴影位置波形基本一致，即表示色彩无偏差，色彩比较统一；上方的高光位置中蓝色通道的波形较高，红色通道的波形偏弱，且整体波形不统一，即表示图像高光位置出现色彩偏移，整体色调偏蓝色。

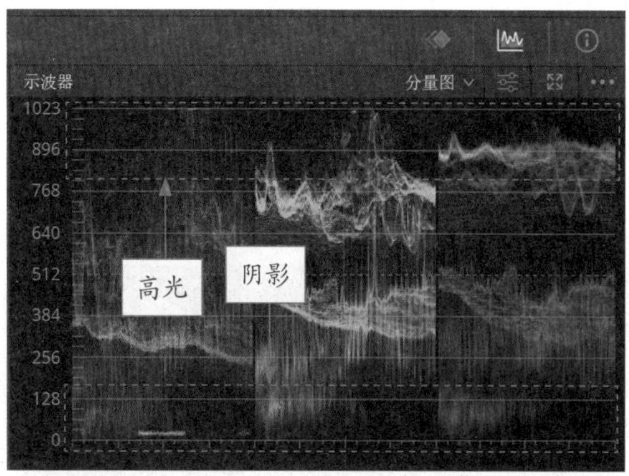

图 6-40　分量图示波器颜色分布情况

6.3.3　坐标色度：认识矢量图示波器

矢量图是一种检测色相和饱和度的工具，它以极坐标的方式显示视频的色度信息。矢量图中矢量的大小，也就是某一点到坐标原点的距离，代表颜色饱和度。

专家指点

矢量图上有一些虚方格，广播标准彩条颜色都落在相应虚方格的中心。如果饱和度向外超出相应区域，就表示饱和度超标（广播安全播出标准），必须进行调整。对于一段视频来讲，只要色彩饱和度不超过由这些虚方格围成的区域，就可认为色彩符合播出标准。

矢量图的圆心位置代表色饱和度为 0，因此黑白图像的色彩矢量都在圆心处，离圆心越远饱和度越高，如图 6-41 所示。

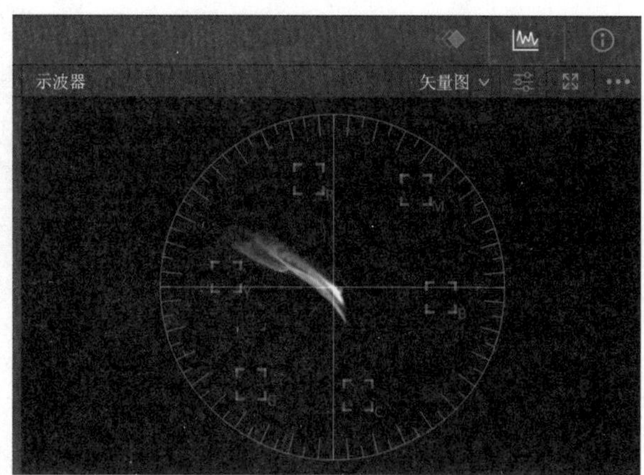

图 6-41　分量图示波器颜色分布情况

6.3.4　横纵分布：认识直方图示波器

用直方图示波器可以查看图像的亮度与结构，用户可以利用直方图分析图像画面的亮度是否超标。在达芬奇软件中，直方图呈横纵轴进行分布，横坐标轴表示图像画面的亮度值，左边为亮度最小值，波形像素越高则图像画面的颜色越接近黑色；右边为亮度最大值，画面色彩更趋近于白色。纵坐标轴表示图像画面亮度值位置的像素占比。

当图像画面中的黑色像素过多或亮度较低时，波形会集中分布在示波器的左边，如图 6-42 所示。

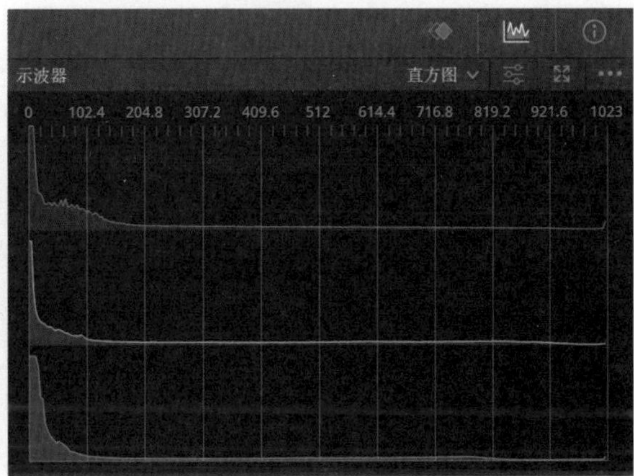

图 6-42　画面亮度过低

当图像画面中的白色像素过多或亮度较高时，波形会集中分布在示波器的右边，如图 6-43 所示。

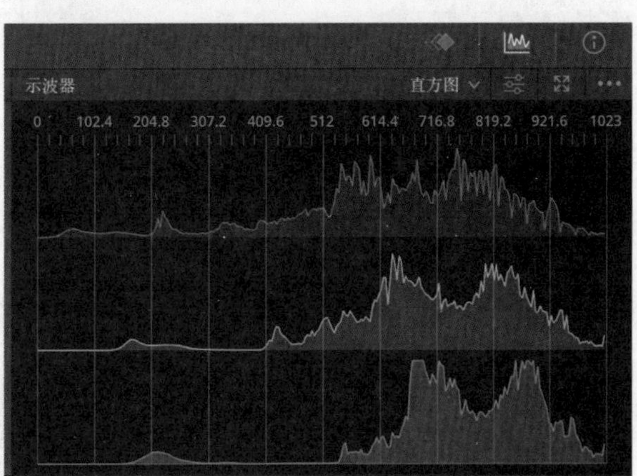

图 6-43　画面亮度超标

第7章

掌握剪映调色的专业技法

章前知识导读

剪映是一款专业的视频剪辑软件，集视频调色、剪辑、合成、音频、字幕于一身，是常用的视频编辑软件之一，其中包括许多的色彩处理工具，可以解决视频的色彩偏色问题。本章主要介绍使用剪映调色的各种专业技法。

新手重点索引

- 视频的色彩与明度调节
- 对局部、主体重点调色
- 经典电影与视频调色案例

效果图片欣赏

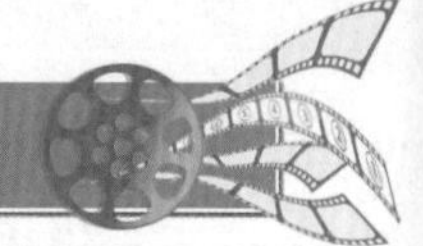

7.1 视频的色彩与明度调节

对视频画面进行色彩校正，控制画面整体的色调，从而展现视频画面的情感氛围。本节主要介绍在剪映中调整视频色彩与明度的操作方法。

7.1.1 提亮画面：调整视频的亮度

当素材亮度过暗时，可以在剪映中通过调节“亮度”参数来调整素材的亮度，让画面变得明亮。下面介绍调整视频亮度的操作方法。

	素材文件	素材 \ 第 7 章 \ 风电站 .mp4
	效果文件	效果 \ 第 7 章 \ 风电站 .mp4
	视频文件	扫码可直接观看视频

【操练 + 视频】——提亮画面：调整视频的亮度

STEP 01 进入视频剪辑界面，在“媒体”功能区中单击“导入”按钮，如图 7-1 所示。

STEP 02 弹出“请选择媒体资源”对话框，选择相应的视频素材，单击“打开”按钮，如图 7-2 所示。

图 7-1 单击“导入”按钮

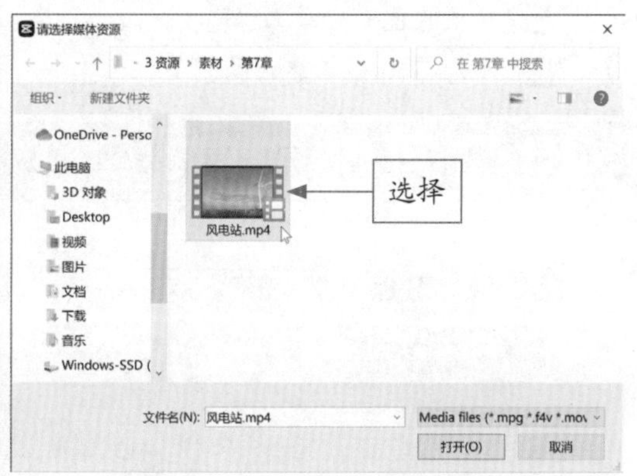

图 7-2 选择相应的视频素材

STEP 03 将视频素材导入到“本地”选项卡中，单击视频素材右下角的“添加到轨道”按钮，如图 7-3 所示。

STEP 04 执行操作后，即可将视频素材导入到视频轨道中，如图 7-4 所示。

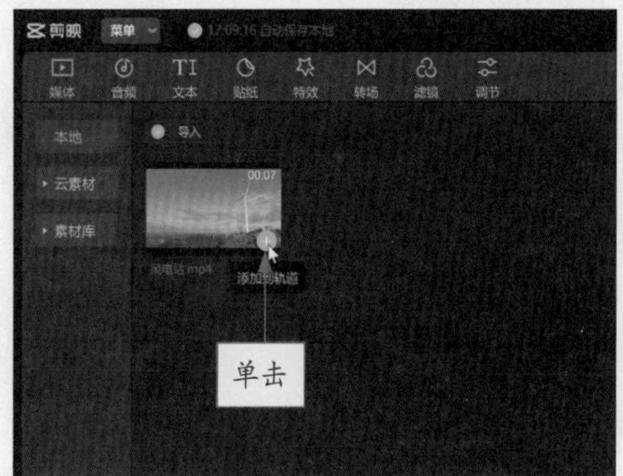

图 7-3 单击相应按钮

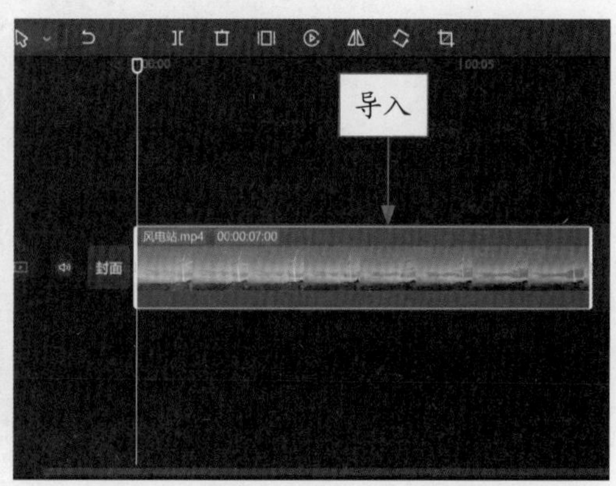

图 7-4 将视频素材导入到视频轨道中

STEP 05 在预览窗口中预览画面，可以看到视频整体画面亮度偏暗。单击“调节”按钮，进入“基础”调节面板，如图 7-5 所示。

图 7-5　单击“调节”按钮

STEP 06 向右拖曳“亮度”滑块，设置参数为 24，提高曝光，调整画面明度，使视频中的光线更加明媚，如图 7-6 所示。

图 7-6　拖曳“亮度”滑块

STEP 07 单击“播放”按钮，预览调整亮度后的视频效果，如图 7-7 所示。

图 7-7　预览调整亮度后的视频效果

专家指点

有些颜色显得明亮，而有些颜色却显得灰暗，这就是为什么亮度是色彩分类一个重要属性的原因。例如，柠檬的黄色就比葡萄柚的黄色显得更明亮一些。如果将柠檬的黄色与一杯红酒的红色相比呢？显然，柠檬的黄色更明亮。明亮的视频画面会显得更加清晰。

7.1.2 提高反差：调整视频的对比度

当视频画面对比度过低时，就会出现画面不清晰和色彩暗淡的情况，这时用户可以在剪映中通过调节“对比度”参数来提高画面的清晰度，突出明暗反差，让色彩更完整，从而突出画面细节。下面介绍调整视频对比度的操作方法。

	素材文件	素材 \ 第 3 章 \ 航拍风光 .mp4
	效果文件	效果 \ 第 3 章 \ 航拍风光 .mp4
	视频文件	扫码可直接观看视频

【操练 + 视频】——提高反差：调整视频的对比度

STEP 01 在剪映中将视频素材导入到“本地”选项卡中，单击视频素材右下角的“添加到轨道”按钮，如图 7-8 所示。

STEP 02 执行操作后，即可将视频素材导入到视频轨道中，拖曳时间指示器至视频 00:00:02:23 的位置，如图 7-9 所示。

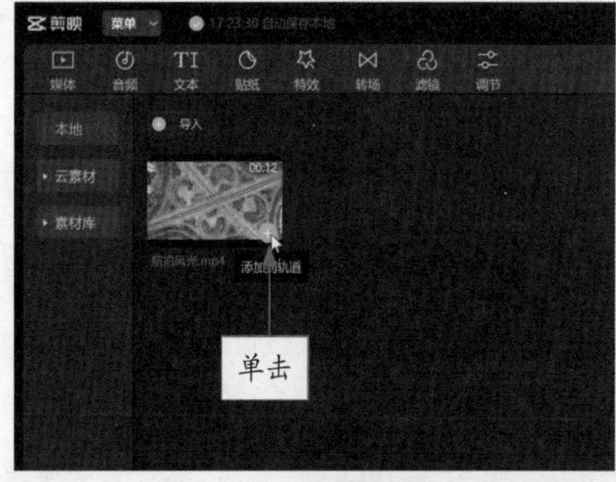

图 7-8 单击相应按钮

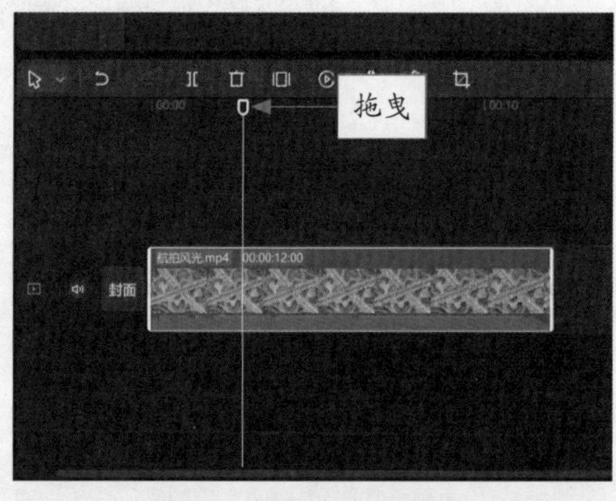

图 7-9 拖曳时间指示器

STEP 03 单击“调节”按钮，进入“基础”调节面板，如图 7-10 所示。

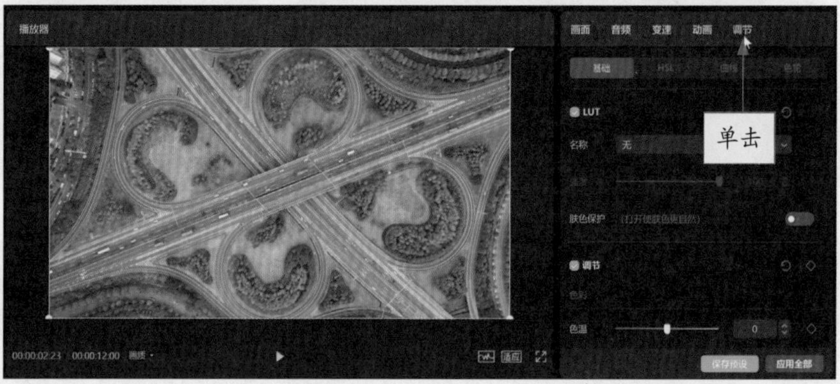

图 7-10 单击“调节”按钮

STEP 04 向右拖曳“对比度”滑块，设置参数为 50，提高画面的清晰度，如图 7-11 所示。

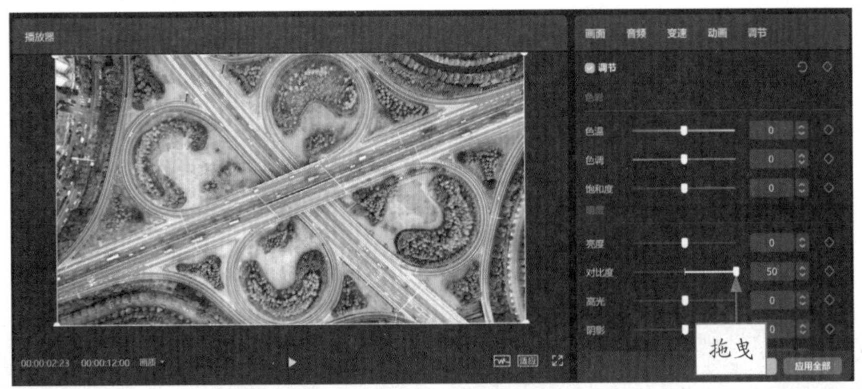

图 7-11　拖曳“对比度”滑块

STEP 05 执行操作后，即可让画面色彩对比更明显，细节更突出。单击“播放”按钮，预览调整对比度后的视频效果，如图 7-12 所示。

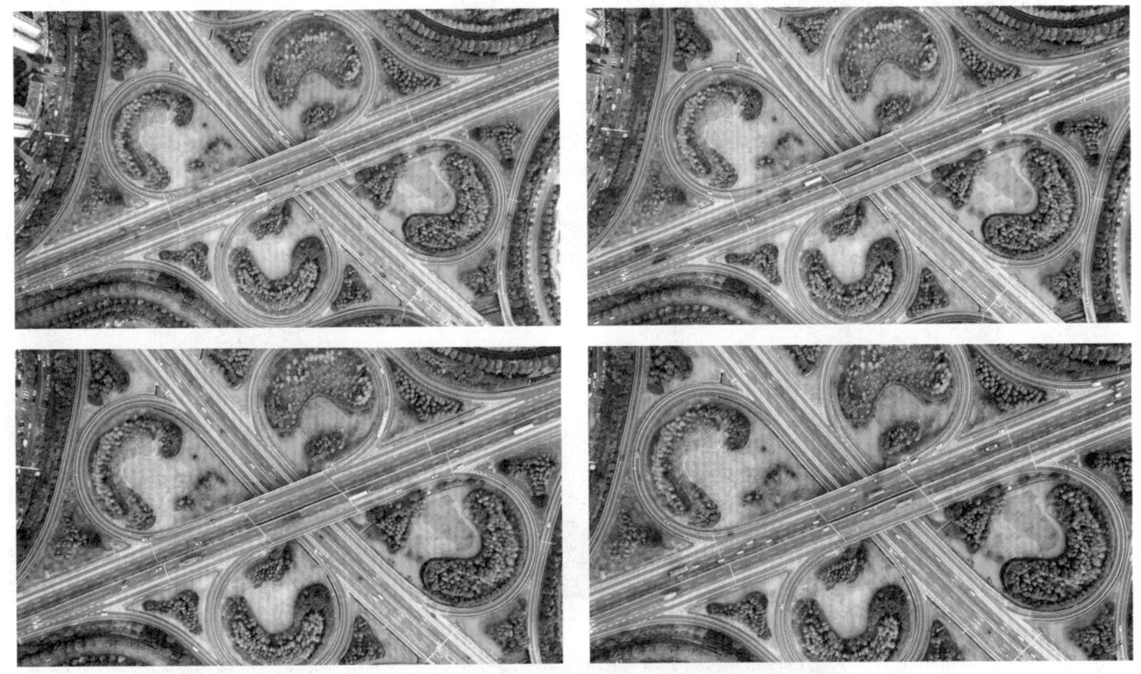

图 7-12　预览调整对比度后的视频效果

专家指点

在“本地”选项卡中导入视频素材后，将素材直接拖曳至视频轨道上，也可以快速应用视频素材。

7.1.3　降低高光：调整视频曝光过度

当拍摄视频时离光源太近或者逆光拍摄，就会出现曝光过度的现象，用户可以在剪映中通过调整“亮度”和“光感”参数来补救画面。下面介绍调整视频曝光过度的操作方法。

	素材文件	素材 \ 第 7 章 \ 神仙岭 .mp4
	效果文件	效果 \ 第 7 章 \ 神仙岭 .mp4
	视频文件	扫码可直接观看视频

【操练 + 视频】——降低高光：调整视频曝光过度

STEP 01 在剪映中将视频素材导入到“本地”选项卡中，单击视频素材右下角的“添加到轨道”按钮，如图 7-13 所示。

STEP 02 执行操作后，即可将视频素材导入到视频轨道中，如图 7-14 所示。

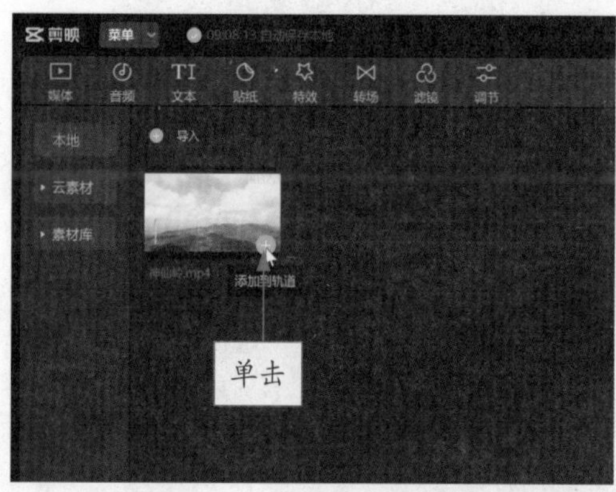

图 7-13 单击相应按钮

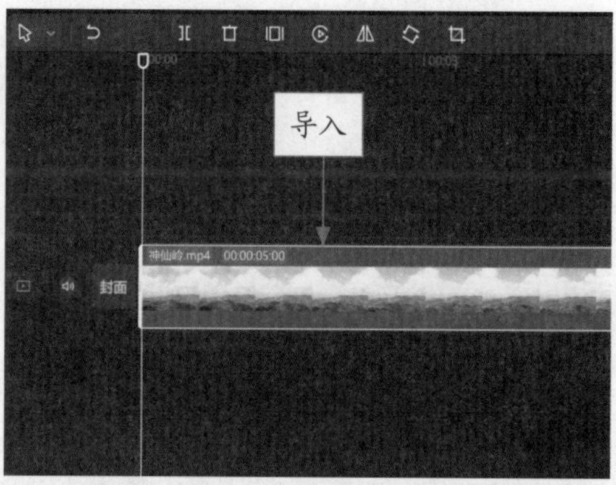

图 7-14 将视频素材导入到视频轨道中

STEP 03 在预览窗口中可以看到视频画面曝光过度。单击“调节”按钮，进入“基础”调节面板，如图 7-15 所示。

图 7-15 单击“调节”按钮

STEP 04 设置“亮度”为 -3、“对比度”为 -10、“高光”为 -29、“阴影”为 -19、“光感”为 -9，降低画面的曝光度，如图 7-16 所示。

图 7-16 降低画面曝光度

▶ 专家指点

“高光”参数可以降低或提升画面中的高光区域，使画面达到变暗或变亮的效果。

STEP 05 执行操作后，即可调整视频画面曝光过度的现象。单击“播放”按钮，预览调整后的视频效果，如图 7-17 所示。

图 7-17　预览调整后的视频效果

7.1.4　增强色彩：调整视频的饱和度

在剪映中调整视频的“饱和度”参数，可以让画面色彩变得鲜艳，让灰白的视频变得通透，让风景变得更美丽。下面介绍调整视频色彩饱和度的操作方法。

素材文件	素材 \ 第 7 章 \ 城市高架桥 .mp4
效果文件	效果 \ 第 7 章 \ 城市高架桥 .mp4
视频文件	扫码可直接观看视频

【操练 + 视频】——增强色彩：调整视频的饱和度

STEP 01 在剪映中将视频素材导入到“本地”选项卡中，单击视频素材右下角的“添加到轨道”按钮，如图 7-18 所示。

STEP 02 执行操作后，即可将视频素材导入到视频轨道中，如图 7-19 所示。

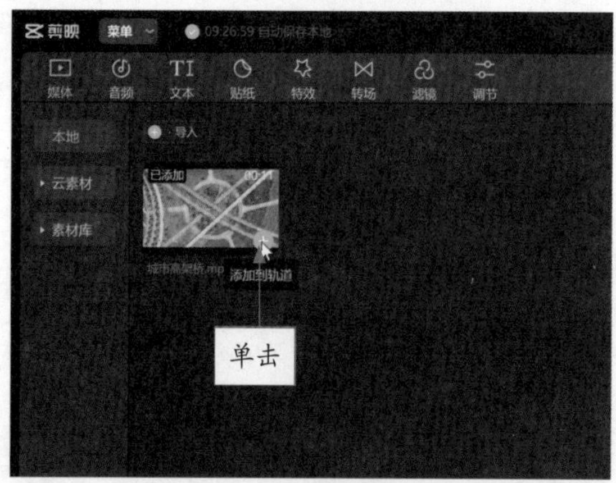

图 7-18　单击相应按钮

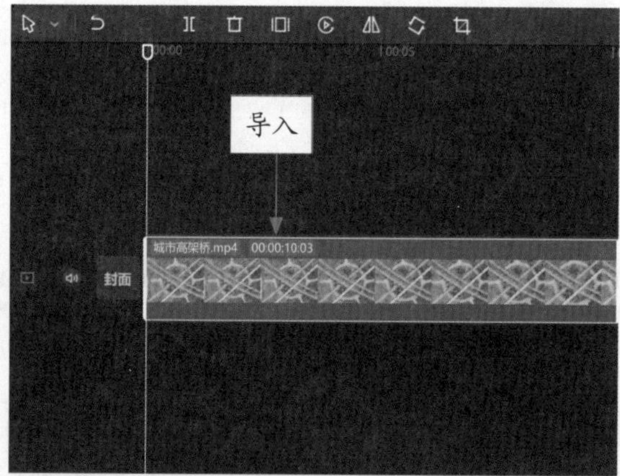

图 7-19　将视频素材导入到视频轨道中

STEP 03 单击“调节”按钮，进入“基础”调节面板，如图 7-20 所示。

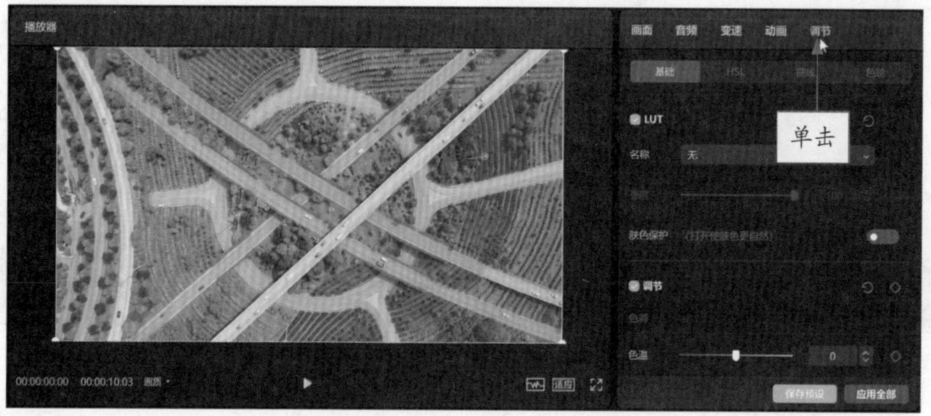

图 7-20　单击“调节”按钮

STEP 04 向右拖曳“饱和度”滑块，设置参数为 37，让画面色彩更加鲜艳，如图 7-21 所示。

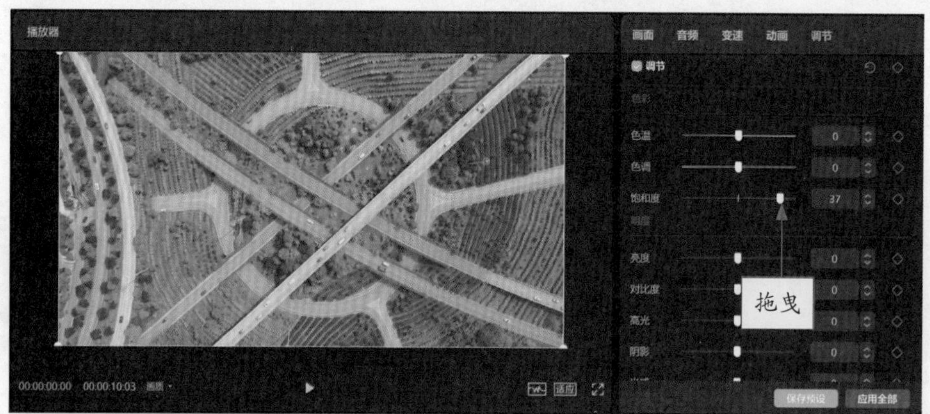

图 7-21　拖曳“饱和度”滑块

专家指点

一段视频的整体色彩是吸引观众的第一元素，如果视频的色彩不好看，颜色不鲜艳，那么对于观众来说是没有吸引力的。所以，色彩的饱和度非常重要。

STEP 05 执行操作后，即可调整视频的饱和度，单击“播放”按钮，预览调整后的视频效果，如图 7-22 所示。

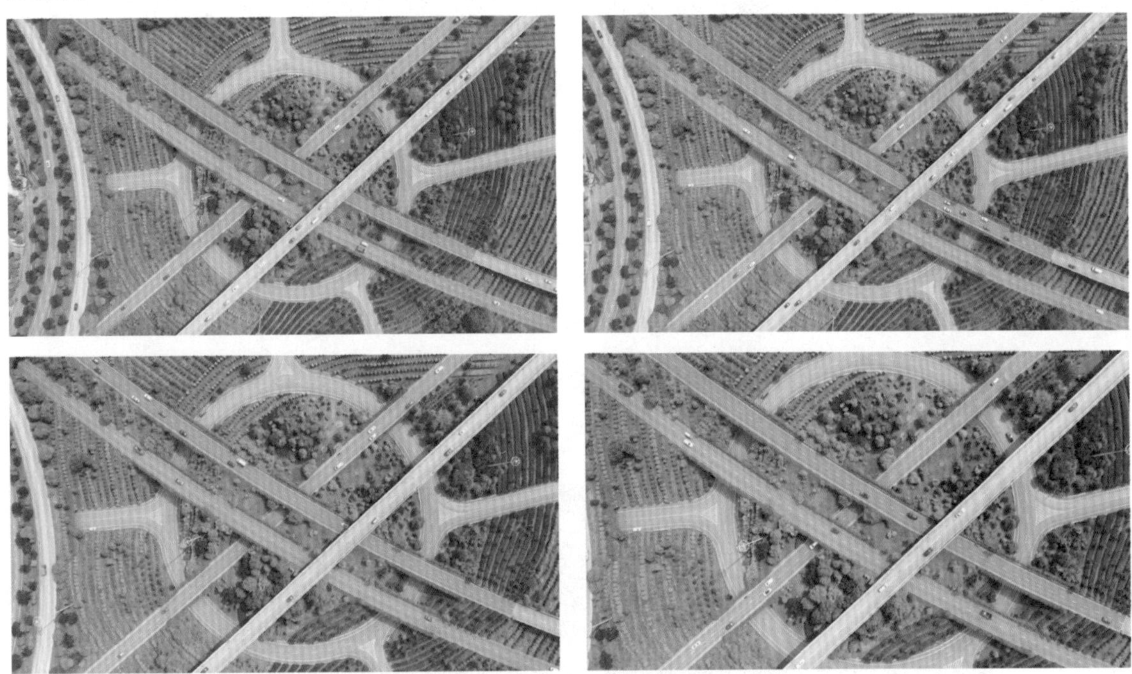

图 7-22　预览调整后的视频效果

7.1.5　调整白平衡：调整视频的色温与色调

调整色温可以调整冷暖光源，调整色调则是调整画面整体的色彩倾向，使其偏暖色调或者偏冷色调。当画面偏冷时，在剪映中提高“色温”和“色调”参数能让画面偏暖色调，甚至改变视频的季节，把夏天变成冬天。下面介绍调整视频色温与色调的操作方法。

	素材文件	素材 \ 第 7 章 \ 云海效果 .mp4
	效果文件	效果 \ 第 7 章 \ 云海效果 .mp4
	视频文件	扫码可直接观看视频

【操练 + 视频】——调整白平衡：调整视频的色温与色调

STEP 01 在剪映中将视频素材导入到“本地”选项卡中，单击视频素材右下角的“添加到轨道”按钮，如图 7-23 所示。

STEP 02 执行操作后，即可将视频素材导入到视频轨道中，如图 7-24 所示。

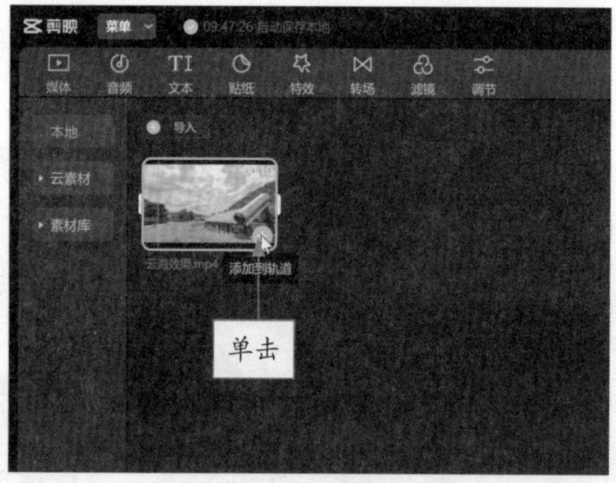

图 7-23　单击相应按钮

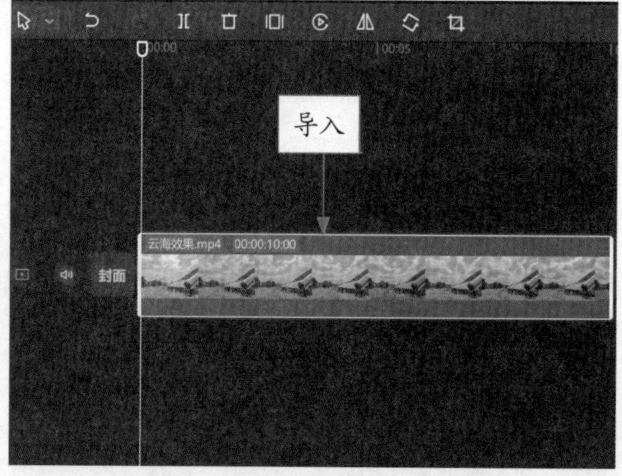

图 7-24　将视频素材导入到视频轨道中

STEP 03 单击"调节"按钮，进入"基础"调节面板，如图 7-25 所示。

图 7-25　单击"调节"按钮

STEP 04 设置"色温"为-23、"色调"为 8、"亮度"为 16，将视频画面调为偏冷蓝的色彩，如图 7-26 所示。

专家指点

在"基础"调节面板中，各选项右侧有一个上下微调按钮，点击该微调按钮，可以对相关选项进行微调操作。

图 7-26　让画面色调偏冷

STEP 05 执行操作后，即可调整视频的色温与色调。单击“播放”按钮，预览调整后的视频效果，如图 7-27 所示。

图 7-27　预览调整后的视频效果

7.1.6　美化人物：对视频进行美颜处理

使用剪映中的“美颜”功能可以快速对视频中的人物进行美颜处理，使人物皮肤光滑、水嫩，使画面更具吸引力。下面介绍对视频进行美颜处理的操作方法。

	素材文件	素材 \ 第 7 章 \ 小美女 .mp4
	效果文件	效果 \ 第 7 章 \ 小美女 .mp4
	视频文件	扫码可直接观看视频

【操练 + 视频】——美化人物：对视频进行美颜处理

STEP 01 在剪映中将视频素材导入到“本地”选项卡中，单击视频素材右下角的“添加到轨道”按钮，如图 7-28 所示。

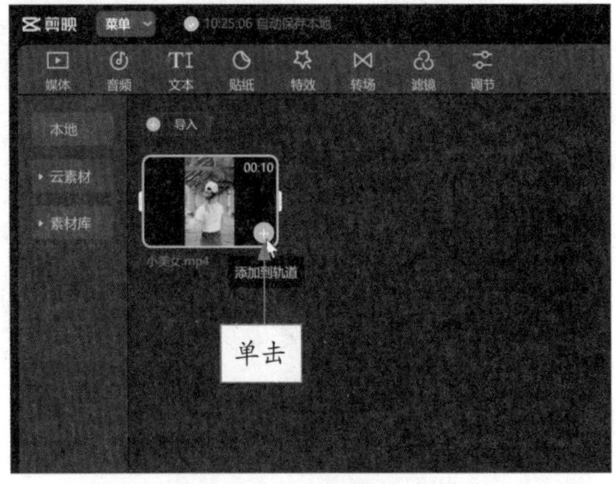

图 7-28　单击相应按钮

STEP 02 执行操作后，即可将视频素材导入到视频轨道中，如图 7-29 所示。

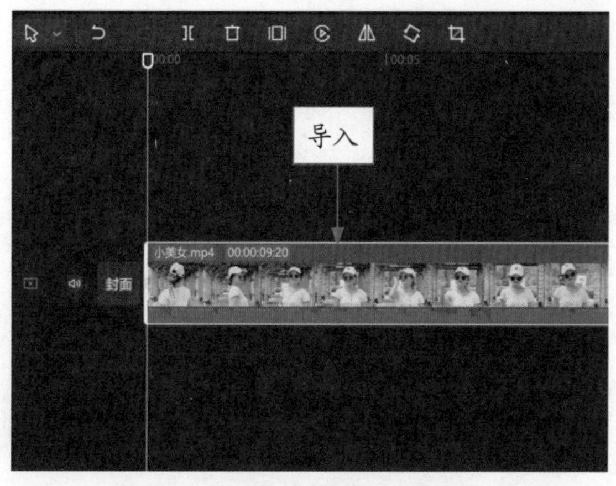

图 7-29 将视频素材导入到视频轨道中

STEP 03 在“画面”面板的“美颜”选项区中，设置“磨皮”为 100、“瘦脸”为 100，如图 7-30 所示。

图 7-30 设置“磨皮”和“瘦脸”参数

STEP 04 执行操作后，即可对视频中的人物进行美颜处理，效果如图 7-31 所示。

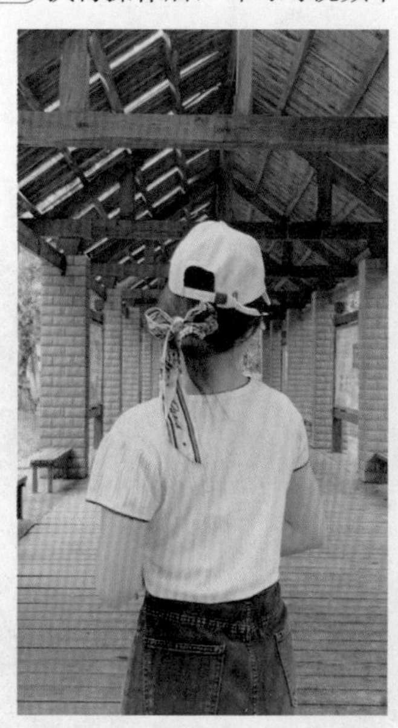

图 7-31 对视频中的人物进行美颜处理

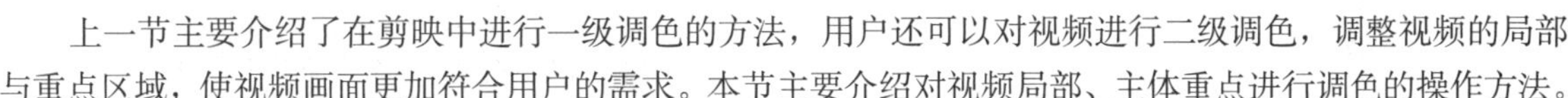

7.2 对局部、主体重点调色

上一节主要介绍了在剪映中进行一级调色的方法，用户还可以对视频进行二级调色，调整视频的局部与重点区域，使视频画面更加符合用户的需求。本节主要介绍对视频局部、主体重点进行调色的操作方法。

7.2.1　局部调色：调整视频的重点区域

在剪映中，可以使用蒙版功能对图像进行局部调色，调整视频的局部细节，让画面整体色彩更加和谐。下面介绍调整视频局部细节的操作方法。

	素材文件	素材 \ 第 7 章 \ 山顶风光 .mp4
	效果文件	效果 \ 第 7 章 \ 山顶风光 .mp4
	视频文件	扫码可直接观看视频

【操练 + 视频】——局部调色：调整视频的重点区域

STEP 01 在剪映中将视频素材导入到“本地”选项卡，然后将其添加到视频轨道中，单击“播放”按钮，预览视频素材的效果，如图 7-32 所示。

图 7-32　预览视频素材的效果

STEP 02 复制视频轨道中的视频素材，将其粘贴至画中画轨道中，如图 7-33 所示。

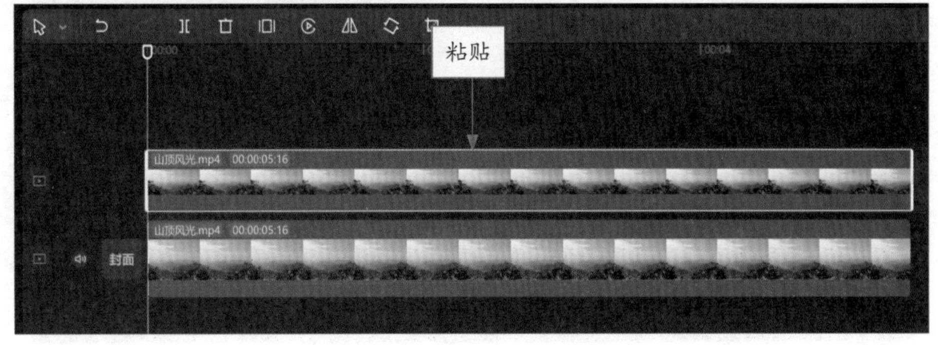

图 7-33　将视频粘贴至画中画轨道中

STEP 03 在“画面”面板中，切换至“蒙版”选项卡，在其中选择“线性”蒙版样式，如图 7-34 所示。

图 7-34 选择“线性”蒙版样式

STEP 04 在左侧预览窗口中，长按按钮并向上微微拖曳，调整羽化边缘，如图 7-35 所示。

图 7-35 调整羽化边缘

STEP 05 单击“调节”按钮，在“基础”调节面板中设置“色温”为 44、“色调”为 28，将视频的天空部分调为偏暖的色调，看上去像早上的朝阳，如图 7-36 所示。

图 7-36 将天空部分调为偏暖的色调

STEP 06 执行操作后，即可改变局部的色彩，并使其与山脉的色彩相呼应。单击“播放”按钮，视频效果如图 7-37 所示。

图 7-37　预览视频效果

7.2.2　智能抠像：突出视频中的主体对象

在剪映中使用智能抠像功能可以把人像抠出来，从而保留人物色彩，之后可在下雪特效的基础上，做出下雪视频中的人没有被雪覆盖的效果，从而突出人物主体对象。下面介绍利用抠像突出主体的操作方法。

	素材文件	素材 \ 第 7 章 \ 背影 (a).mp4、背影 (b).mp4
	效果文件	效果 \ 第 7 章 \ 背影 .mp4
	视频文件	扫码可直接观看视频

【操练 + 视频】——智能抠像：突出视频中的主体对象

STEP 01 在剪映中导入视频素材，拖曳时间指示器至视频 2s 左右位置，单击“滤镜”按钮，在“黑白”选项卡中单击“默片”滤镜右下角的“添加到轨道”按钮，添加“默片”滤镜，如图 7-38 所示。

STEP 02 单击“调节”按钮，单击“自定义调节”右下角的“添加到轨道”按钮，如图 7-39 所示。

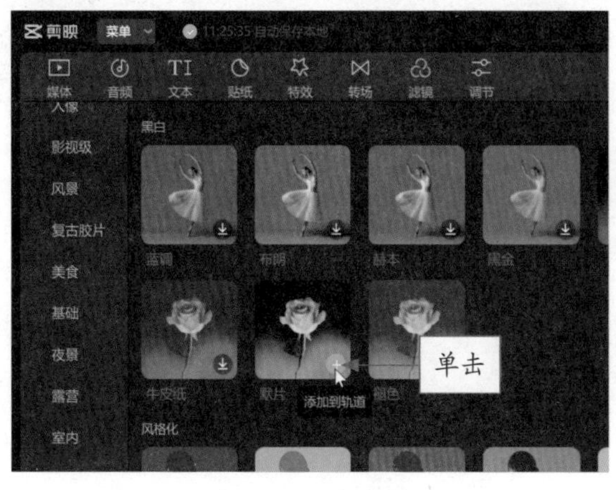

图 7-38　单击“添加到轨道”按钮（1）

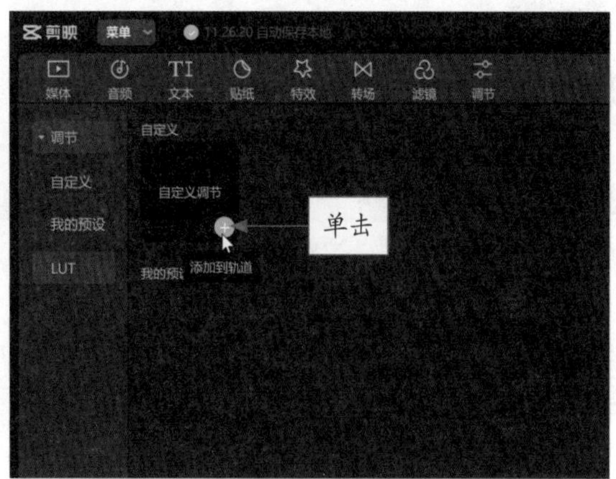

图 7-39　单击“添加到轨道”按钮（2）

STEP 03 在“调节”面板中设置“对比度”为-16、“高光”为-15、“光感”为-12、“锐化”为13，使画面具有白雪皑皑的氛围，如图7-40所示。

图7-40 设置“调节”参数

STEP 04 单击“特效”按钮，在“圣诞”选项卡中添加“大雪纷飞”特效，如图7-41所示。

STEP 05 调整滤镜、调节和特效的时长，使其对齐视频素材的末尾位置，如图7-42所示。

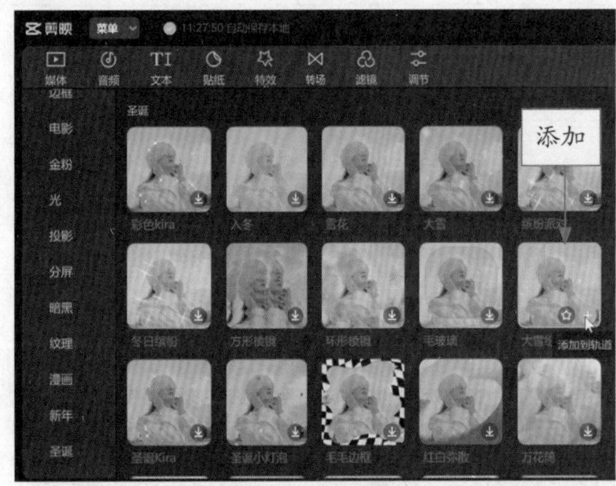

图7-41 添加“大雪纷飞”特效

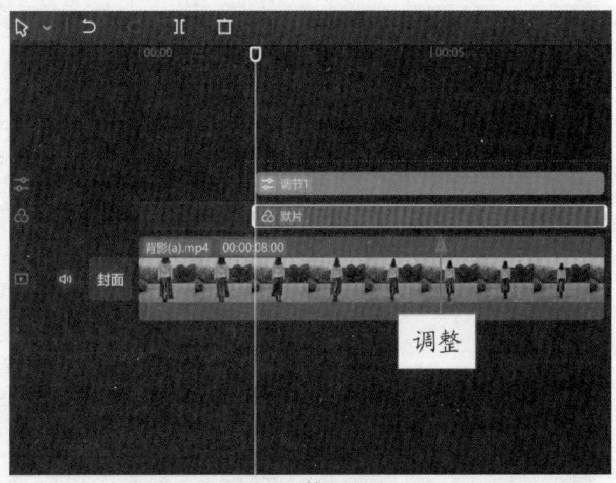

图7-42 调整时长

专家指点

剪映中有非常丰富的滤镜调色功能，可以一键改变视频画面的色彩风格，轻松制作出各种网红色调与画面特效。

STEP 06 单击“导出”按钮，导出视频文件，如图7-43所示。

STEP 07 分别导入上一步导出的视频素材和最原始的视频素材，如图7-44所示。

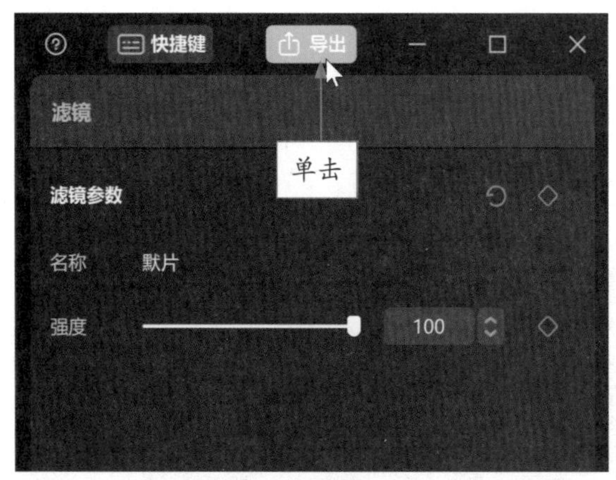

图 7-43　单击“导出”按钮

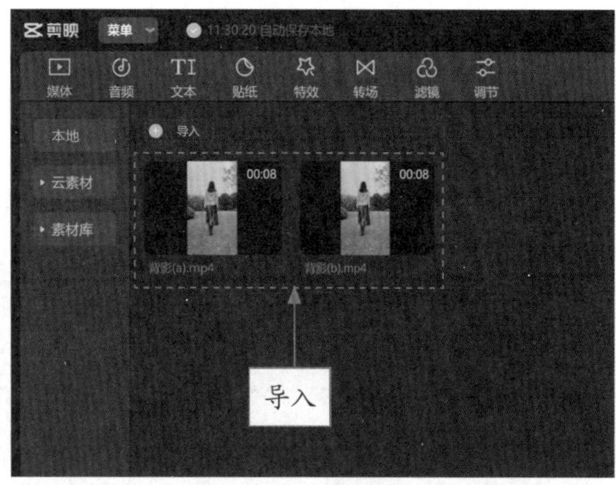

图 7-44　导入视频素材

STEP 08 拖曳上一步导出的视频素材至视频轨道，拖曳原始视频素材至画中画轨道，如图 7-45 所示。

STEP 09 切换至“抠像”选项区，选中“智能抠像”复选框，如图 7-46 所示。

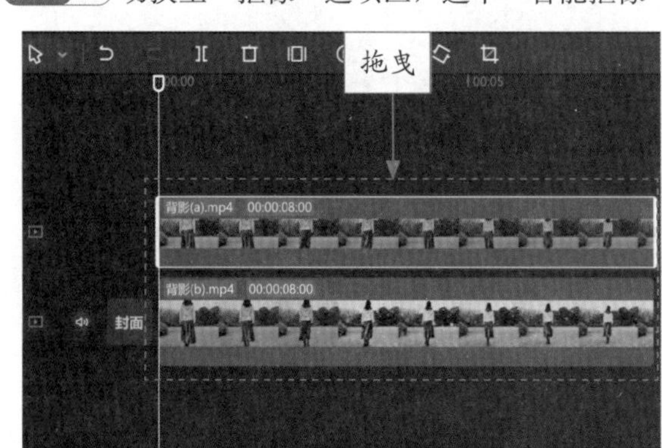

图 7-45　拖曳视频素材

图 7-46　选中“智能抠像”复选框

STEP 10 执行操作后，即可对视频进行抠像处理。单击“音频”按钮，添加合适的背景音乐，如图 7-47 所示。

STEP 11 调整音频的时长以对齐视频素材时长，如图 7-48 所示。

图 7-47　添加合适的背景音乐

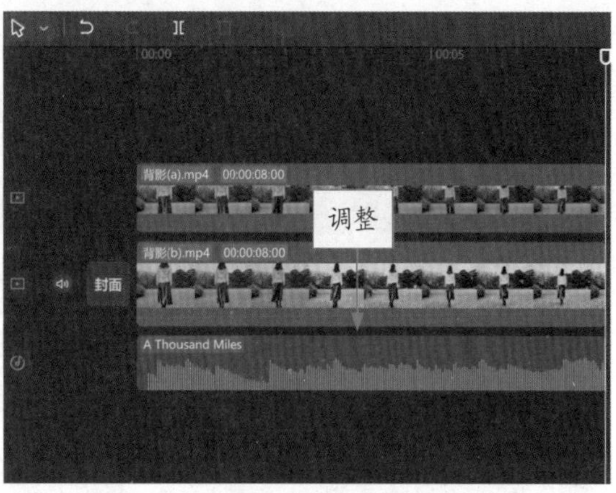

图 7-48　调整音频时长

STEP 12 单击“播放”按钮，预览视频最终效果，如图 7-49 所示。

图 7-49 预览视频最终效果

7.2.3 对比动画：使用蒙版制作调色对比

在剪映中使用“线性”蒙版可以制作出调色滑屏对比视频，将调色前和调色后的两个视频合成在一个视频场景中，随着蒙版线的移动，调色前的视频画面逐渐消失，调色后的视频画面逐渐显现。下面介绍使用蒙版制作调色对比效果的操作方法。

	素材文件	素材 \ 第 7 章 \ 文化艺术中心 (a).mp4、文化艺术中心 (b).mp4
	效果文件	效果 \ 第 7 章 \ 文化艺术中心 .mp4
	视频文件	扫码可直接观看视频

【操练 + 视频】——对比动画：使用蒙版制作调色对比

STEP 01 在剪映中导入相应的视频素材，将调色前的视频素材拖曳至画中画轨道，如图 7-50 所示。

STEP 02 切换至“蒙版”选项区，选择“线性”蒙版，设置“旋转”为 90°，如图 7-51 所示。

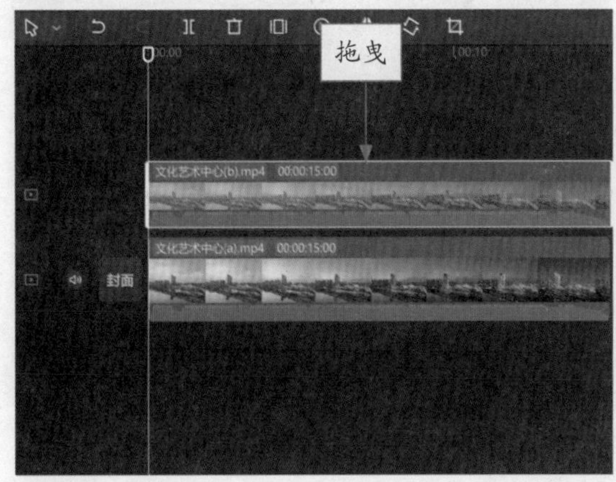

图 7-50 拖曳素材至画中画轨道

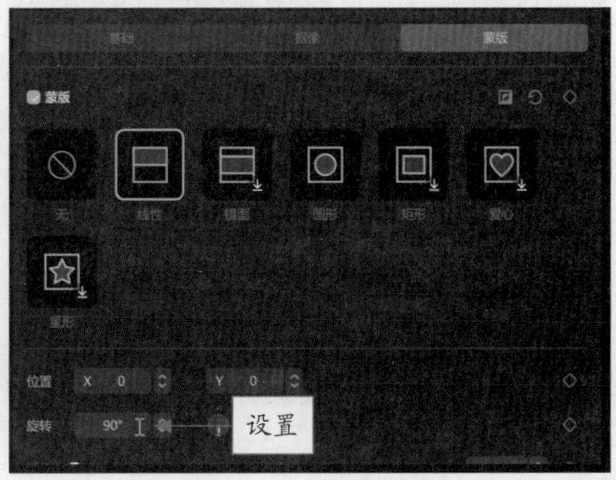

图 7-51 设置“旋转”参数

STEP 03 将蒙版线拖曳至视频的最左侧，单击“位置”右侧的“添加关键帧”按钮◆，如图 7-52 所示。

图 7-52　单击“添加关键帧”按钮

STEP 04 拖曳时间指示器至视频结束位置，拖曳蒙版线至视频的最右侧，如图 7-53 所示。在“播放器”面板中可以预览视频效果。

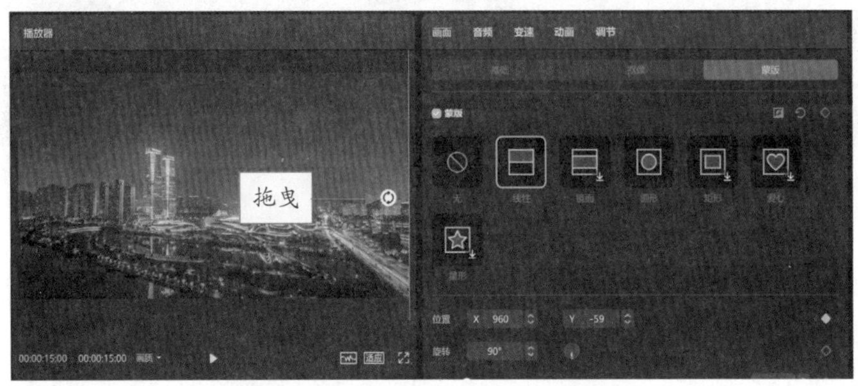

图 7-53　拖曳蒙版线至视频的最右侧

STEP 05 单击“音频”按钮，添加合适的音乐，如图 7-54 所示。

STEP 06 调整音频时长以对齐视频素材时长，如图 7-55 所示。

图 7-54　添加合适的音乐

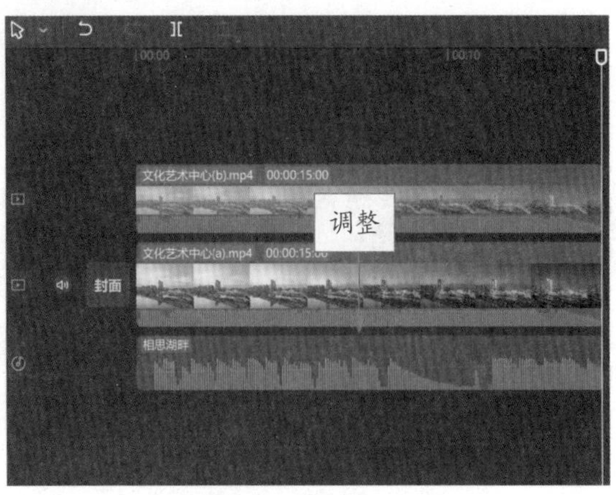

图 7-55　调整音频时长

STEP 07 单击“播放”按钮，预览视频最终效果，如图 7-56 所示。

图 7-56　预览视频最终效果

7.3 经典电影与视频调色案例

本节主要介绍几种经典的电影与视频调色案例，如人像调色、风光调色、植物调色以及建筑调色等，将其调出宝丽来胶片色调、蓝天白云色调、翠绿的绿叶色调以及城市工业风色调等。

7.3.1　人像调色：调出宝丽来胶片色调

宝丽来色调来源于宝丽来胶片相机，色调比较清冷，非常适合用于人像视频，能让暗黄的皮肤变得通透自然。下面介绍制作宝丽来色调的操作方法。

	素材文件	素材 \ 第 7 章 \ 阳光女孩 (a).mp4、阳光女孩 (b).jpg、阳光女孩 (c).jpg
	效果文件	效果 \ 第 7 章 \ 阳光女孩 .mp4
	视频文件	扫码可直接观看视频

【操练 + 视频】——人像调色：调出宝丽来胶片色调

STEP 01 在剪映中，将视频素材和色卡素材导入到“本地”选项卡中，如图 7-57 所示。

STEP 02 将视频素材添加到视频轨道中，拖曳两段色卡素材至画中画轨道，并对齐视频素材的时长，如图 7-58 所示。

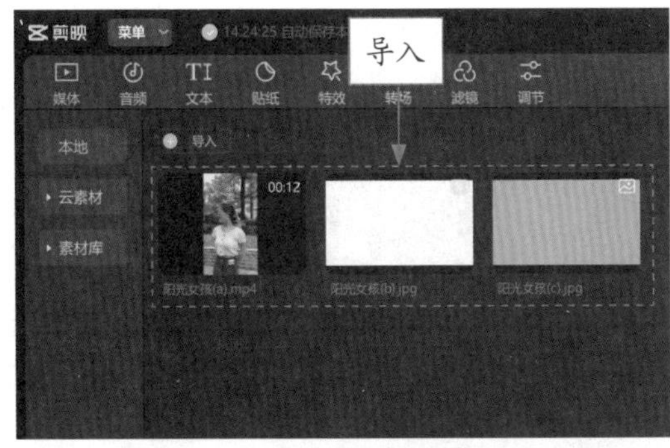

图 7-57　导入视频素材和色卡素材

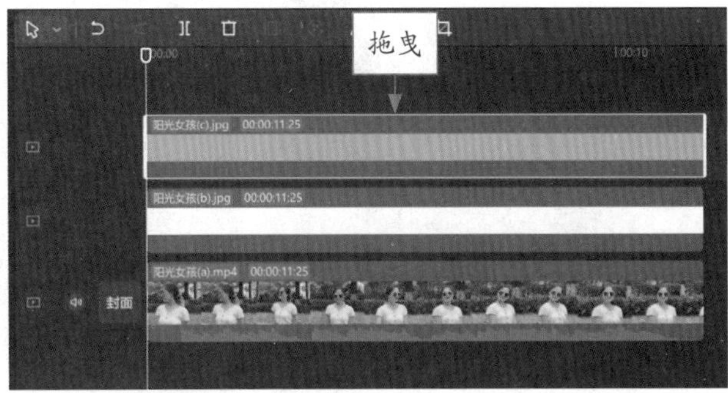

图 7-58　拖曳色卡素材至画中画轨道

STEP 03 调整两段色卡素材的画面大小，使其覆盖视频画面。选择白色色卡素材，在“混合模式”中选择“柔光”选项，设置“不透明度”为 50%，如图 7-59 所示。

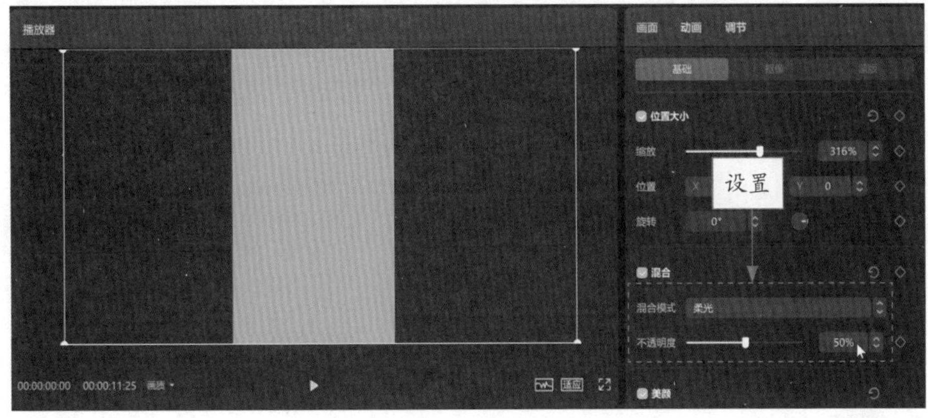

图 7-59　设置“不透明度”为 50%

STEP 04 选择蓝色色卡素材，在“混合模式”中选择“柔光”选项，设置“不透明度”为 90%，如图 7-60 所示。

图 7-60　设置“不透明度”为 90%

STEP 05 执行操作后，即可让暗黄的皮肤变得白皙和细腻，效果如图 7-61 所示。

图 7-61　预览视频效果

7.3.2　风光调色：调出蓝天白云的色彩

由于光线的原因，拍出来的天空画面色彩可能会比较暗淡，或者出现曝光过度或者饱和度不高的情况，这时就需要对天空进行调色，使其成为天蓝色。有了蓝色的对比，能让云朵更白，能让天空看起来更加纯净，使风景更加迷人。下面介绍调出蓝天白云色彩的操作方法。

	素材文件	素材 \ 第 7 章 \ 月亮岛 .mp4
	效果文件	效果 \ 第 7 章 \ 月亮岛 .mp4
	视频文件	扫码可直接观看视频

【操练 + 视频】——风光调色：调出蓝天白云的色彩

STEP 01 在剪映中，将视频素材导入到“本地”选项卡中，视频素材如图 7-62 所示。

STEP 02 将素材添加到视频轨道中，单击“滤镜”按钮，在“复古胶片”选项卡中单击“普林斯顿”滤镜右下角的“添加到轨道”按钮，如图 7-63 所示。

图 7-62　预览视频素材

图 7-63　单击“添加到轨道”按钮

STEP 03 添加“普林斯顿”滤镜之后，可以发现天空的饱和度过高，细节部分的色彩不足，这时可以调整滤镜的参数。拖曳“强度”滑块，设置为 76，降低滤镜的强度，如图 7-64 所示。

图 7-64　设置“强度”为 76

STEP 04 单击“调节”按钮，单击“自定义调节”右下角的“添加到轨道”按钮，添加“调节 1”轨道，如图 7-65 所示，用来调整视频的色彩参数。

STEP 05 调整“调节 1”和“普林斯顿”滤镜的时长，使其对齐视频素材的时长，如图 7-66 所示。

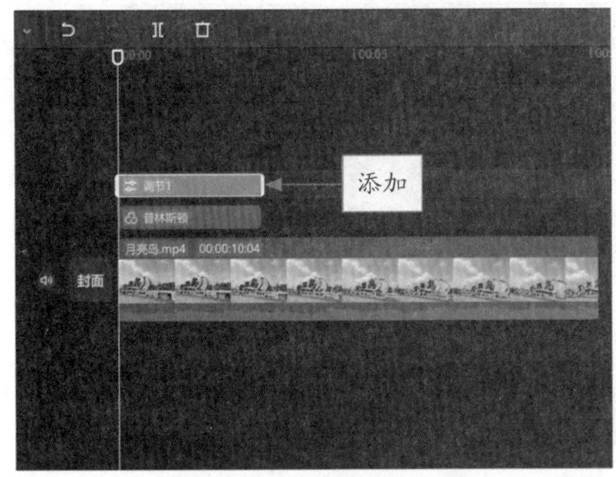

图 7-65　添加“调节 1”轨道

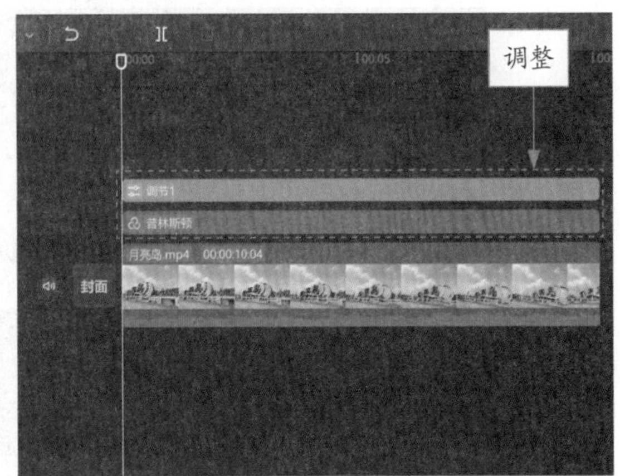

图 7-66　调整时长

STEP 06 在“调节”面板中拖曳滑块，设置“亮度”为 4、“对比度”为 10、“高光”为 -13、“阴影”为 22，如图 7-67 所示，微调画面以提高对比度。

图 7-67　微调画面以提高对比度

STEP 07 设置“色温”为 -8、“色调”为 10、“饱和度”为 28，将色温调为蓝色调，并提高画面中的色彩饱和度，如图 7-68 所示。

图 7-8　提高画面中的色彩饱和度

STEP 08 切换至 HSL 选项卡，选择青色选项，设置“色相”为 63、“饱和度”为 25，调整画面中的青色色彩，如图 7-69 所示。

图 7-69　调整画面中的青色色彩

STEP 09 选择蓝色选项，设置“色相”为 -12、“饱和度”为 24，调整天空中的蓝色色调，如图 7-70 所示。

图 7-70　调整天空中的蓝色色调

STEP 10 调色完成后，单击“播放”按钮，即可预览视频中的蓝天白云色彩，此时的视频画面更具视觉冲击力，效果如图 7-71 所示。

图 7-71　预览视频中的蓝天白云色彩

7.3.3　植物调色：调出翠绿的绿叶色调

绿叶和花朵等植物是生活中最常见的，对于这类视频的调色需求也很多，因此调色方法必须简单实用，能展现这些植物的缤纷多彩。下面介绍给绿叶调色的操作方法。

	素材文件	素材 \ 第 7 章 \ 公园风景 .mp4
	效果文件	效果 \ 第 7 章 \ 公园风景 .mp4
	视频文件	扫码可直接观看视频

【操练 + 视频】——植物调色：调出翠绿的绿叶色调

STEP 01 在剪映中，将视频素材导入到“本地”选项卡中，视频素材如图 7-72 所示。

图 7-72　预览视频素材

STEP 02 将素材添加到视频轨道中，拖曳时间指示器至视频 00:00:01:24 的位置，单击“分割”按钮，如图 7-73 所示。

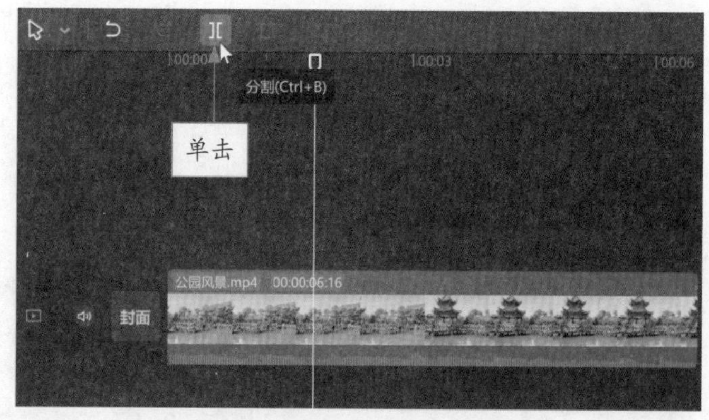

图 7-73 单击“分割”按钮

STEP 03 单击“调节”按钮，单击“自定义调节”右下角的“添加到轨道”按钮，添加“调节 1”轨道，用来调整视频的色彩参数，如图 7-74 所示。

STEP 04 调整“调节 1”的时长，对齐视频素材的时长，如图 7-75 所示。

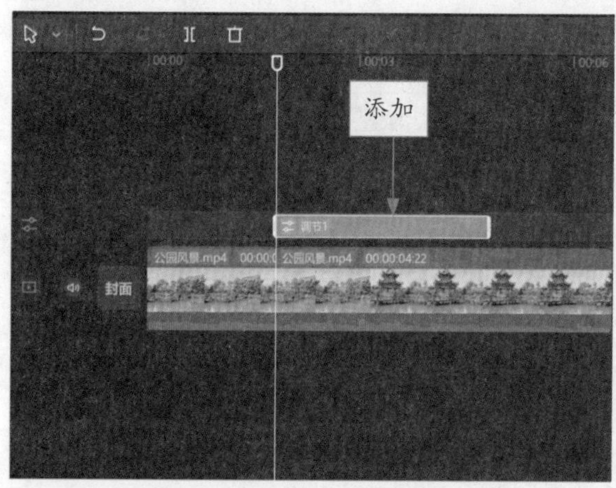

图 7-74 添加“调节 1”轨道

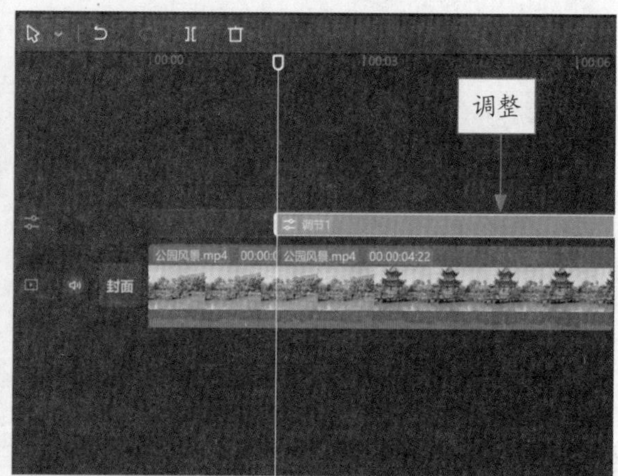

图 7-75 调整“调节 1”的时长

STEP 05 切换至 HSL 选项卡，选择黄色选项，设置“色相”为 63，让黄色的水面倒影与叶子变绿一些，如图 7-76 所示。

图 7-76 让黄色的水面倒影与叶子变绿一些

STEP 06 选择绿色选项，设置“色相”为 50、“饱和度”为 41，让叶子变成翠绿色，如图 7-77 所示。

图 7-77　让叶子变成翠绿色

STEP 07 选择蓝色选项，设置“饱和度”为 58，稍微提高天空的饱和度，如图 7-78 所示。

图 7-78　稍微提高天空的饱和度

STEP 08 单击“特效”按钮，在“基础”选项卡中将“变清晰”特效添加到轨道中，调整“变清晰”特效的时长，对齐视频分割的位置添加特效。然后将“调节 1”的时长延长至视频的开始位置，如图 7-79 所示。

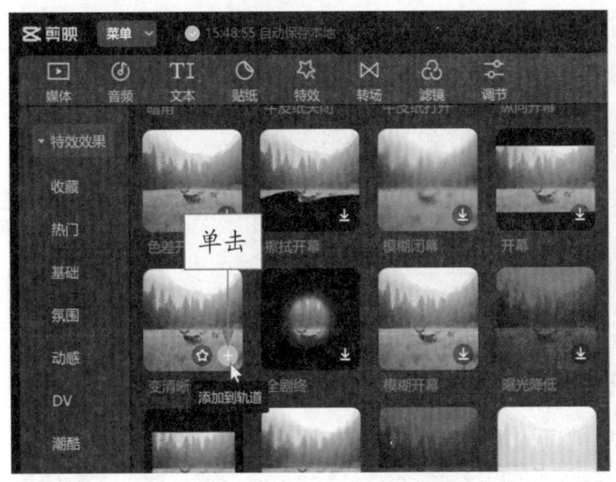

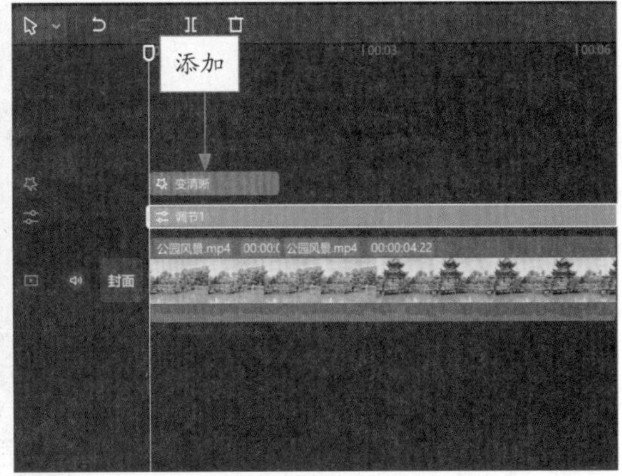

图 7-79　添加“变清晰”特效并调整时长

STEP 09 调色完成后，单击“播放”按钮，即可预览视频中的植物色彩。整个画面给人一种翠绿感，具有生命力，效果如图 7-80 所示。

图 7-80　预览视频中的植物色彩

7.3.4　建筑调色：调出城市工业风色调

工业色调是网络中比较流行的一种建筑夜景色调，主要偏橙红色，给人一种粗犷的工业风体验，适合各种与建筑、工业有关的视频。

	素材文件	素材 \ 第 7 章 \ 桥梁夜景 .mp4
	效果文件	效果 \ 第 7 章 \ 桥梁夜景 .mp4
	视频文件	扫码可直接观看视频

【操练 + 视频】——建筑调色：调出城市工业风色调

STEP 01 在剪映中，将视频素材导入到“本地”选项卡中，视频素材如图 7-81 所示。

图 7-81　预览视频素材

STEP 02 将素材添加到视频轨道中，单击“调节”按钮，单击“自定义调节”右下角的“添加到轨道”按钮，添加“调节 1”轨道。然后调整“调节 1”的时长，对齐视频素材的时长，如图 7-82 所示，用来调整视频的色彩参数。

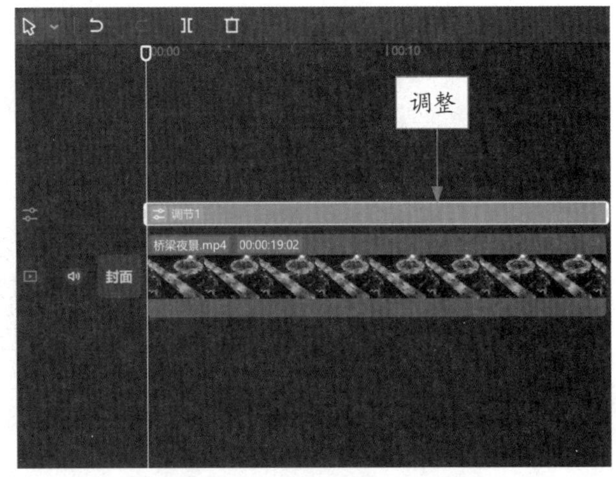

图 7-82　对齐视频素材的时长

STEP 03 切换至 HSL 选项卡，选择红色选项，设置“色相”为 55、“饱和度”为 99，调整视频中的红色色调，如图 7-83 所示。

图 7-83　调整视频中的红色色调

STEP 04 选择橙色选项，设置“色相”为 -71、“饱和度”为 34、“亮度”为 48，将视频中的橙色调为偏橙红的色调，如图 7-84 所示。

图 7-84　将视频中的橙色调为偏橙红的色调

STEP 05 选择黄色选项，设置“色相”为 -69、“饱和度”为 31，调整视频中的黄色色调，如图 7-85 所示。

图 7-85 调整视频中的黄色色调

STEP 06 调色完成后，单击“播放”按钮，即可预览视频中的大桥夜景色彩。整个画面给人一种橙红的工业风色调，效果如图 7-86 所示。

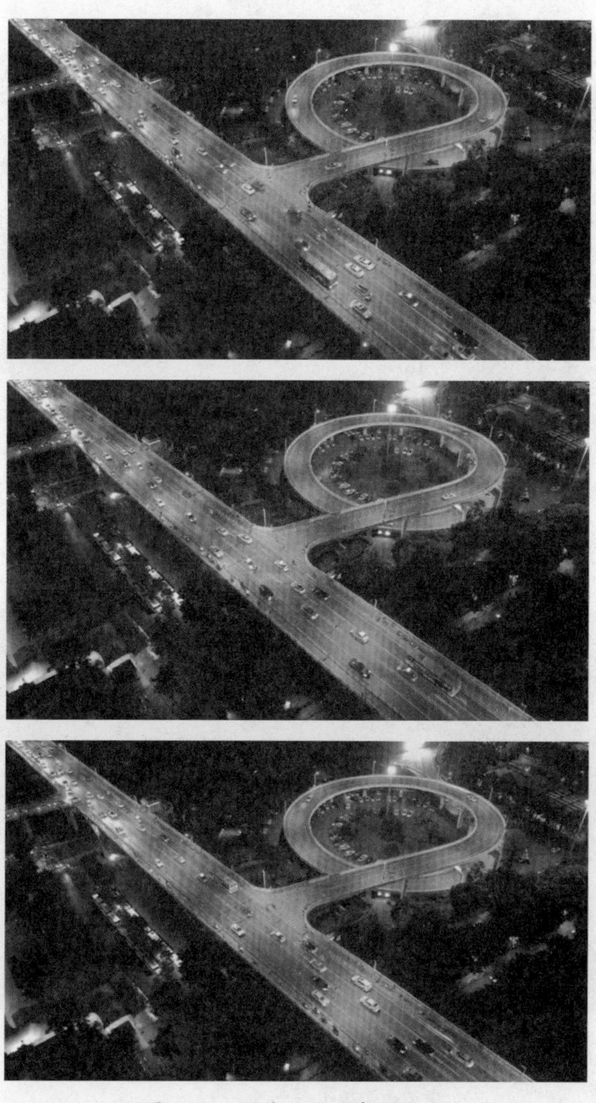

图 7-86 预览工业风色调效果

第8章

掌握PR调色的专业技法

章前知识导读

Premiere Pro 2022 是一款适应性很强的视频编辑软件，可以对视频、图像以及音频等多种素材进行处理、加工和调色，得到令人满意的影视文件。本章主要介绍 PR 调色的专业技法。

新手重点索引

- 视频色彩的基本调整
- 视频色彩的高级调整
- 使用视频效果校正色彩

效果图片欣赏

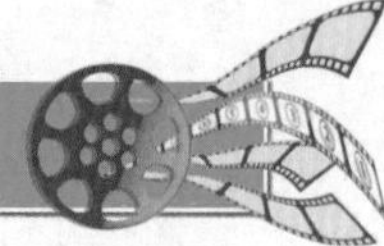

8.1 视频色彩的基本调整

在 Premiere Pro 2022 中有一个“颜色”界面，用户可根据需要调整视频的色温色调、亮度、对比度以及饱和度等，使制作的视频画面色彩更加明亮、绚丽、好看。本节主要介绍调整视频色彩的基本操作方法。

8.1.1 整体提亮：调整视频曝光与对比度

由于天气或拍摄现场光线的问题，直接用相机或手机拍摄出来的视频画面可能会出现曝光不足的问题，此时需要调整视频的曝光量，增强画面的对比效果，使视频画面更加明亮。下面介绍调整视频亮度与对比度的操作方法。

	素材文件	素材 \ 第 8 章 \ 公园游玩 .mp4、公园游玩 .prproj
	效果文件	效果 \ 第 8 章 \ 公园游玩 .prproj
	视频文件	扫码可直接观看视频

【操练 + 视频】——整体提亮：调整视频曝光与对比度

STEP 01 在 Premiere Pro 2022 界面中，打开一个项目文件，如图 8-1 所示。

STEP 02 选择“项目”面板中的素材文件，并将其拖曳至“时间轴”面板的 V1 轨道中，如图 8-2 所示。

图 8-1 打开一个项目文件

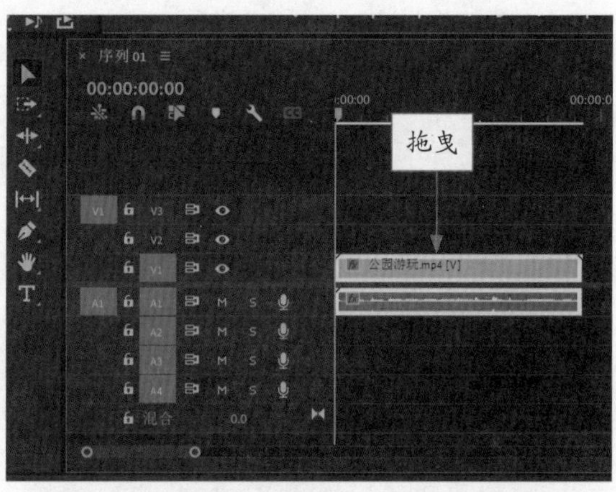

图 8-2 拖曳素材文件至“时间轴”面板

STEP 03 在节目监视器中可以查看素材画面，如图 8-3 所示。

图 8-3 查看素材画面

STEP 04 在界面上方单击“颜色”标签，切换至“颜色”界面，在右侧的“Lumetri 颜色”面板中展开“基本校正”选项，如图 8-4 所示。

STEP 05 设置“曝光”为 1.4、“对比度”为 36.4、“高光”为 9.7、“阴影”为 17.6、“白色”为 1.1，调整视频画面的曝光与对比度，如图 8-5 所示。

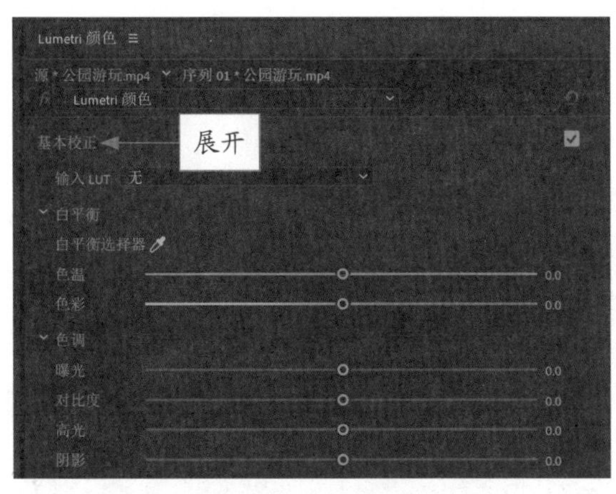

图 8-4　展开“基本校正”选项

图 8-5　设置各参数

STEP 06 设置完成后，单击“播放 - 停止切换”按钮▶，预览调整曝光与对比度后的视频效果，如图 8-6 所示。

图 8-6　预览视频效果

8.1.2　增强视觉：调整饱和度与色温色彩

在 Premiere Pro 2022 中，通过调整视频的饱和度可以使画面的色彩更加丰富，更具视觉冲击力。下面介绍调整视频饱和度的操作方法。

	素材文件	素材 \ 第 8 章 \ 美人如花 .mp4、美人如花 .prproj
	效果文件	效果 \ 第 8 章 \ 美人如花 .prproj
	视频文件	扫码可直接观看视频

【操练 + 视频】——增强视觉：调整饱和度与色温色彩

STEP 01 在 Premiere Pro 2022 界面中，打开一个项目文件，如图 8-7 所示。

STEP 02 选择“项目”面板中的素材文件，并将其拖曳至“时间轴”面板的 V1 轨道中，如图 8-8 所示。

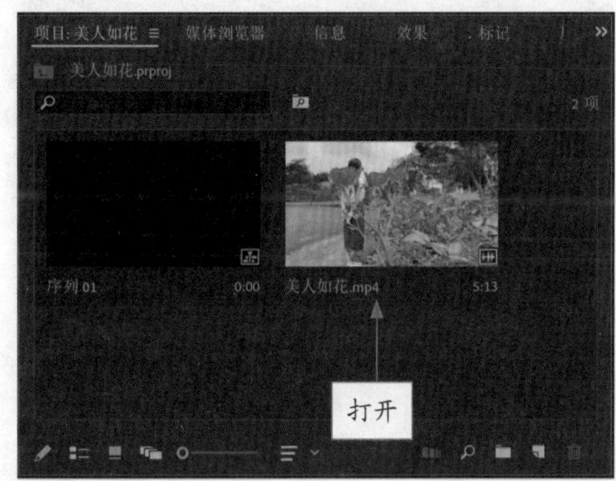

图 8-7　打开一个项目文件

图 8-8　拖曳素材文件至“时间轴”面板

STEP 03 在节目监视器中可以查看素材画面，如图 8-9 所示。

图 8-9　查看素材画面

STEP 04 切换至“颜色”界面，在右侧的“Lumetri 颜色”面板中展开“基本校正”选项，设置“色温”为 -19.3、“色彩”为 -6.8、“曝光”为 0.5，如图 8-10 所示，调整视频画面的色温与色彩。

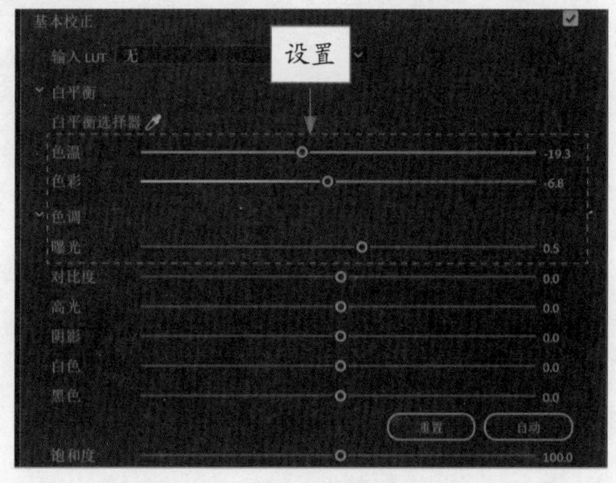

图 8-10　调整视频的色温与色彩

STEP 05 在下方拖曳“饱和度”右侧的滑块，设置参数为 156，此时视频画面中的色彩被加强了许多，如图 8-11 所示。

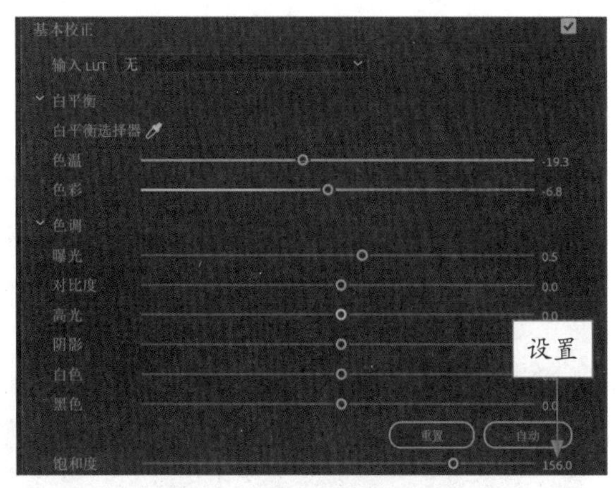

图 8-11　调整视频的饱和度

STEP 06 单击“播放 - 停止切换”按钮▶，预览视频效果，如图 8-12 所示。

图 8-12　预览视频效果

8.1.3　添加暗角：将光线聚焦到画面中间

在 Premiere Pro 2022 中，通过“晕影”功能可以为视频画面添加暗角效果，将光线聚焦到画面的中间，以便更好地吸引观众的视线。下面介绍为视频添加暗角的操作方法。

	素材文件	素材 \ 第 8 章 \ 雕像风光 .mp4、雕像风光 .prproj
	效果文件	效果 \ 第 8 章 \ 雕像风光 .prproj
	视频文件	扫码可直接观看视频

【操练 + 视频】——添加暗角：将光线聚焦到画面中间

STEP 01 在 Premiere Pro 2022 界面中，打开一个项目文件，如图 8-13 所示。

STEP 02 选择“项目”面板中的素材文件，并将其拖曳至“时间轴”面板的 V1 轨道中，如图 8-14 所示。

图 8-13　打开一个项目文件　　图 8-14　拖曳素材文件至“时间轴”面板

STEP 03 在节目监视器中可以查看素材画面，如图 8-15 所示。

图 8-15　查看素材画面

STEP 04 在“Lumetri 颜色”面板中展开“基本校正”选项，设置“曝光”为 1.4，如图 8-16 所示，适当提亮视频画面。

STEP 05 展开“晕影”选项，设置“数量”为 -3.0、“中点”为 36.3、“圆度”为 -31.3、“羽化”为 34.6，为视频画面添加暗角效果，如图 8-17 所示。

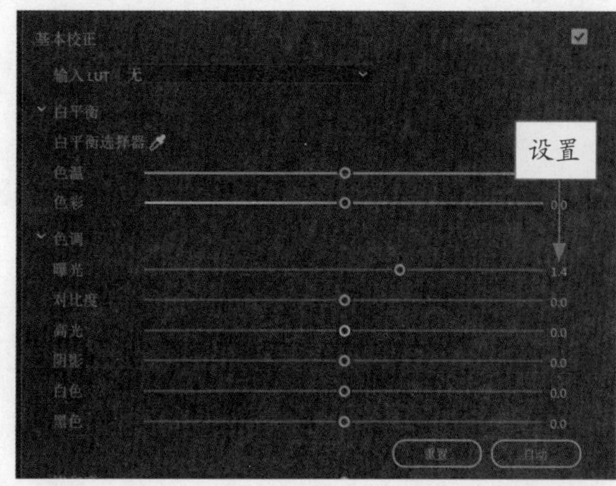

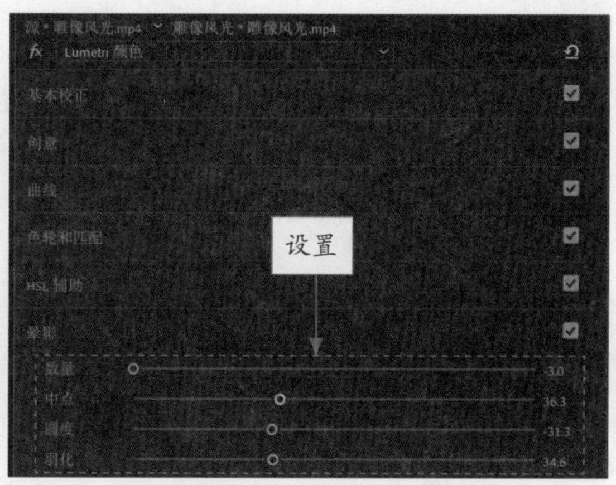

图 8-16　设置“曝光”为 1.4　　图 8-17　设置“晕影”各参数

STEP 06 单击“播放 - 停止切换”按钮▶，预览视频效果，如图 8-18 所示。

图 8-18　预览视频效果

8.1.4　创意调色：调出视频的单色效果

在“Lumetri 颜色”面板的“创意”选项中，有多种预设的创意颜色可供用户选择，一键即可调出满意的视频效果。下面介绍使用预设效果调整视频色调的操作方法。

	素材文件	素材 \ 第 8 章 \ 古装美人 .mp4、古装美人 .prproj
	效果文件	效果 \ 第 8 章 \ 古装美人 .prproj
	视频文件	扫码可直接观看视频

【操练 + 视频】——创意调色：调出视频的单色效果

STEP 01 在 Premiere Pro 2022 界面中，打开一个项目文件，如图 8-19 所示。

STEP 02 选择“项目”面板中的素材文件，并将其拖曳至“时间轴”面板的 V1 轨道中，如图 8-20 所示。

图 8-19　打开一个项目文件

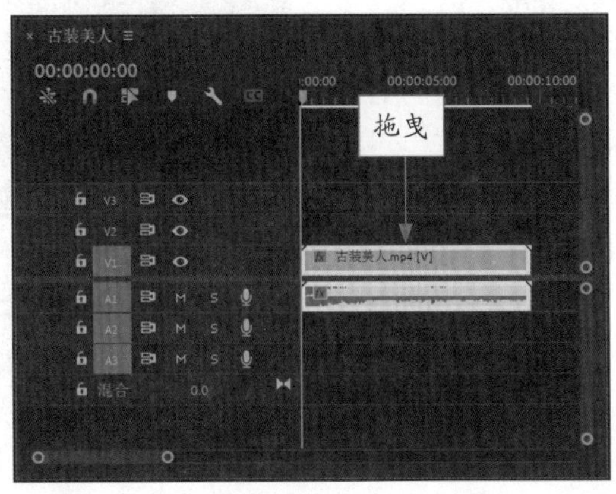

图 8-20　拖曳素材文件至“时间轴”面板

STEP 03 在节目监视器中可以查看素材画面，如图 8-21 所示。

图 8-21　查看素材画面

STEP 04 在“Lumetri 颜色”面板中展开“创意”选项，在 Look 下拉列表中选择 SL NOIR HDR 选项，如图 8-22 所示。

STEP 05 执行操作后，即可将视频画面调为黑白色调，如图 8-23 所示。

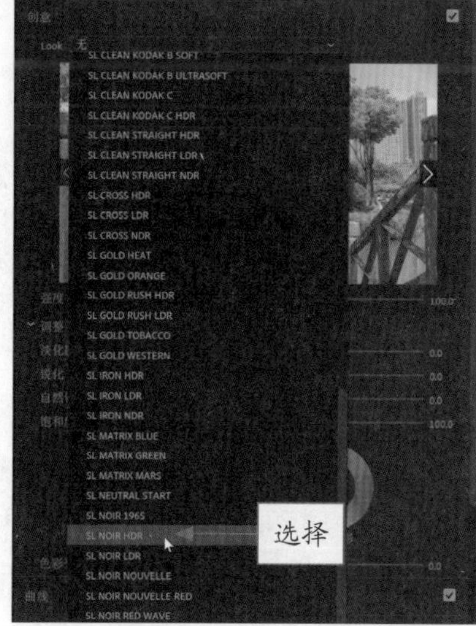

图 8-22　选择 SL NOIR HDR 选项

图 8-23　将视频画面调为黑白色调

STEP 06 在左侧“阴影色彩”区域中的合适位置单击鼠标左键，即可更改视频阴影区域的色彩，如图 8-24 所示。

STEP 07 在右侧“高光色彩”区域中的合适位置单击鼠标左键，即可更改视频高光区域的色彩，如图 8-25 所示。

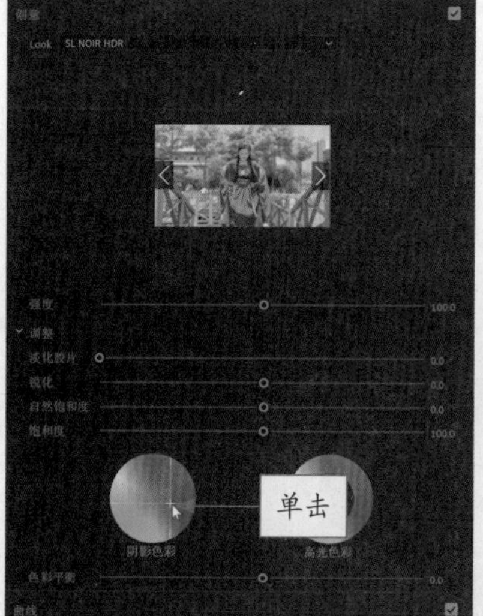

图 8-24　更改视频阴影区域的色彩

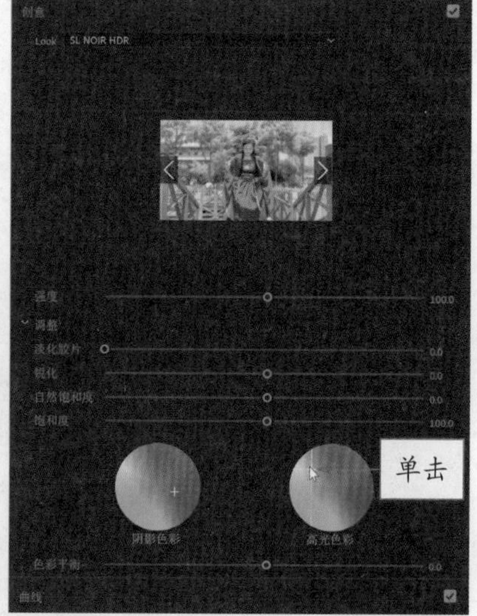

图 8-25　更改视频高光区域的色彩

STEP 08 调色完成后，单击“播放 - 停止切换”按钮▶，预览视频效果，如图 8-26 所示。此时的视频画面有一种怀旧色感，可用于视频的回忆片段。

图 8-26　预览视频效果

8.2　视频色彩的高级调整

在“Lumetri 颜色”面板中，还有一些高级调色功能，如曲线调色、色轮调色以及 HSL 辅助调色等，可帮助用户轻松调出想要的视频色彩。本节主要介绍视频色彩的高级调整技巧。

8.2.1　曲线调色：调出视频的翠绿色调

在“Lumetri 颜色”面板的“曲线”选项下，包括“RGB 曲线”调色和“色相饱和度曲线”调色两个功能，下面进行相应讲解。

	素材文件	素材 \ 第 8 章 \ 日常拍摄 .mp4、日常拍摄 .prproj
	效果文件	效果 \ 第 8 章 \ 日常拍摄 .prproj
	视频文件	扫码可直接观看视频

【操练 + 视频】——曲线调色：调出视频的翠绿色调

STEP 01 在 Premiere Pro 2022 界面中，打开一个项目文件，如图 8-27 所示。

STEP 02 选择“项目”面板中的素材文件，并将其拖曳至“时间轴”面板的 V1 轨道中，如图 8-28 所示。

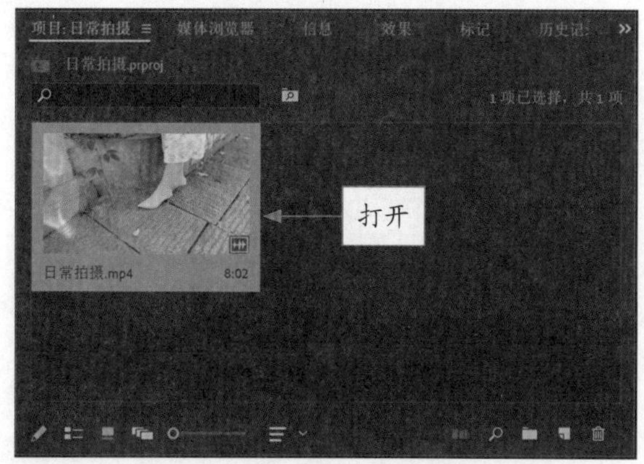

图 8-27　打开一个项目文件

图 8-28　拖曳素材文件至“时间轴”面板

STEP 03 在节目监视器中可以查看素材画面，如图 8-29 所示。此时的画面偏暖黄色调，人物的皮肤也不太亮白，我们需要将竹叶调出翠绿感。

图 8-29　查看素材画面

STEP 04 在“Lumetri 颜色”面板中展开“曲线”选项，单击“RGB 曲线”前面的▶按钮，如图 8-30 所示。

STEP 05 执行操作后，展开“RGB 曲线”选项，如图 8-31 所示。

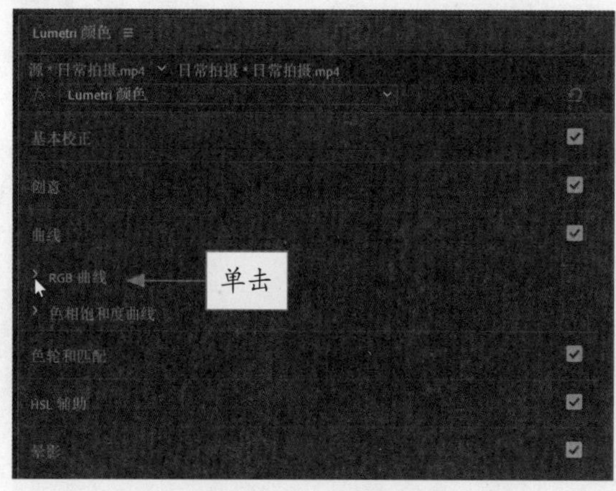

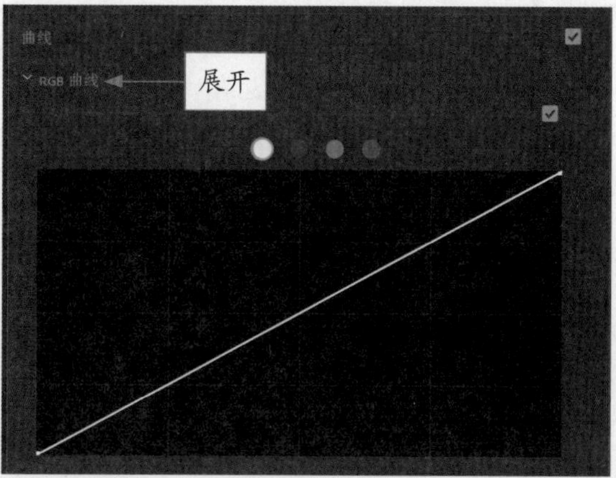

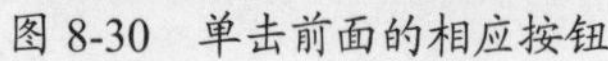
图 8-30　单击前面的相应按钮

图 8-31　展开“RGB 曲线”选项

STEP 06 在上方单击红色按钮●，在下方的红色曲线上按住鼠标左键并向下拖曳，降低画面中的红色调，此时曲线上会自动添加 1 个控制点。在节目监视器中可以查看调色的效果，如图 8-32 所示。

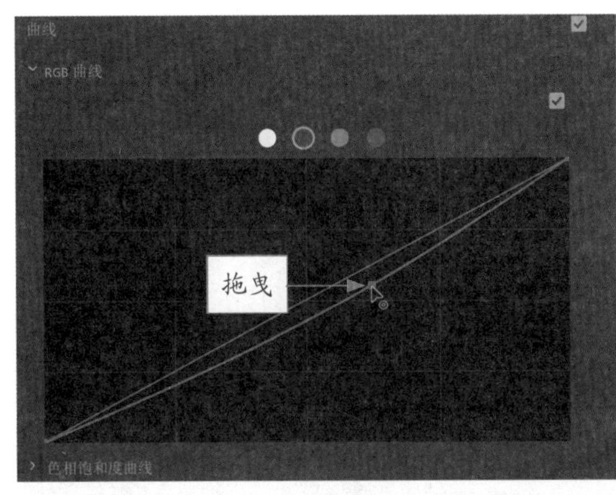

图 8-32　降低画面中的红色调

STEP 07 在蓝色曲线上，按住鼠标左键并向上拖曳，提高画面的蓝色调，此时曲线上自动添加 1 个控制点。在节目监视器中可以查看调色的效果，如图 8-33 所示。

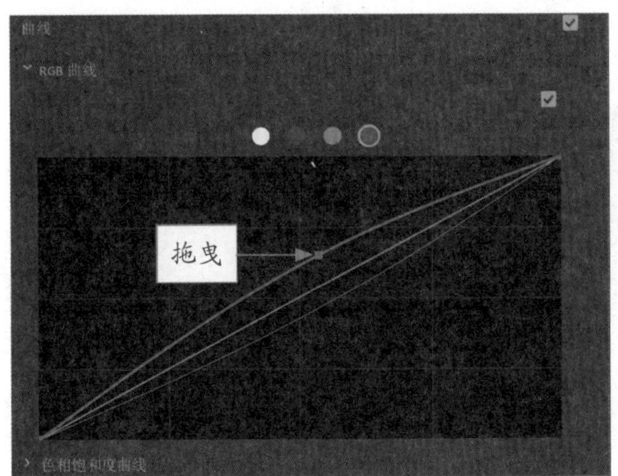

图 8-33　提高画面的蓝色调

STEP 08 在绿色曲线上，按住鼠标左键并向上拖曳，提高画面的绿色调，此时曲线上自动添加 1 个控制点。在节目监视器中可以查看调色的效果，如图 8-34 所示。

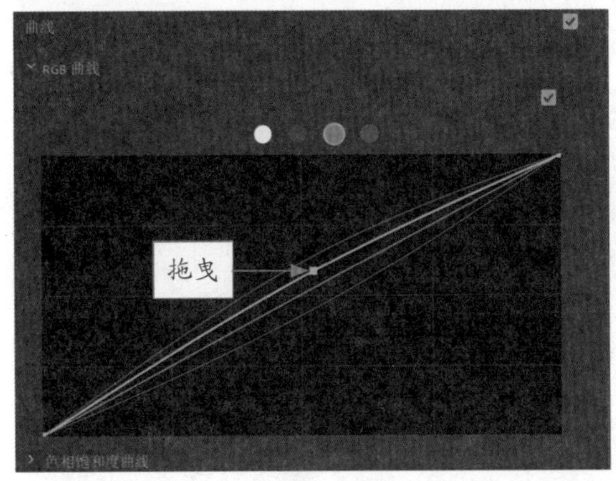

图 8-34　提高画面的绿色调

STEP 09 展开“色相饱和度曲线”选项，在“色相与饱和度”曲线上添加两个控制点，分别调整控制点的位置，调出竹叶的翠绿感。在节目监视器中可以查看调色的效果，如图 8-35 所示。

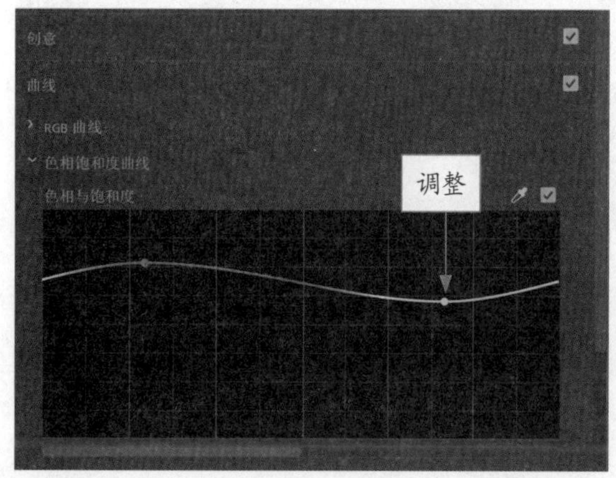

图 8-35　在“色相与饱和度”曲线上添加两个控制点

STEP 10 在“色相与色相”曲线上，按住鼠标左键并向下拖曳，添加 1 个控制点，使画面偏绿色调。在节目监视器中可以查看调色的效果，如图 8-36 所示。

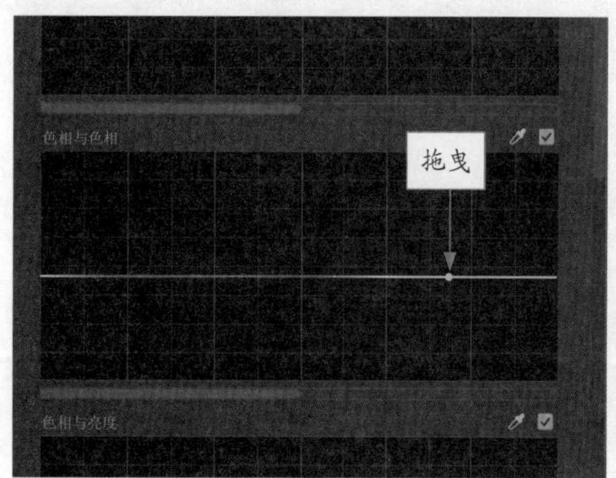

图 8-36　使画面偏绿色调

STEP 11 在“亮度与饱和度”曲线上，按住鼠标左键并向上拖曳，添加 1 个控制点，提高绿色的亮度与饱和度。在节目监视器中可以查看调色的效果，如图 8-37 所示。

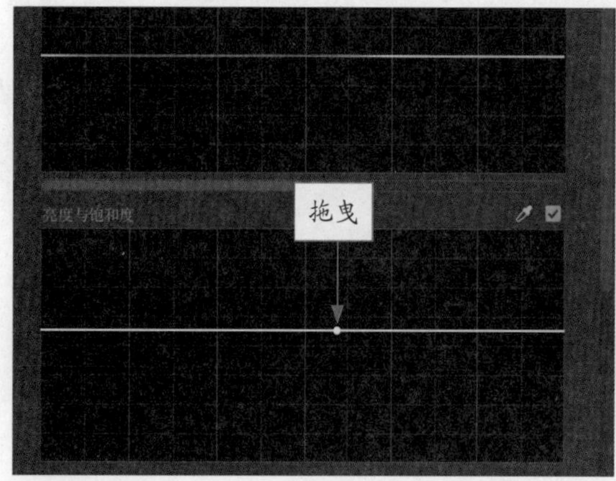

图 8-37　提高绿色的亮度与饱和度

STEP 12 调色完成后，单击“播放 - 停止切换”按钮▶，预览视频效果，如图 8-38 所示。

图 8-38　预览视频效果

8.2.2　色轮调色：分别调整阴影和高光

在“色轮和匹配”选项下，包括“阴影”“中间调”和“高光”3 个色轮，调整相应的色轮颜色，可以改变画面中阴影、中间调和高光的色彩。

	素材文件	素材 \ 第 8 章 \ 开福寺 .mp4、开福寺 .prproj
	效果文件	效果 \ 第 8 章 \ 开福寺 .prproj
	视频文件	扫码可直接观看视频

【操练 + 视频】——色轮调色：分别调整阴影和高光

STEP 01 在 Premiere Pro 2022 界面中，打开一个项目文件，如图 8-39 所示。

STEP 02 选择“项目”面板中的素材文件，并将其拖曳至“时间轴”面板的 V1 轨道中，如图 8-40 所示。

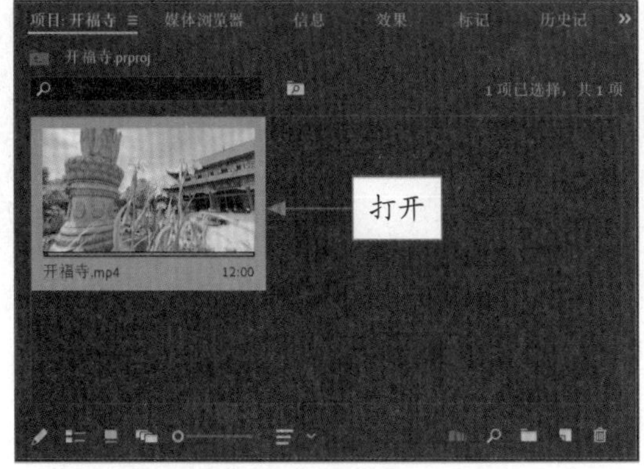

图 8-39　打开一个项目文件

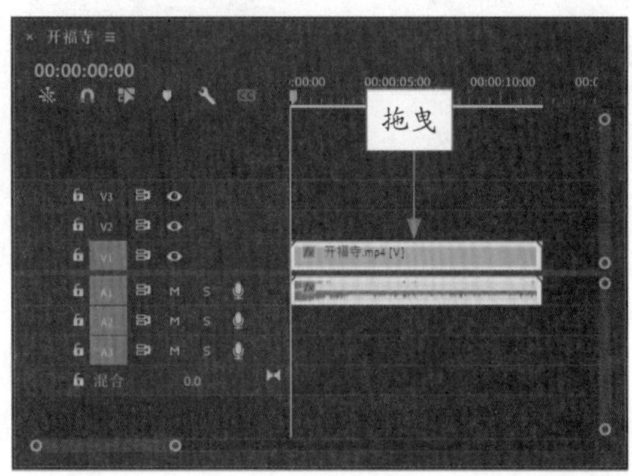

图 8-40　拖曳素材文件至“时间轴”面板

STEP 03 在节目监视器中可以查看素材画面，如图 8-41 所示。

图 8-41　查看素材画面

STEP 04 展开“色轮和匹配”选项，在“阴影”色轮上的合适位置单击鼠标左键，设置视频中阴影部分的色调，在节目监视器中可以查看调色的效果，如图 8-42 所示。

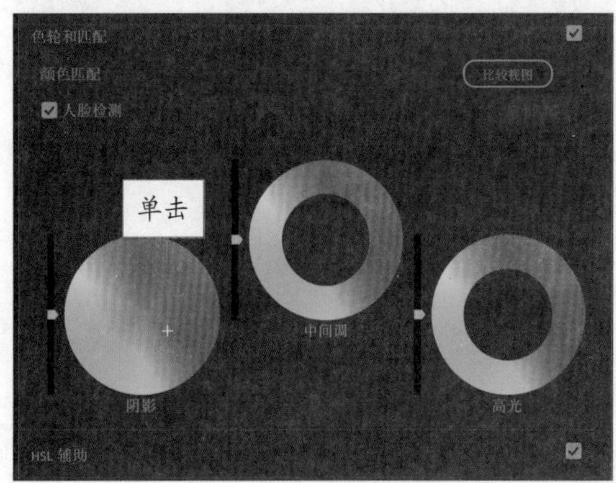

图 8-42　设置视频中阴影部分的色调

STEP 05 在“中间调”色轮上的合适位置单击鼠标左键，设置视频中间调的色调，在节目监视器中可以查看调色的效果，如图 8-43 所示。

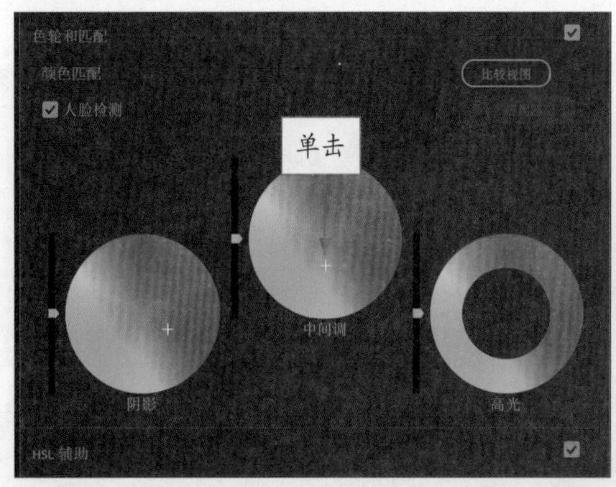

图 8-43　设置视频中间调的色调

STEP 06 在“高光”色轮上的合适位置单击鼠标左键，设置视频中高光部分的色调，在节目监视器中可以查看调色的效果，如图 8-44 所示。

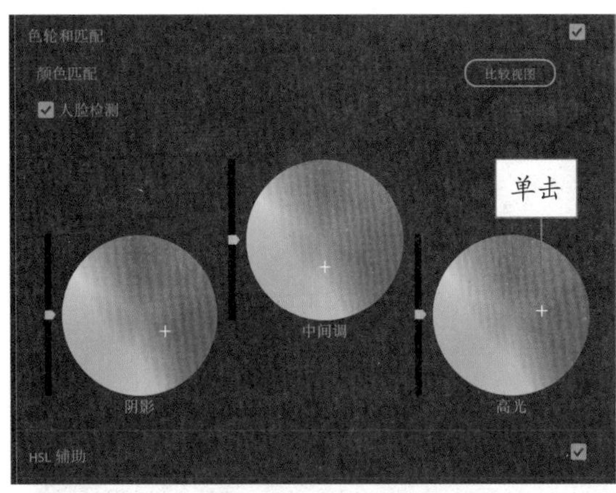

图 8-44　设置视频中高光部分的色调

STEP 07 调色完成后，单击“播放 - 停止切换”按钮▶，预览视频效果，如图 8-45 所示。

图 8-45　预览视频效果

8.2.3　HSL 调色：单独调整某一种色彩

在“Lumetri 颜色”面板的“HSL 辅助”选项下，包含 7 个颜色色块，可以对应调整视频画面中的色彩。下面介绍使用“HSL 辅助”功能进行调色的操作方法。

	素材文件	素材 \ 第 8 章 \ 宅院 .mp4、宅院 .prproj
	效果文件	效果 \ 第 8 章 \ 宅院 .prproj
	视频文件	扫码可直接观看视频

【操练 + 视频】——HSL 调色：单独调整某一种色彩

STEP 01 在 Premiere Pro 2022 界面中，打开一个项目文件，如图 8-46 所示。

STEP 02 选择“项目”面板中的素材文件，并将其拖曳至“时间轴”面板的 V1 轨道中，如图 8-47 所示。

图 8-46　打开一个项目文件

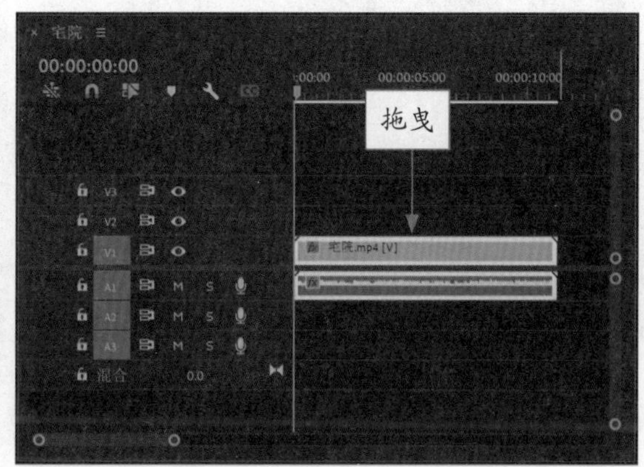

图 8-47　拖曳素材文件至“时间轴”面板

STEP 03 在节目监视器中可以查看素材画面，如图 8-48 所示。视频中的墙壁有些发黄，在这里我们需要将其调成亮白色。

图 8-48　查看素材画面

STEP 04 展开“HSL 辅助”选项，单击“设置颜色”右侧的按钮，如图 8-49 所示。

STEP 05 在节目监视器视频画面中的墙壁处单击鼠标左键，吸取墙壁的色彩，如图 8-50 所示。

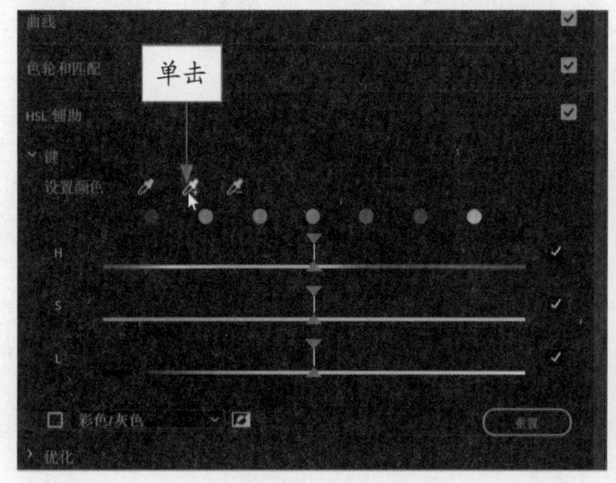

图 8-49　单击相应的按钮

图 8-50　在墙壁处单击鼠标左键

STEP 06 在面板中，选中“彩色 / 灰色”复选框，如图 8-51 所示。

STEP 07 此时，节目监视器中只显示吸取到的颜色，其他没有吸取的颜色呈灰色显示。多次单击按钮，将墙壁的色彩全部选出来，如图 8-52 所示。

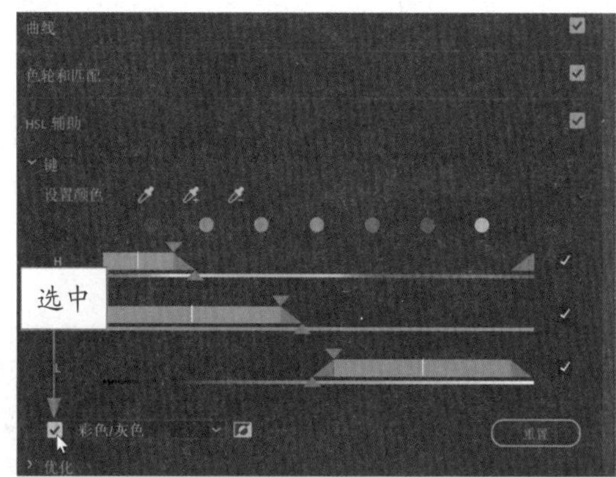

图 8-51　选中“彩色 / 灰色”复选框

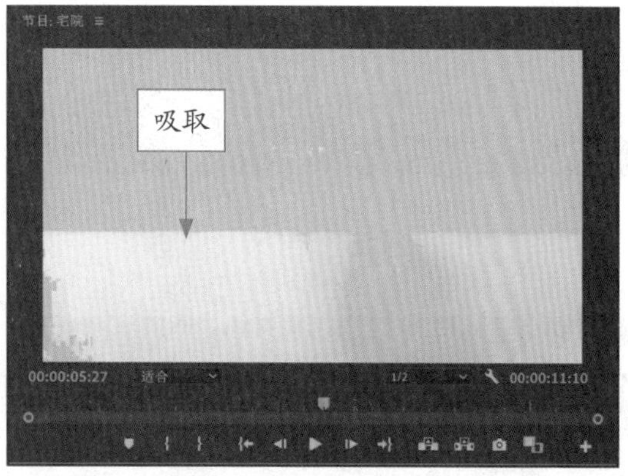

图 8-52　将墙壁的色彩全部选出来

STEP 08 展开“更正”选项，在下方设置“色温”为 -43.2、“色彩”为 10.9、“对比度”为 24、“锐化”为 48.6、“饱和度”为 109.3，如图 8-53 所示。

STEP 09 执行操作后，即可将墙壁调为亮白色。通过按钮多次吸取颜色，完善画面色彩，如图 8-54 所示。

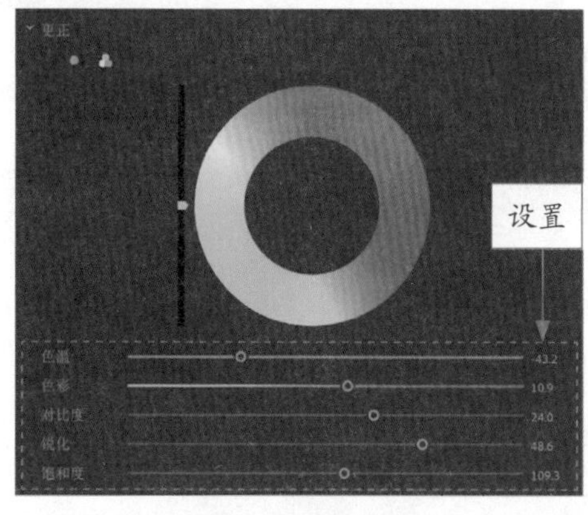

图 8-53　设置各参数

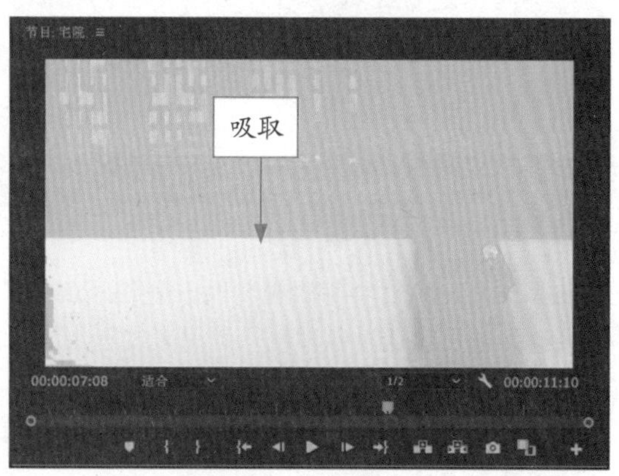

图 8-54　将墙壁调为亮白色

STEP 10 调色完成后，在面板中取消选中“彩色 / 灰色”复选框，如图 8-55 所示。

STEP 11 此时，在节目监视器中可以查看更改的视频画面，如图 8-56 所示。

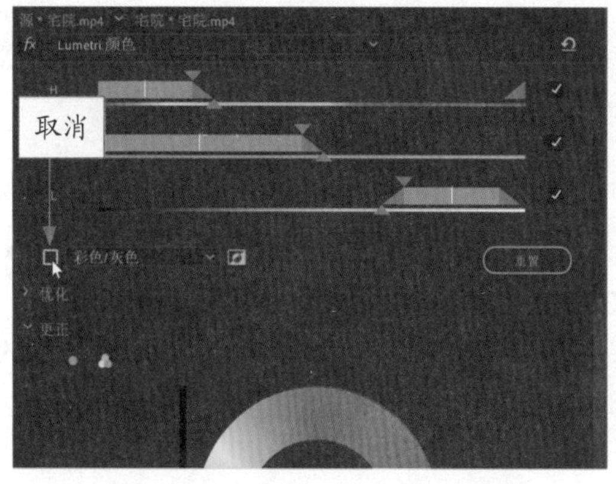

图 8-55　选中“彩色 / 灰色”复选框

图 8-56　查看更改的视频画面

STEP 12 单击“播放 - 停止切换”按钮▶，预览视频效果，如图 8-57 所示。

图 8-57　预览视频效果

8.3 使用视频效果校正色彩

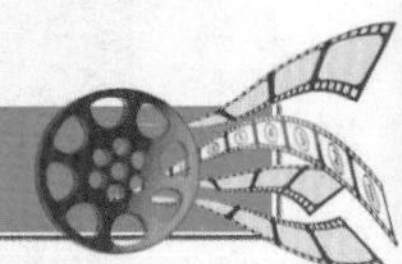

在 Premiere Pro 2022 中编辑视频时，我们不仅可以通过“Lumetri 颜色”面板中的各项调色功能来调整视频的色彩，还可以通过各种视频效果来校正视频画面的色彩。本节主要介绍使用视频效果校正色彩的操作方法。

8.3.1 RGB 曲线：调整画面明暗关系

“RGB 曲线”特效主要通过调整画面的明暗关系和色彩变化来实现画面颜色的校正。RGB 曲线效果是针对每个颜色通道使用曲线功能来调整视频的颜色，每条曲线允许在整个画面的色调范围内调整多达 16 个不同的点。通过使用“辅助颜色校正”控件，还可以指定要校正的颜色范围。下面介绍使用 RGB 曲线调整视频明暗关系的操作方法。

	素材文件	素材 \ 第 8 章 \ 水面倒影 .mp4、水面倒影 .prproj
	效果文件	效果 \ 第 8 章 \ 水面倒影 .prproj
	视频文件	扫码可直接观看视频

【操练 + 视频】——RGB 曲线：调整画面明暗关系

STEP 01 在 Premiere Pro 2022 界面中，打开一个项目文件，如图 8-58 所示。

STEP 02 选择“项目”面板中的素材文件，并将其拖曳至“时间轴”面板的 V1 轨道中，如图 8-59 所示。

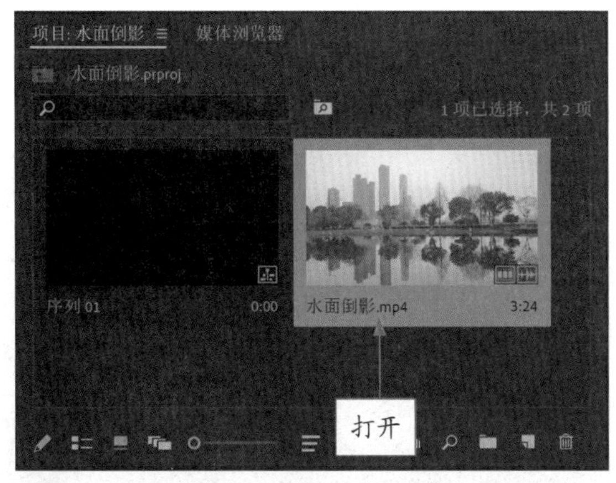

图 8-58 打开项目文件

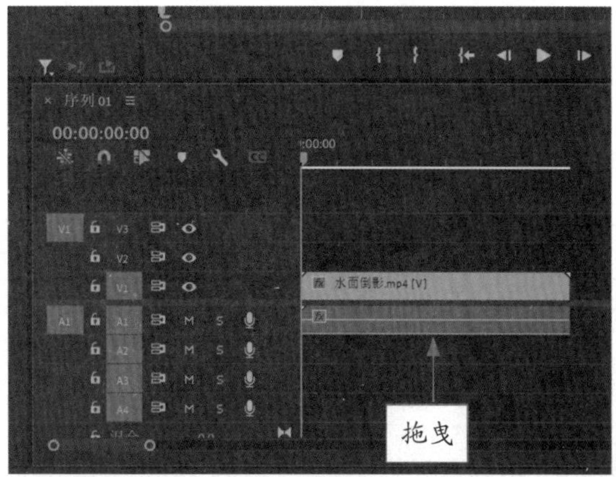

图 8-59 拖曳素材文件至“时间轴”面板

STEP 03 在节目监视器中可以查看素材画面，如图 8-60 所示。

图 8-60 查看素材画面

STEP 04 在“效果”面板中，依次展开“视频效果”|“过时”选项，选择“RGB 曲线”视频特效，如图 8-61 所示。

STEP 05 按住鼠标左键并拖曳“RGB 曲线”特效至“时间轴”面板中的素材文件上，释放鼠标即可添加视频特效，如图 8-62 所示。

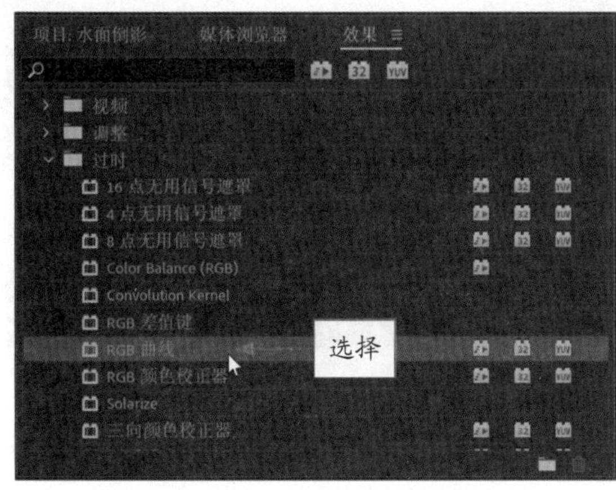

图 8-61 选择“RGB 曲线”视频特效

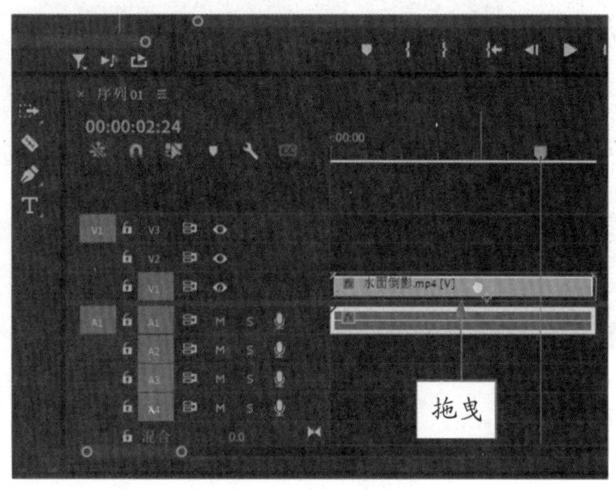

图 8-62 拖曳“RGB 曲线”特效

STEP 06 选择视频素材，在“效果控件”面板中展开“RGB 曲线”选项，如图 8-63 所示。

STEP 07 在“红色”矩形区域中，按住鼠标左键并拖曳，创建移动控制点，增强视频中的红色调，如图 8-64 所示。

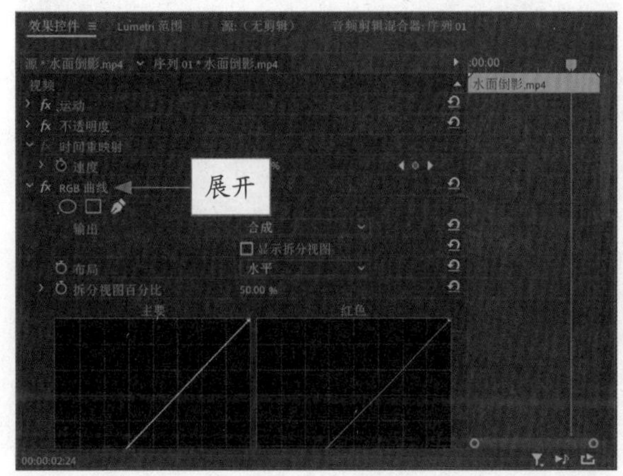

图 8-63 展开“RGB 曲线”选项

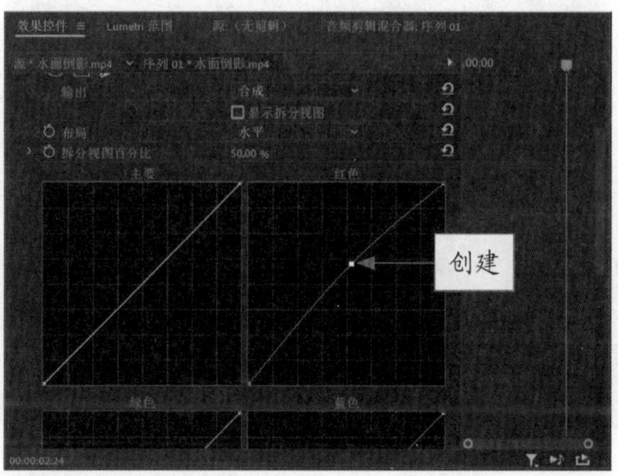

图 8-64 创建移动控制点

专家指点

在“RGB 曲线”选项列表中，各主要选项含义如下。

- 输出：选择“合成”选项，可以在节目监视器中查看调整的最终结果；选择“亮度”选项，可以在节目监视器中查看色调值的调整效果。
- 布局：确定“拆分视图”图像是并排（水平）还是上下（垂直）布局。
- 拆分视图百分比：调整校正视图的大小，默认值为 50%。

STEP 08 在“绿色”矩形区域中，按住鼠标左键并拖曳创建移动控制点，降低视频中的绿色调。在节目监视器中可以查看素材画面，如图 8-65 所示。

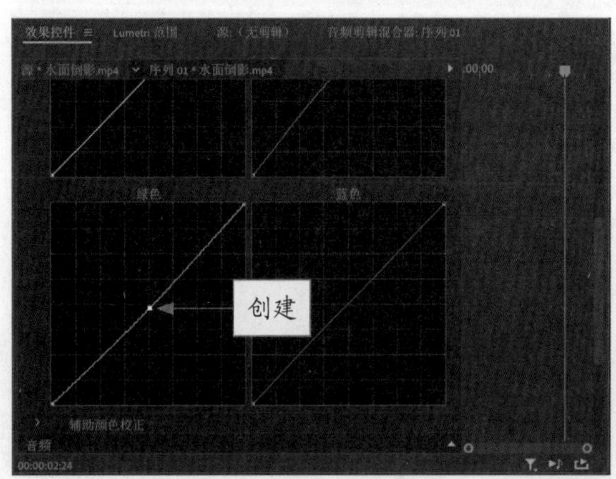

图 8-65 创建移动控制点并查看素材画面

STEP 09 单击“播放 - 停止切换”按钮▶，预览视频效果，如图 8-66 所示。

图 8-66　预览视频效果

8.3.2　颜色校正器：调出日系风色调

“RGB 颜色校正器”特效可以调整视频的 RGB 色调，还可以通过通道调整视频画面的色彩。下面介绍使用“RGB 颜色校正器”调出日系风色调的操作方法。

	素材文件	素材 \ 第 8 章 \ 蔚蓝天空 .mp4、蔚蓝天空 .prproj
	效果文件	效果 \ 第 8 章 \ 蔚蓝天空 .prproj
	视频文件	扫码可直接观看视频

【操练 + 视频】——颜色校正器：调出日系风色调

STEP 01 在 Premiere Pro 2022 界面中，打开一个项目文件，如图 8-67 所示。

STEP 02 将素材文件拖曳至“时间轴”面板的 V1 轨道中，如图 8-68 所示。

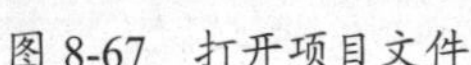

图 8-67　打开项目文件

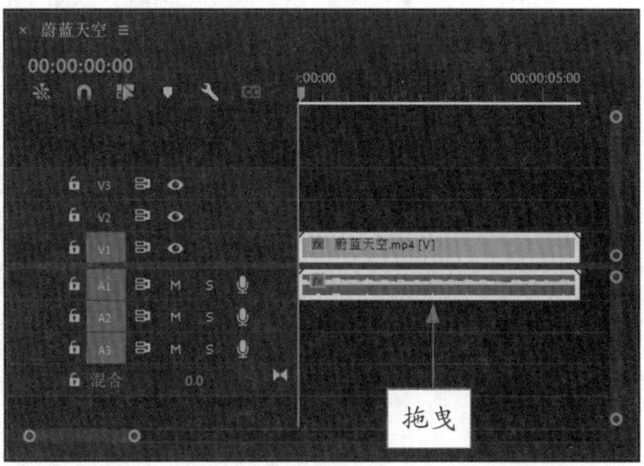

图 8-68　拖曳素材文件至“时间轴”面板

STEP 03 在节目监视器中可以查看素材画面，如图 8-69 所示。

STEP 04 在“效果”面板中，依次展开“视频效果”|“过时”选项，在其中选择“RGB 颜色校正器”选项，如图 8-70 所示。

图 8-69　查看素材画面

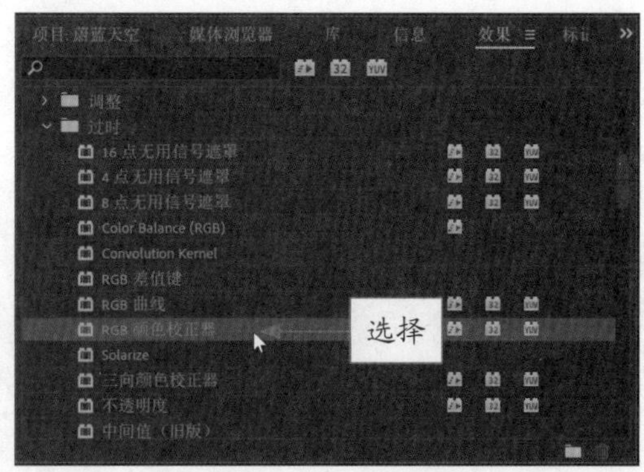

图 8-70　选择视频特效

专家指点

在 Premiere Pro 2022 中，“RGB 颜色校正器”视频特效主要用于调整图像的颜色和亮度。用户使用“RGB 颜色校正器”特效调整 RGB 颜色各通道的中间调值、色调值以及亮度值，修改画面的高光、中间调和阴影定义的色调范围，从而调整视频的颜色。

STEP 05 按住鼠标左键并拖曳“RGB 颜色校正器”特效至“时间轴”面板中的素材文件上，释放鼠标即可添加视频特效，如图 8-71 所示。

STEP 06 选择 V1 轨道上的素材，在“效果控件”面板中展开“RGB 颜色校正器”选项，如图 8-72 所示。

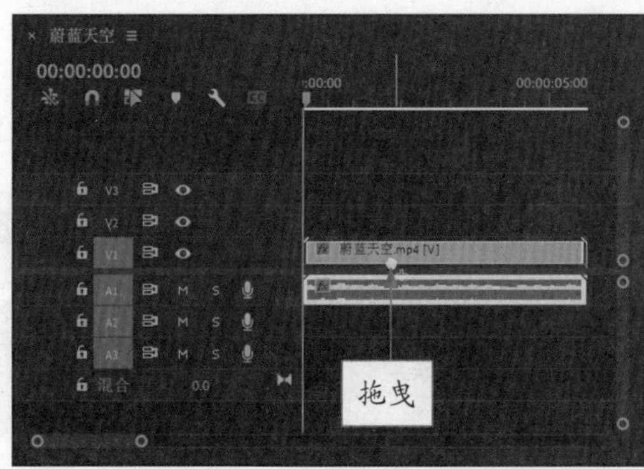

图 8-71　拖曳“RGB 颜色校正器”特效

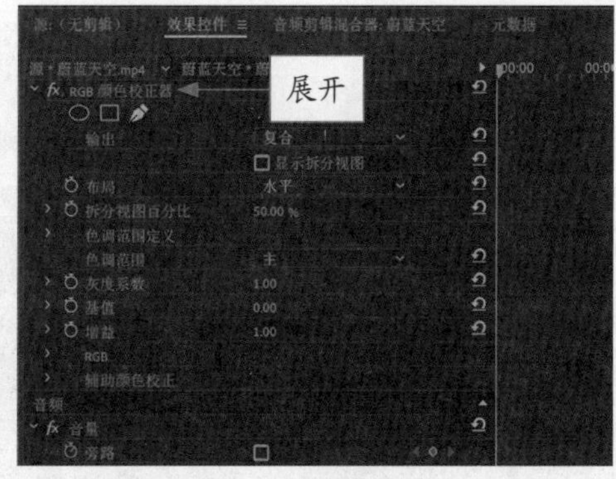

图 8-72　展开“RGB 颜色校正器”选项

STEP 07 在“效果控件”面板中设置各参数，如图 8-73 所示。

STEP 08 执行上述操作后，即可使用“RGB 颜色校正器”校正色彩，使视频画面具有日系风色调，如图 8-74 所示。

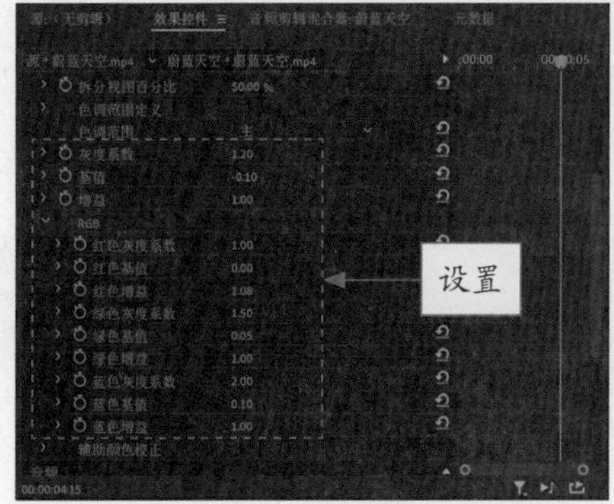

图 8-73　设置各参数

图 8-74　使用“RGB 颜色校正器”校正色彩

STEP 09 单击“播放 - 停止切换”按钮▶，预览日系风的视频效果，如图 8-75 所示。

图 8-75　预览视频效果

8.3.3　自动色阶：一键调整视频色调

在 Premiere Pro 2022 中，“自动色阶”特效可以自动调整素材画面的高光、阴影，并可以调整每一个位置的颜色。下面介绍使用自动色阶调整图像的操作方法。

	素材文件	素材 \ 第 8 章 \ 屋檐一角 .mp4、屋檐一角 .prproj
	效果文件	效果 \ 第 8 章 \ 屋檐一角 .prproj
	视频文件	扫码可直接观看视频

【操练 + 视频】——自动色阶：一键调整视频色调

STEP 01 在 Premiere Pro 2022 界面中，打开一个项目文件，如图 8-76 所示。

STEP 02 在节目监视器中可以查看素材画面，如图 8-77 所示。

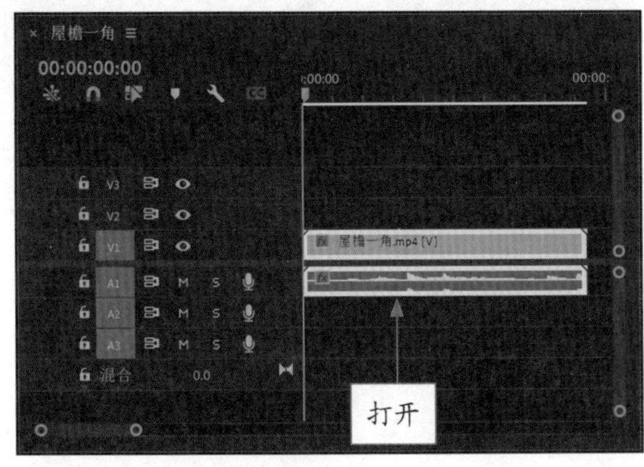

图 8-76　打开项目文件

图 8-77　查看素材画面

STEP 03 在“效果”面板中，依次展开“视频效果”|“过时”选项，在其中选择“自动色阶”视频特效，如图 8-78 所示。

STEP 04 按住鼠标左键并拖曳“自动色阶”特效至“时间轴”面板的素材文件上，释放鼠标即可添加视频特效，如图 8-79 所示。

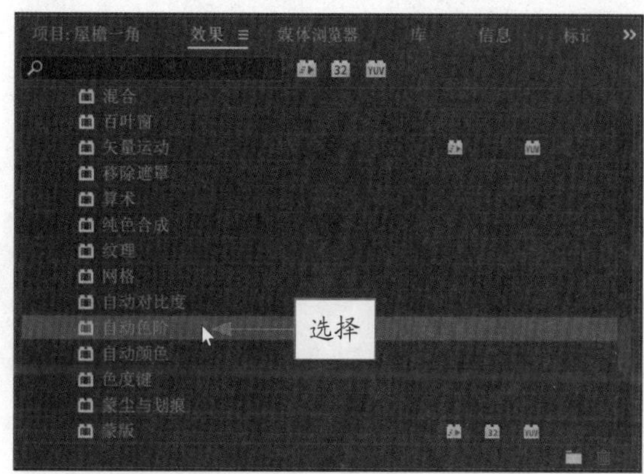

图 8-78　选择“自动色阶”视频特效

图 8-79　拖曳“自动色阶”特效

专家指点

在“效果”面板中选择“自动色阶”视频特效后，直接将该特效拖曳至“效果控件”面板中，也可以为视频素材添加该视频特效。

STEP 05 选择 V1 轨道上的素材，在“效果控件”面板中展开“自动色阶”选项，如图 8-80 所示。

STEP 06 在“自动色阶”选项下设置“减少黑色像素”为 0.50%、“减少白色像素”为 0.50%，如图 8-81 所示。

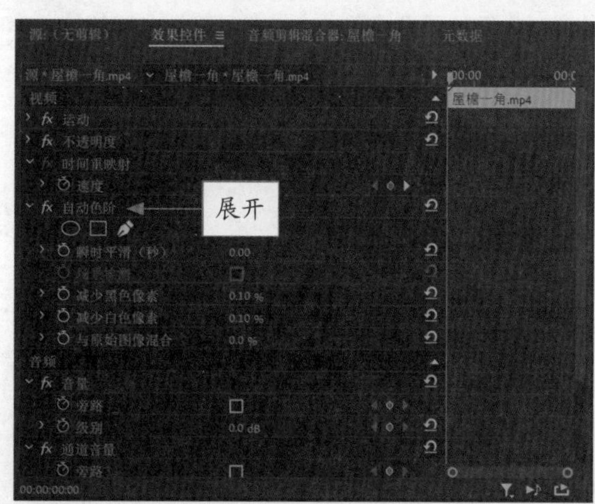
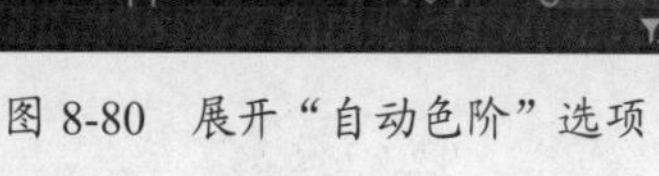

图 8-80　展开“自动色阶”选项

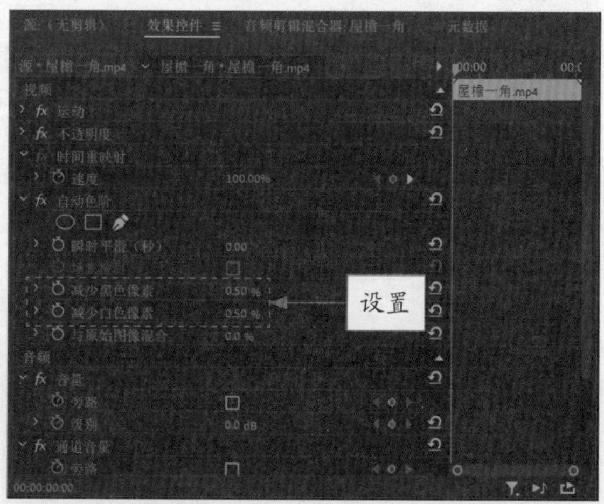

图 8-81　设置相应的数值

STEP 07 执行操作后，即可使用“自动色阶”特效调整视频的色彩。单击“播放 - 停止切换”按钮▶，预览视频效果，如图 8-82 所示。

图 8-82　预览视频效果

8.3.4　颜色平衡：调出古建筑的橙红色

"颜色平衡"视频特效能够通过调整画面的色相、饱和度以及明度来达到平衡素材颜色的作用，下面介绍具体的操作方法。

	素材文件	素材 \ 第 8 章 \ 古街 .mp4、古街 .prproj
	效果文件	效果 \ 第 8 章 \ 古街 .prproj
	视频文件	扫码可直接观看视频

【操练 + 视频】——颜色平衡：调出古建筑的橙红色

STEP 01 在 Premiere Pro 2022 界面中，打开一个项目文件，如图 8-83 所示。

STEP 02 在节目监视器中可以查看素材画面，如图 8-84 所示。

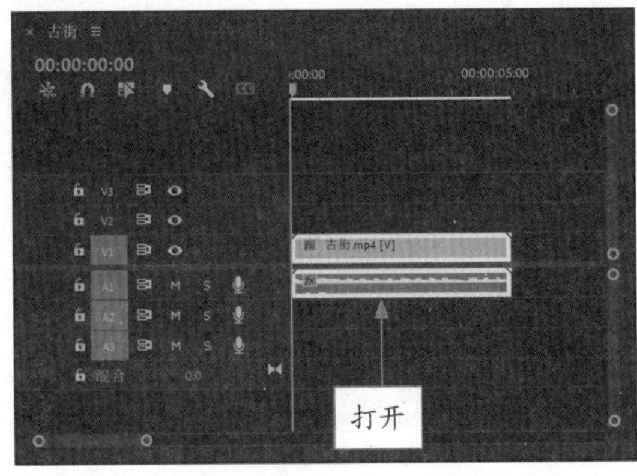

图 8-83　打开项目文件

图 8-84　查看素材画面

STEP 03 在“效果”面板中依次展开“视频效果”|“颜色校正”选项，在其中选择“颜色平衡”视频特效，如图 8-85 所示。

STEP 04 按住鼠标左键并拖曳“颜色平衡”特效至时间轴面板中的素材文件上，释放鼠标即可添加视频特效，如图 8-86 所示。

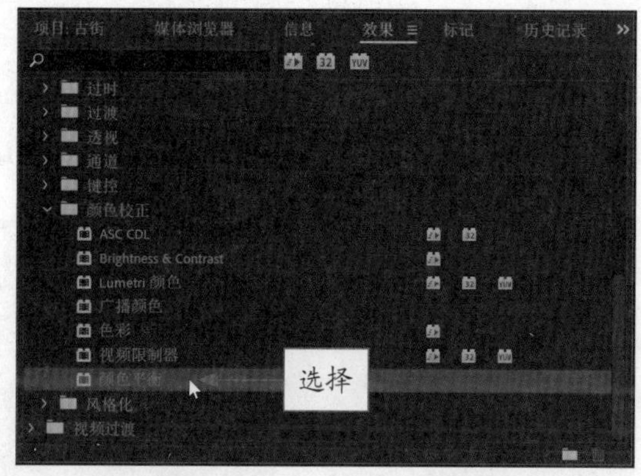

图 8-85 选择“颜色平衡”视频特效

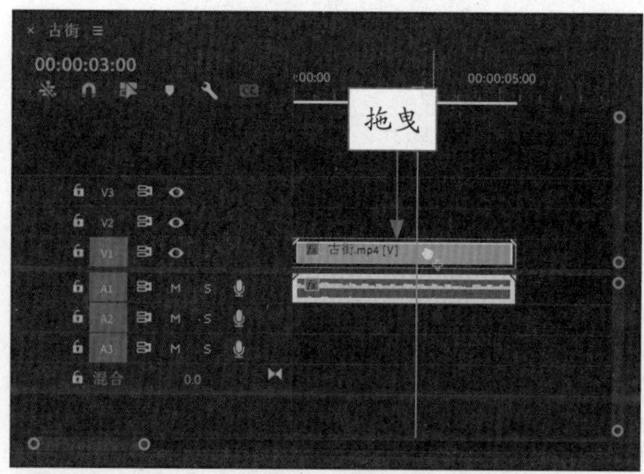

图 8-86 拖曳“颜色平衡”特效

STEP 05 在“效果控件”面板中，展开“颜色平衡”选项，如图 8-87 所示。

STEP 06 在“颜色平衡”选项下，设置各参数调整视频的色彩，如图 8-88 所示。

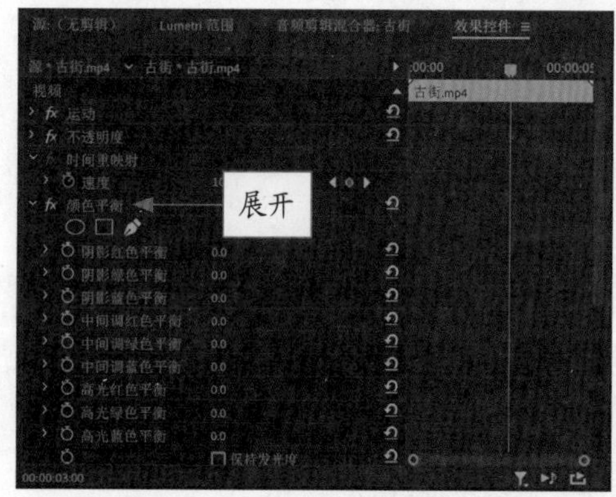

图 8-87 展开“颜色平衡”选项

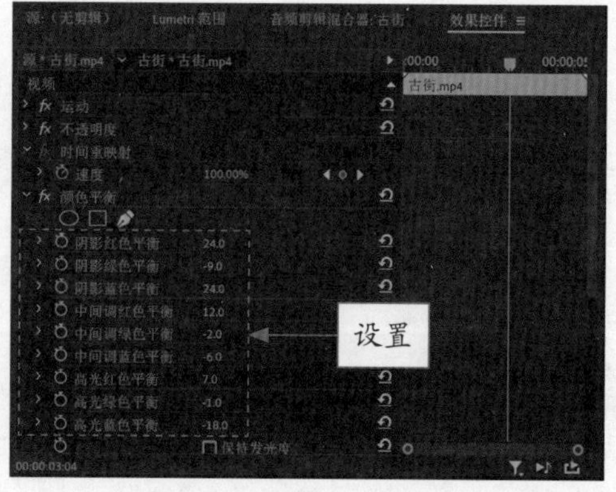

图 8-88 设置相应的数值

STEP 07 执行以上操作后，即可使用“颜色平衡”调整视频的色彩。单击“播放 - 停止切换”按钮▶，预览视频效果，如图 8-89 所示。

图 8-89 预览视频效果

第9章

掌握达芬奇调色的专业技法

章前知识导读

达芬奇是一款专业的影视调色剪辑软件，其英文名称为 DaVinci Resolve。它集视频调色、剪辑、合成、音频、字幕于一身，是常用的视频编辑软件之一。本章主要介绍使用达芬奇软件进行调色的各种专业技法。

新手重点索引

- 对画面进行一级调色
- 通过节点对视频调色
- 对局部进行二级调色
- 使用特效及影调调色

效果图片欣赏

9.1 对画面进行一级调色

在影视视频的编辑中，色彩往往可以给观众留下第一印象，并在某种程度上抒发一种情感。由于在拍摄和采集素材的过程中常会遇到一些很难控制的环境光照，使拍摄出来的源素材色感欠缺、层次不明，此时就需要对视频进行调色处理。本节主要介绍应用达芬奇软件对视频画面进行一级调色的操作方法。

9.1.1 调整曝光：提升视频画面的亮度

当素材亮度过暗或者太亮时，用户可以在达芬奇中通过调节“亮度”参数调整素材的曝光。下面介绍调整视频曝光效果的操作方法。

	素材文件	素材 \ 第 9 章 \ 湘江女神 .drp、湘江女神 .mp4
	效果文件	效果 \ 第 9 章 \ 湘江女神 .drp
	视频文件	扫码可直接观看视频

【操练 + 视频】——调整曝光：提升视频画面的亮度

STEP 01 打开一个项目文件，如图 9-1 所示。

STEP 02 在预览窗口中可以查看打开的项目效果。如图 9-2 所示，视频画面整体偏暗蓝色。

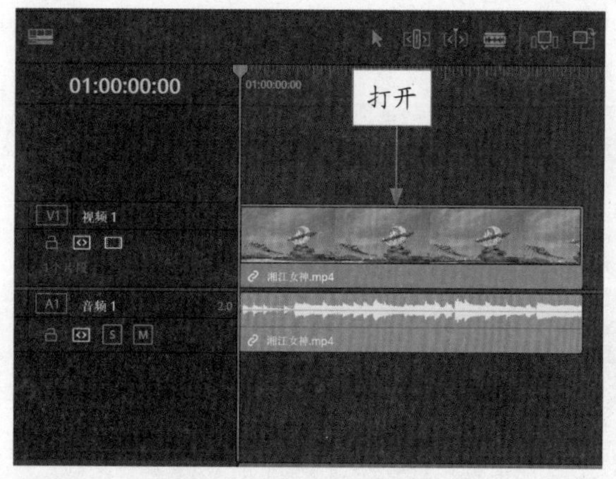

图 9-1　打开一个项目文件

图 9-2　查看打开的项目效果

STEP 03 切换至“调色”步骤面板，在左上角单击 LUT 按钮 LUT，展开 LUT 滤镜面板，如图 9-3 所示。该面板中的滤镜样式可以帮助用户校正画面色彩。

图 9-3　展开 LUT 滤镜面板

STEP 04 在下方选择 Blackmagic Design 选项，展开相应选项卡，在其中选择相应的滤镜样式，如图 9-4 所示。

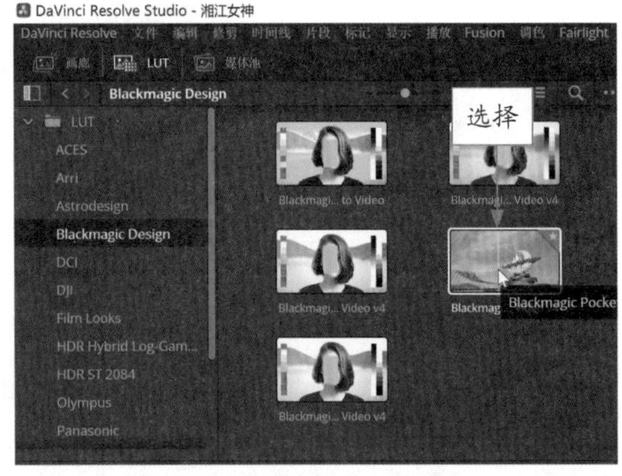

图 9-4　选择相应的滤镜样式

STEP 05 按住鼠标左键，将所选的滤镜样式拖曳至预览窗口的图像画面上，释放鼠标左键即可将选择的滤镜样式添加至视频素材上，如图 9-5 所示。

STEP 06 执行操作后，即可在预览窗口中查看色彩校正后的效果。如图 9-6 所示，可以看到画面有明显的提亮。

图 9-5　拖曳滤镜样式

图 9-6　查看色彩校正后的效果

STEP 07 在时间线下方面板中单击“色轮”按钮，展开“一级 - 校色轮”面板，按住“亮度”下方的轮盘并向左拖曳，直至参数值均显示为 1.12，如图 9-7 所示。

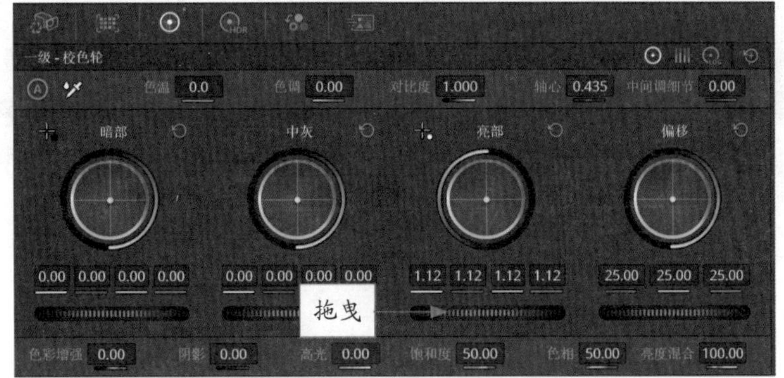

图 9-7　调整亮度参数值

STEP 08 执行上述操作后，即可调整视频画面的曝光度。在预览窗口查看视频的最终效果，如图 9-8 所示。

图 9-8　调整画面曝光效果

9.1.2　自动平衡：校正视频画面的偏色

当视频出现色彩不平衡的情况时，有可能是因为摄影机的白平衡参数设置错误，或者因为天气、灯光等因素造成色偏。在达芬奇中，用户可以根据需要应用自动平衡功能调整画面的色彩平衡。下面介绍自动平衡视频色彩的操作方法。

	素材文件	素材 \ 第 9 章 \ 巴厘岛风光 .drp、巴厘岛风光 .mp4
	效果文件	效果 \ 第 9 章 \ 巴厘岛风光 .drp
	视频文件	扫码可直接观看视频

【操练 + 视频】——自动平衡：校正视频画面的偏色

STEP 01 打开一个项目文件，如图 9-9 所示。

STEP 02 在预览窗口中可以查看打开的项目效果，如图 9-10 所示。

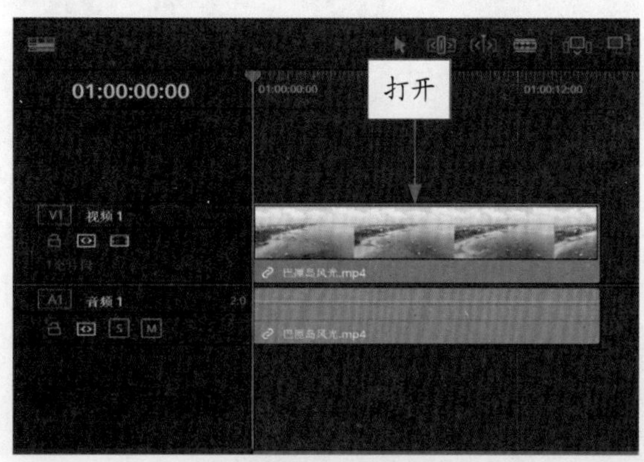

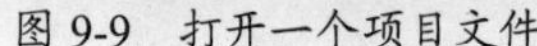
图 9-9　打开一个项目文件

图 9-10　查看打开的项目效果

STEP 03 切换至“调色”步骤面板，打开“一级 - 校色轮”面板，在上方单击“自动平衡”按钮Ⓐ，如图 9-11 所示。

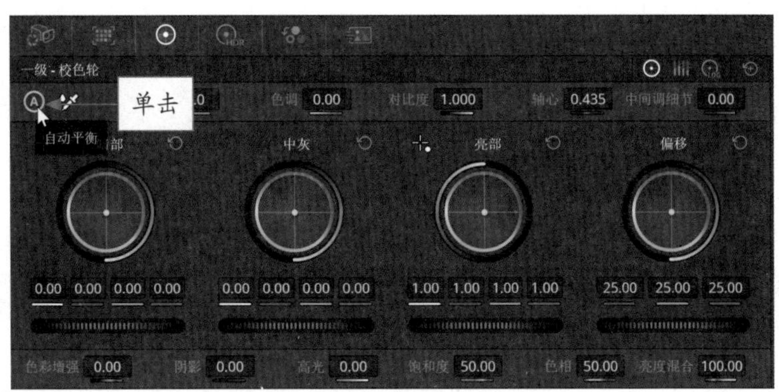

图 9-11　单击“自动平衡”按钮

STEP 04 执行上述操作后，即可自动调整图像色彩平衡。在预览窗口中可以查看调整后的视频效果，如图 9-12 所示。

图 9-12　查看调整后的效果

9.1.3　一级校色轮：校正视频亮部色彩

在达芬奇的“一级 - 校色轮”面板中一共有 4 个色轮，从左往右分别是暗部、中灰、亮部以及偏移，顾名思义，这 4 个色轮分别用来调整图像画面的阴影部分、中间灰色部分、高亮部分以及色彩偏移部分。

每个色轮都是按 YRGB 来分区块，往上为红色、往下为绿色、往左为黄色、往右为蓝色，用户可以通过两种方式进行调整操作：一种是拖曳色轮中间的白色圆圈，往需要的色块方向进行调节；另一种是左右拖曳色轮下方的轮盘进行调节。

两种方法都可以配合示波器或者查看预览窗口中的图像画面来确认色调是否合适，调整完成后释放鼠标即可。下面介绍使用一级校色轮进行调色的操作方法。

	素材文件	素材 \ 第 9 章 \ 岛屿风光 .drp、岛屿风光 .mp4
	效果文件	效果 \ 第 9 章 \ 岛屿风光 .drp
	视频文件	扫码可直接观看视频

【操练 + 视频】——一级校色轮：校正视频亮部色彩

STEP 01 打开一个项目文件，如图 9-13 所示。

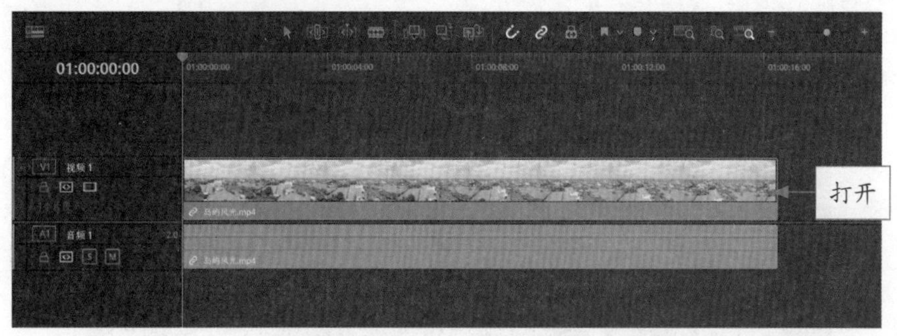

图 9-13　打开一个项目文件

STEP 02 在预览窗口中，可以查看打开的项目效果。如图 9-14 所示，需要降低画面的暗部，增强对比效果，并调整整体色调为偏蓝。

图 9-14　查看打开的项目效果

STEP 03 切换至"调色"步骤面板，展开"色轮"|"一级 - 校色轮"面板，将鼠标指针移至"暗部"色轮下方的轮盘上，按住鼠标左键并向左拖曳，直至色轮下方的参数均显示为 -0.10，如图 9-15 所示。

图 9-15　调整"暗部"色轮参数

STEP 04 按住"偏移"色轮中间的圆点，并向右边的蓝色区块拖曳，至合适位置后释放鼠标左键，调整偏移参数，如图 9-16 所示。

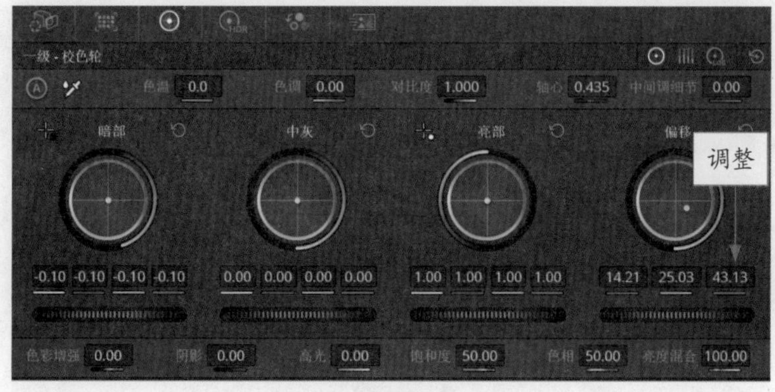

图 9-16　调整偏移参数

STEP 05 执行操作后，即可在预览窗口中查看最终效果，如图 9-17 所示。

图 9-17 查看最终效果

9.1.4 一级校色条：更改视频的画面色彩

在达芬奇“色轮”面板的“一级 - 校色条”面板中，一共有 4 组色条，其作用与“一级 - 校色轮”面板中的色轮是一样的，并且与色轮是联动关系，当用户调整色轮中的参数时，色条参数也会随之改变；反过来也是一样，当用户调整色条参数时，色轮下方的参数也会随之改变。下面介绍使用一级校色条进行调色的操作方法。

	素材文件	素材 \ 第 9 章 \ 江边风光 .drp、江边风光 .mp4
	效果文件	效果 \ 第 9 章 \ 江边风光 .drp
	视频文件	扫码可直接观看视频

【操练 + 视频】——一级校色条：更改视频的画面色彩

STEP 01 打开一个项目文件，如图 9-18 所示。

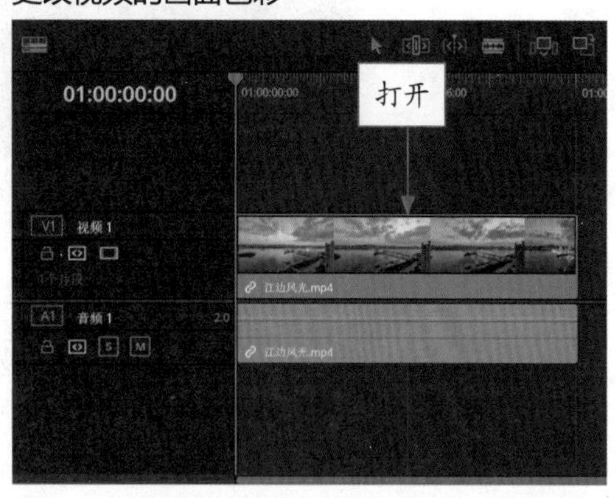

图 9-18 打开一个项目文件

STEP 02 在预览窗口中，可以查看打开的项目效果。如图 9-19 所示，需要将画面中的冷色调调整为暖色调。

图 9-19 查看打开的项目效果

STEP 03 切换至“调色”步骤面板，在“一级 - 校色轮”面板中单击右上角的“校色条”按钮，如图 9-20 所示。

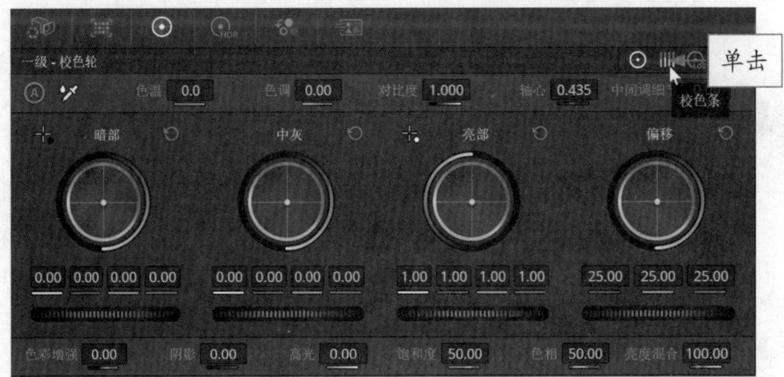

图 9-20 单击“校色条”按钮

STEP 04 切换至“一级 - 校色条”面板，将鼠标指针移至“中灰”色条下方的轮盘上，按住鼠标左键并向右拖曳，直至色条下方的参数均显示为 0.04，如图 9-21 所示。

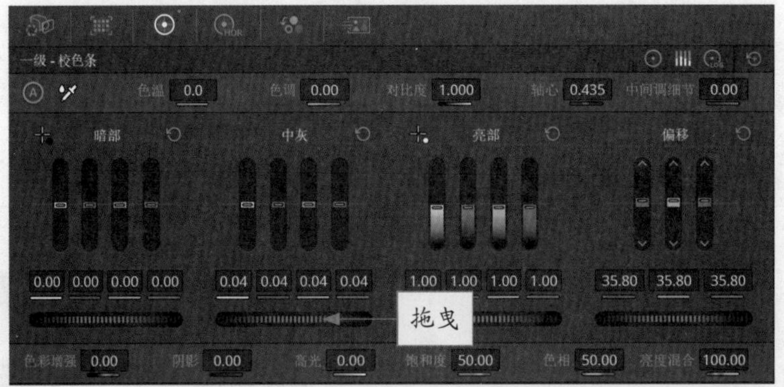

图 9-21 调整“中灰”色条参数

STEP 05 将鼠标指针移至“亮部”色条中的第 1 个通道上，按住鼠标左键并向下拖曳，直至参数显示为 0.81，降低视频的亮度；在第 2 个通道上，按住鼠标左键并向上拖曳，直至参数显示为 1.15，提高画面中的红色色调，如图 9-22 所示。

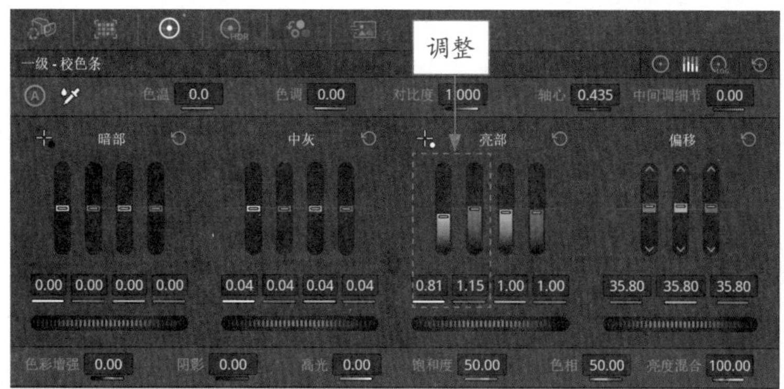

图 9-22　降低视频的亮度并提高红色色调

STEP 06 用同样的操作方法，调整“暗部”和“偏移”色条中各通道的参数，如图 9-23 所示。

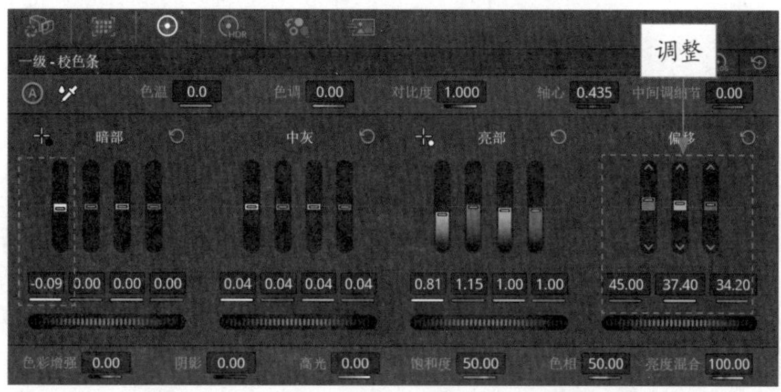

图 9-23　调整“偏移”色条中的各通道参数

STEP 07 执行操作后，即可在预览窗口中查看视频的最终效果，如图 9-24 所示。

图 9-24　查看视频最终效果

9.1.5 绿色输出：调整视频中的绿色色调

在 RGB 混合器中，绿色输出颜色通道的 3 个滑块控制条的默认比例为 R0:G1:B0，当图像画面中的绿色成分过多或需要在画面中增加绿色色彩时，便可以通过 RGB 混合器中的绿色输出通道调节图像画面色彩。下面向读者详细介绍使用“绿色输出”颜色通道调整视频色彩的操作方法。

	素材文件	素材 \ 第 9 章 \ 生活短片 .drp、生活短片 .mp4
	效果文件	效果 \ 第 9 章 \ 生活短片 .drp
	视频文件	扫码可直接观看视频

【操练 + 视频】——绿色输出：调整视频中的绿色色调

STEP 01 打开一个项目文件，如图 9-25 所示。

STEP 02 在预览窗口中可以查看打开的项目效果。如图 9-26 所示，需要提高视频画面中的绿色。

图 9-25 打开一个项目文件

图 9-26 查看打开的项目效果

STEP 03 切换至“调色”步骤面板，在示波器中查看视频 RGB 波形状况，如图 9-27 所示。

STEP 04 在时间线下方面板中，单击“RGB 混合器”按钮，切换至“RGB 混合器”面板，如图 9-28 所示。

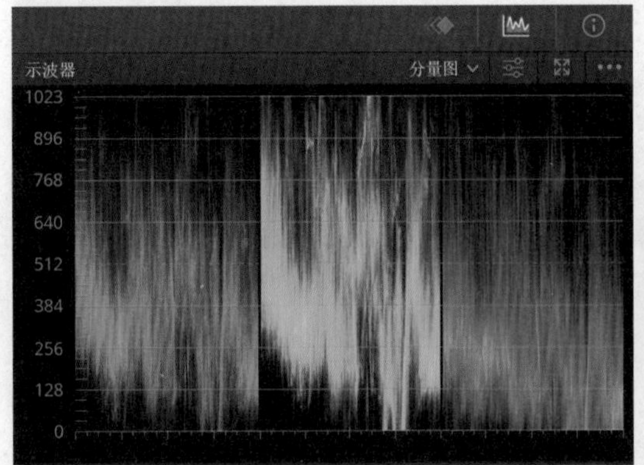

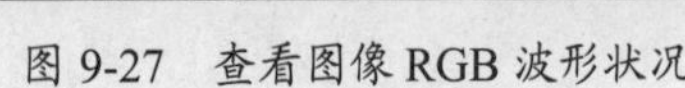

图 9-27 查看图像 RGB 波形状况

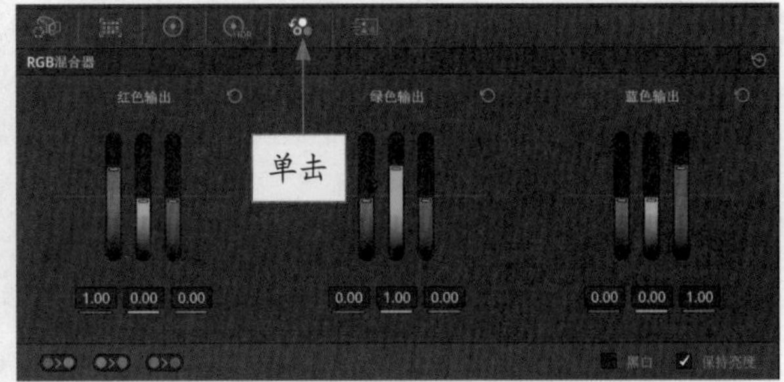

图 9-28 单击“RGB 混合器”按钮

STEP 05 将鼠标指针分别移至“绿色输出”颜色通道的第 1 个和第 2 个控制条滑块上，按住鼠标左键并向上拖曳，调整各参数，如图 9-29 所示。

STEP 06 此时，可以看到绿色波形上升后，红色和蓝色波形随之下降，如图 9-30 所示。

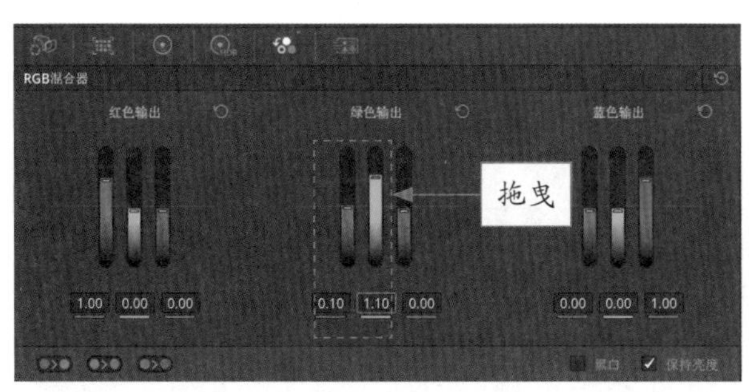

图 9-29　拖曳滑块

图 9-30　示波器波形状况

STEP 07 执行操作后，即可在预览窗口中查看制作的视频效果，如图 9-31 所示。

图 9-31　查看制作的视频效果

9.2 对局部进行二级调色

什么是二级调色？在回答这个问题之前，首先需要大家理解一下一级调色。在对素材进行调色操作前，需要对素材进行一个简单的检测，比如图像是否有过度曝光、灯光是否太暗、是否偏色、饱和度浓度如何、是否存在色差、色调是否统一等，用户针对上述问题对素材图像进行曝光、对比度、色温等校色调整，便是一级调色。

二级调色则是在一级调色处理的基础上，对素材图像的局部画面进行细节处理，比如物品颜色突出、肤色深浅、服装搭配、去除杂物、抠像等细节，并对素材图像的整体风格进行色彩处理，保障整体色调统一。

如果一级调色进行校色调整时没有处理好，会影响到二级调色。因此，用户在进行二级调色前，一级调色可以处理的问题，不要留到二级调色时再处理。

9.2.1 曲线调色：使用色相 VS 色相调色

在达芬奇中，“曲线”面板中共有 6 个调色操作模式，其中“自定义”曲线模式可以在图像色调的基础上进行调节，而另外 5 种曲线调色模式则主要通过色相、饱和度以及亮度 3 种元素来进行调节。下面介绍使用“曲线”面板进行调色的操作方法。

	素材文件	素材 \ 第 9 章 \ 一簇小花 .drp、一簇小花 .mp4
	效果文件	效果 \ 第 9 章 \ 一簇小花 .drp
	视频文件	扫码可直接观看视频

【操练 + 视频】——曲线调色：使用色相 VS 色相调色

STEP 01 打开一个项目文件，如图 9-32 所示。

STEP 02 在预览窗口中，可以查看打开的项目效果。如图 9-33 所示，画面中的小草绿意盎然，需要通过色相调节，将春天的绿色改为秋天的黄色。

图 9-32 打开一个项目文件

图 9-33 查看打开的项目效果

STEP 03 切换至“调色”步骤面板，在“曲线 - 自定义”面板上方单击“色相 对 色相”按钮，如图 9-34 所示。

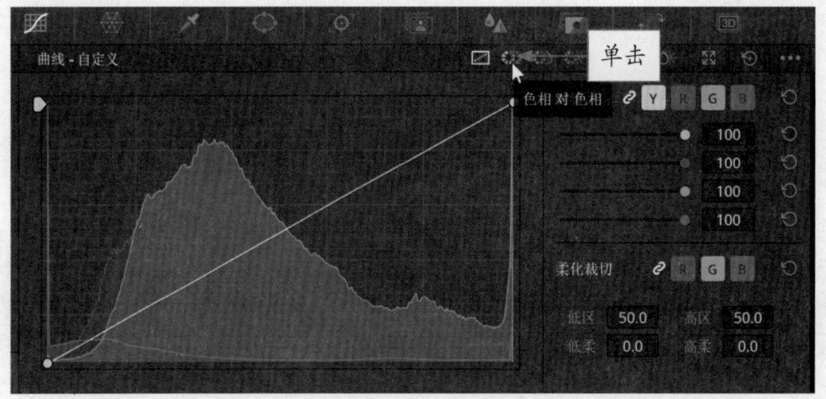

图 9-34 单击“色相 对 色相”按钮

STEP 04 切换至“曲线 - 色相 对 色相”面板，单击绿色矢量色块，如图 9-35 所示。

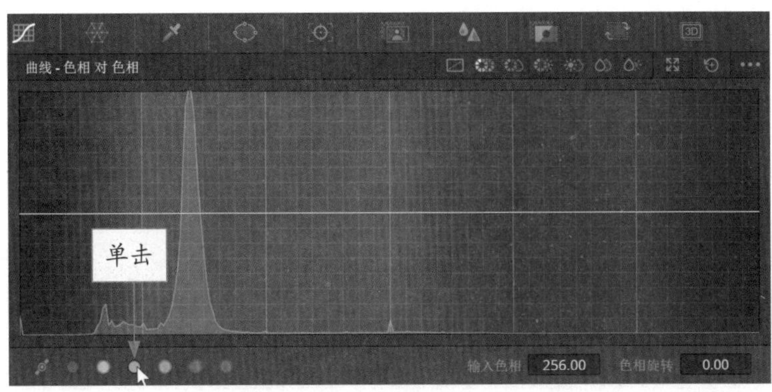

图 9-35　单击绿色矢量色块

STEP 05 执行操作后，即可在编辑器中的曲线上添加 3 个控制点，按顺序选中第 1 个控制点，按住鼠标左键并向上拖曳，如图 9-36 所示。

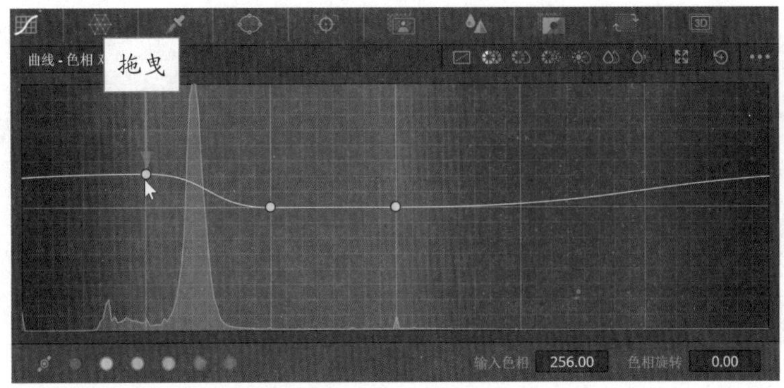

图 9-36　调整第 1 个控制点的位置

专家指点

在“曲线 - 色相 对 色相”面板下方，有 6 个矢量色块，单击其中一个颜色色块，在曲线编辑器中的曲线上会自动在相应颜色色相范围内添加 3 个控制点，两端的两个控制点用来固定色相边界，中间的控制点用来调节，当然，两端的两个控制点也是可以调节的，用户可以根据需求调节相应控制点。

STEP 06 选中第 2 个控制点，按住鼠标左键并向上拖曳，如图 9-37 所示。

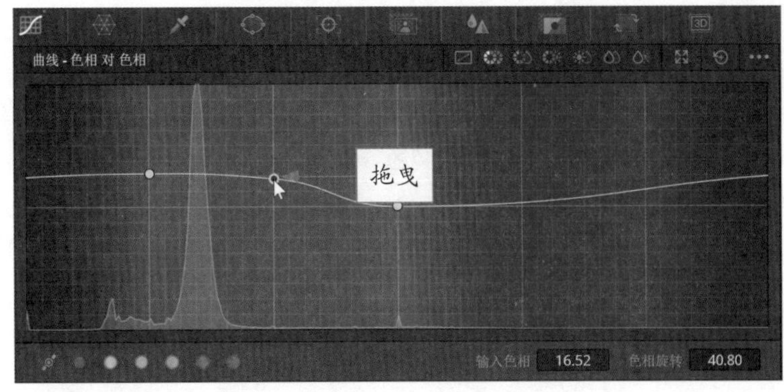

图 9-37　调整第 2 个控制点的位置

STEP 07 选中第 3 个控制点，按住鼠标左键并向下拖曳，如图 9-38 所示。

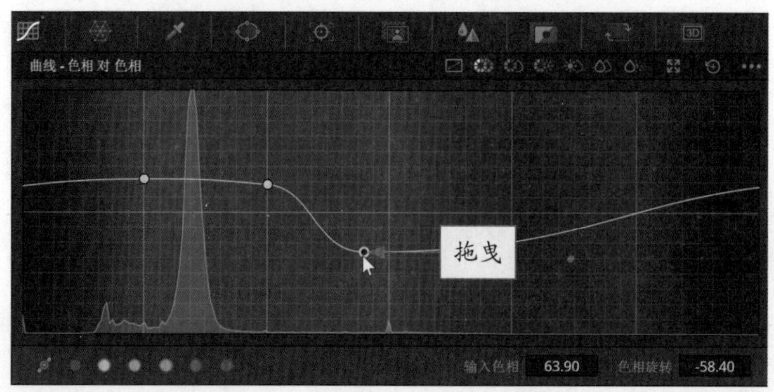

图 9-38　调整第 3 个控制点的位置

STEP 08 执行上述操作后，即可改变图像画面中的色相，在预览窗口中可以查看色相转变效果，如图 9-39 所示。

图 9-39　查看色相转变效果

9.2.2　选区调色：使用 RGB 限定器抠像调色

对素材图形进行抠像调色，是二级调色必学的一个环节。达芬奇为用户提供了限定器功能面板，包含 4 种抠像操作模式，分别是 HSL 限定器、RGB 限定器、亮度限定器以及 3D 限定器，帮助用户对素材图像创建选区，把不同亮度、不同色调的部分画面分离出来，然后根据亮度、风格、色调等需求，对分离出来的部分画面进行有针对性的色彩调节。

	素材文件	素材 \ 第 9 章 \ 公园散步 .drp、公园散步 .mp4
	效果文件	效果 \ 第 9 章 \ 公园散步 .drp
	视频文件	扫码可直接观看视频

【操练 + 视频】——选区调色：使用 RGB 限定器抠像调色

STEP 01 打开一个项目文件，如图 9-40 所示。

STEP 02 在预览窗口中，可以查看打开的项目效果。如图 9-41 所示，需要在不改变画面中其他部分的情况下，将绿叶改成黄叶。

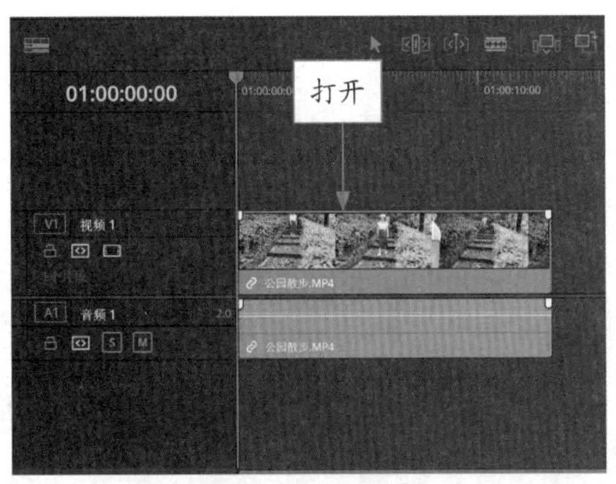

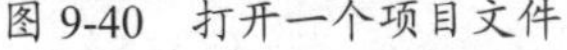
图 9-40　打开一个项目文件

图 9-41　查看打开的项目效果

专家指点

在“限定器 - HSL”面板上方一共有 6 个工具按钮，其作用分别如下。

- “拾取器”按钮：单击“拾取器”按钮，光标即可变为滴管工具，在预览窗口中的图像素材上单击鼠标左键或拖曳光标，可以对相同颜色进行取样抠像。
- “拾取器减”按钮：可以在抠像上通过单击或拖曳光标减少抠像区域。
- “拾取器加”按钮：可以在抠像上通过单击或拖曳光标增加抠像区域。
- “柔化减”按钮：单击该按钮，在预览窗口中的抠像上，通过单击或拖曳光标可以减弱抠像区域的边缘。
- “柔化加”按钮：单击该按钮，在预览窗口中的抠像上，通过单击或拖曳光标可以优化抠像区域的边缘。
- “反向”按钮：单击该按钮，可以在预览窗口中反选未被选中的抠像区域。

STEP 03 切换至“调色”步骤面板，单击“限定器”按钮，如图 9-42 所示，展开“限定器 -HSL”面板。

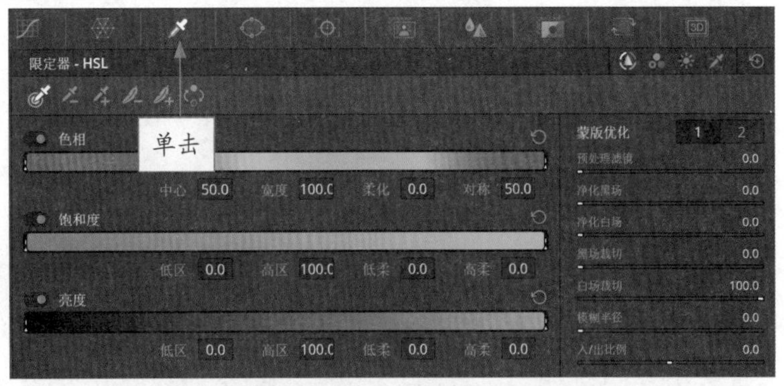

图 9-42　单击“限定器”按钮

STEP 04 在面板中单击“拾取器”按钮，如图 9-43 所示。

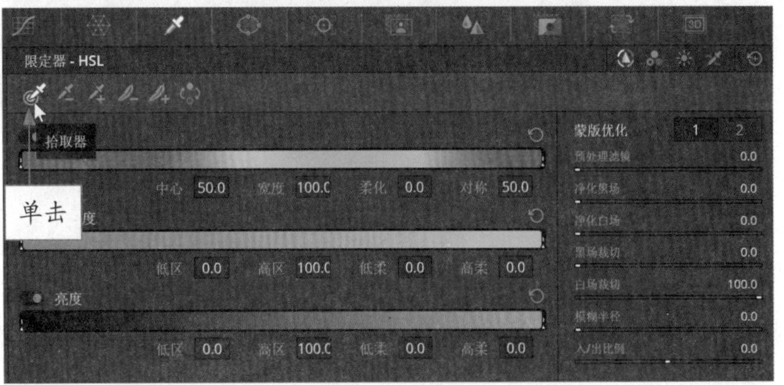

图 9-43　单击“拾取器”按钮

STEP 05 执行操作后，鼠标指针随即转换为滴管工具，移动鼠标指针至检视器面板中，在面板左上方位置单击“突出显示”按钮，如图 9-44 所示。

图 9-44 单击“突出显示”按钮

专家指点

单击“突出显示”按钮，可以使被选取的抠像区域突出显示在画面中，未被选取的区域将会呈灰白色显示。

STEP 06 在预览窗口中按住鼠标左键，拖曳光标选取绿叶区域，此时未被选取的区域画面以灰白色显示，如图 9-45 所示。

图 9-45 选取绿叶区域

STEP 07 完成抠像后，切换至“曲线 - 色相 对色相”面板，单击绿色矢量色块，在曲线上添加 3 个控制点。依次选中 3 个控制点，按住鼠标左键向上拖曳，如图 9-46 所示。

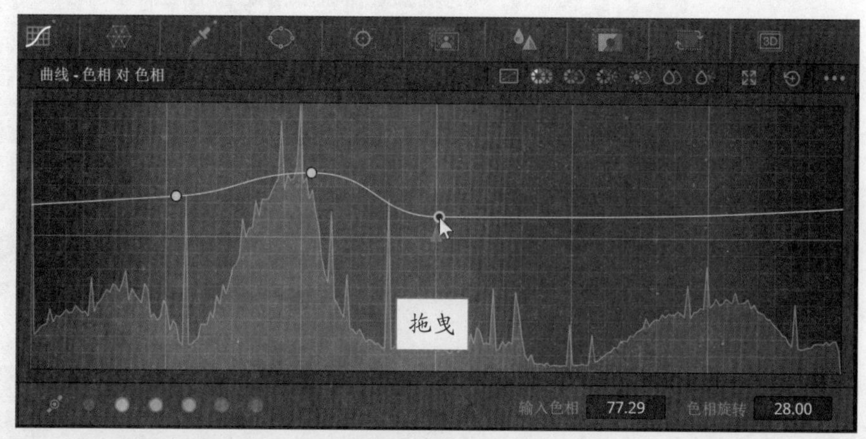

图 9-46 拖曳控制点调整色相

STEP 08 执行上述操作后，即可将绿叶改为黄叶，将春景变为秋景。再次单击“突出显示”按钮，恢复未被选取的区域画面，查看最终效果，如图 9-47 所示。

图 9-47　查看最终效果

9.2.3　蒙版遮罩：使用 Alpha 通道制作暗角

前文介绍了如何使用限定器创建选区，对素材画面进行抠像调色的操作方法，下面要介绍的是如何创建蒙版，对素材图形进行局部调色的操作方法。相对来说，蒙版调色更加方便用户对素材进行细节处理。

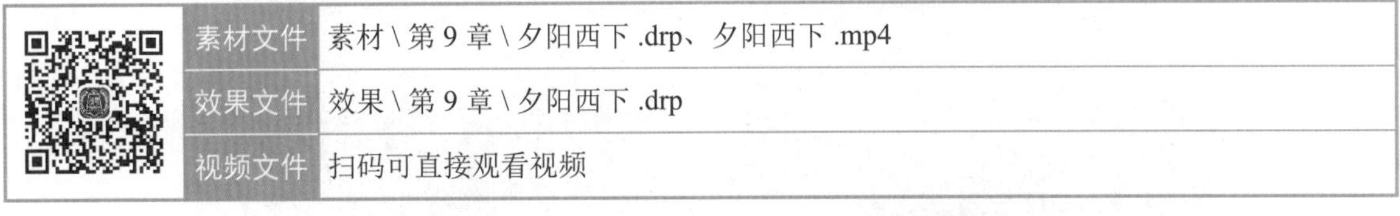

	素材文件	素材 \ 第 9 章 \ 夕阳西下 .drp、夕阳西下 .mp4
	效果文件	效果 \ 第 9 章 \ 夕阳西下 .drp
	视频文件	扫码可直接观看视频

【操练 + 视频】——蒙版遮罩：使用 Alpha 通道制作暗角

STEP 01 打开一个项目文件，如图 9-48 所示。

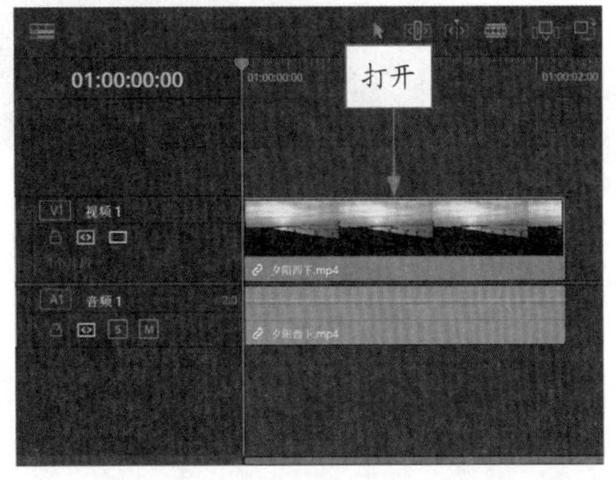

图 9-48　打开一个项目文件

STEP 02 在预览窗口中，可以查看打开的项目效果。如图 9-49 所示，可以将视频分为两个部分：一部分是沙滩，属于阴影区域；另一部分为天空和海水，属于明亮区域。画面中天空和海水的颜色比较淡，没有落日的光彩，需要将明亮区域的光彩调浓些。

图 9-49　查看打开的项目效果

STEP 03 切换至“调色”步骤面板，单击“窗口”按钮，切换至“窗口”面板，如图 9-50 所示。

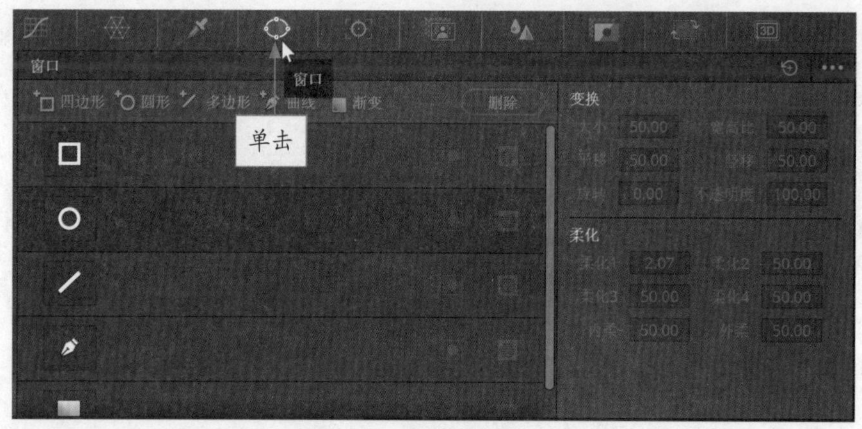

图 9-50　单击“窗口”按钮

STEP 04 在“窗口”面板中，单击多边形“窗口激活”按钮，如图 9-51 所示。

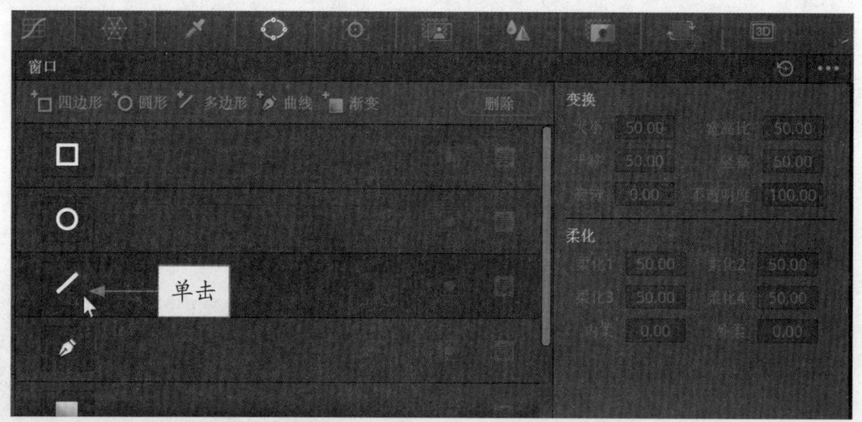

图 9-51　单击多边形“窗口激活”按钮

STEP 05 在预览窗口的图像上会出现一个矩形蒙版，如图 9-52 所示。

STEP 06 拖曳蒙版四周的控制柄，调整蒙版的位置和形状大小，如图 9-53 所示。

图 9-52　出现一个矩形蒙版

图 9-53　调整蒙版的位置和形状大小

STEP 07 执行操作后，展开"一级 - 校色轮"面板，按住"亮部"色轮中心的白色圆圈并向左上角的红色区域拖曳，至合适位置后释放鼠标左键，如图 9-54 所示。

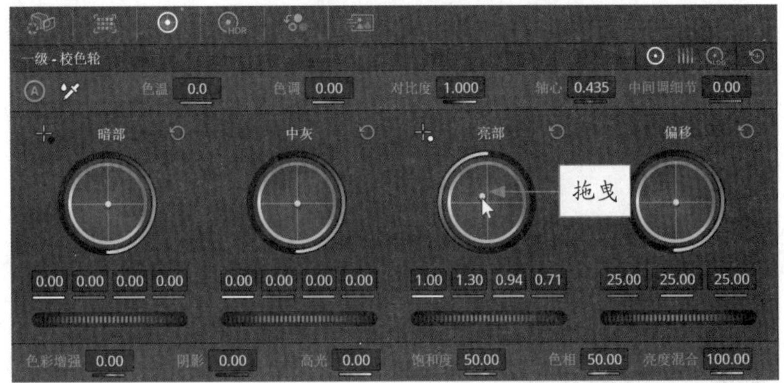

图 9-54　向左上角的红色区域拖曳

STEP 08 返回"剪辑"步骤面板，在预览窗口中可以查看蒙版遮罩调色效果，如图 9-55 所示。

图 9-55　查看蒙版遮罩调色效果

9.2.4 通道调色：使用 Alpha 通道控制调色

一般来说，图片或视频都带有表示颜色信息的 RGB 通道和表示透明信息的 Alpha 通道。Alpha 通道用黑白图表示图片或视频的图像画面，其中白色代表图像中完全不透明的画面区域，黑色代表图像中完全透明的画面区域，灰色代表图像中半透明的画面区域。下面介绍使用 Alpha 通道控制调色区域的操作方法。

	素材文件	素材 \ 第 9 章 \ 蔡伦竹海 .drp、蔡伦竹海 .mp4
	效果文件	效果 \ 第 9 章 \ 蔡伦竹海 .drp
	视频文件	扫码可直接观看视频

【操练 + 视频】——通道调色：使用 Alpha 通道控制调色

STEP 01 打开一个项目文件，如图 9-56 所示。

STEP 02 在预览窗口中，可以查看打开的项目效果。如图 9-57 所示，需要通过设置“键”面板中的参数提高图像左下角画面区域的亮度。

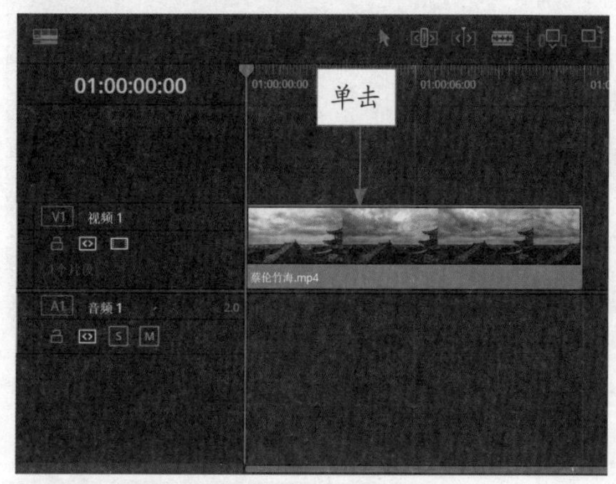

图 9-56 打开一个项目文件

图 9-57 查看打开的项目效果

STEP 03 切换至“调色”步骤面板，在“节点”面板中选择编号为 01 的校正器节点，如图 9-58 所示。

STEP 04 单击鼠标右键，在快捷菜单中选择“添加节点”|“添加外部节点”选项，如图 9-59 所示。

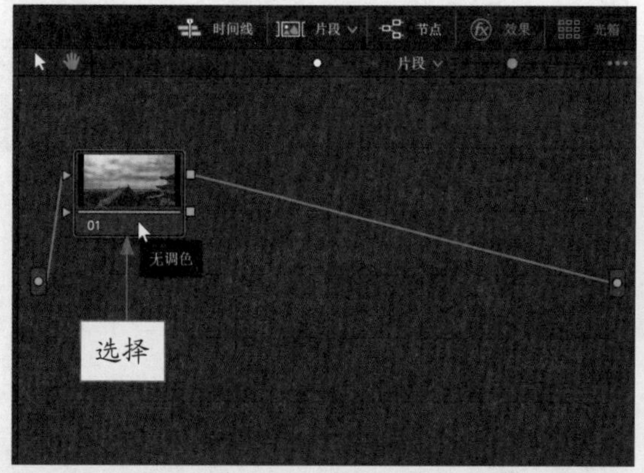

图 9-58 选择编号为 01 的校正器节点

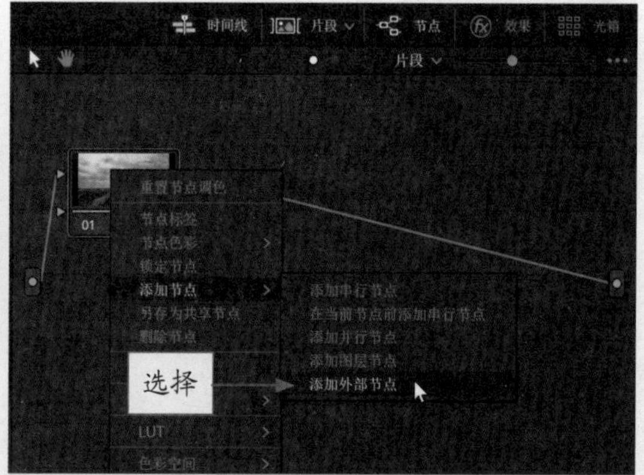

图 9-59 选择“添加外部节点”选项

STEP 05 添加一个编号为 02 的校正器节点，将 01 节点上的“键输入”与“源”相连，如图 9-60 所示。

STEP 06 选择编号为 02 的校正器节点，如图 9-61 所示。

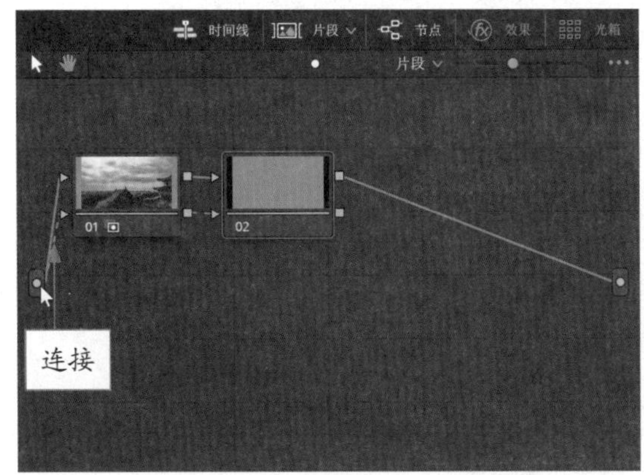

图 9-60　将“键输入”与“源”相连

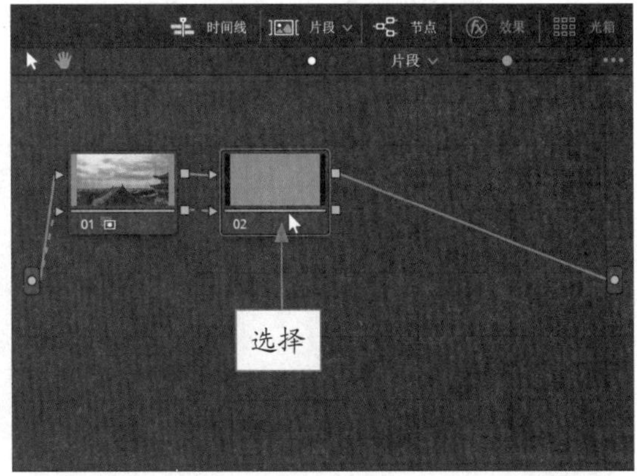

图 9-61　选择编号为 02 的校正器节点

STEP 07 切换至“窗口”面板，单击多边形“窗口激活”按钮，如图 9-62 所示。

STEP 08 在预览窗口的下方，绘制一个多边形蒙版遮罩，选取图像中需要提亮的画面区域，如图 9-63 所示。

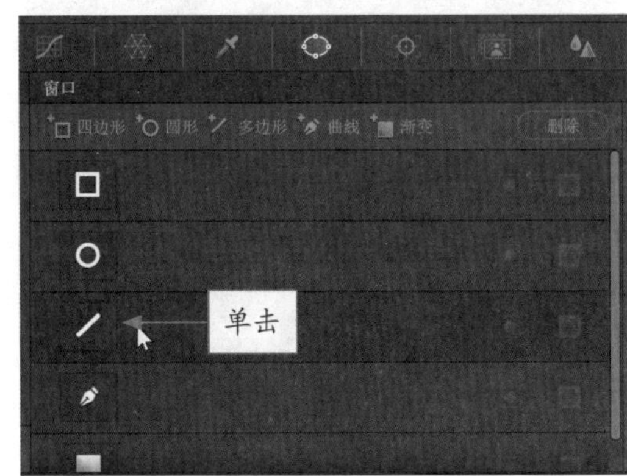

图 9-62　单击多边形“窗口激活”按钮

图 9-63　绘制一个多边形蒙版遮罩

STEP 09 切换至“跟踪器”面板，在下方选中“交互模式”复选框，单击“插入”按钮，如图 9-64 所示。

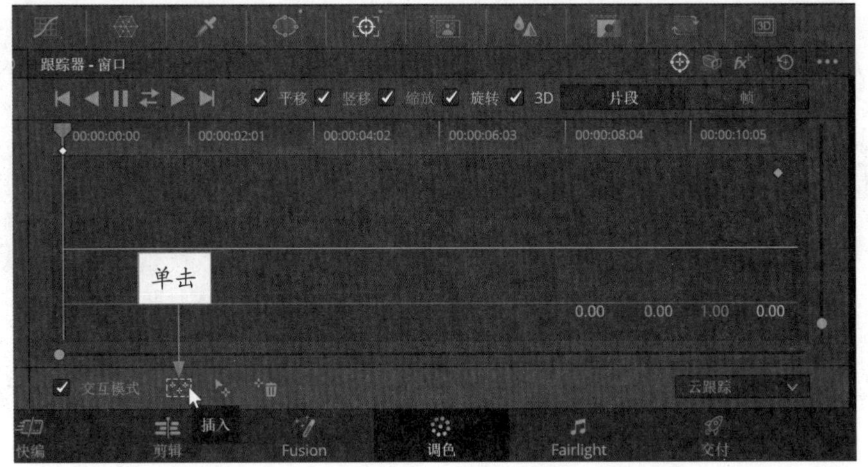

图 9-64　单击“插入”按钮

STEP 10 在上方面板中，单击“正向跟踪”按钮▶，如图 9-65 所示。

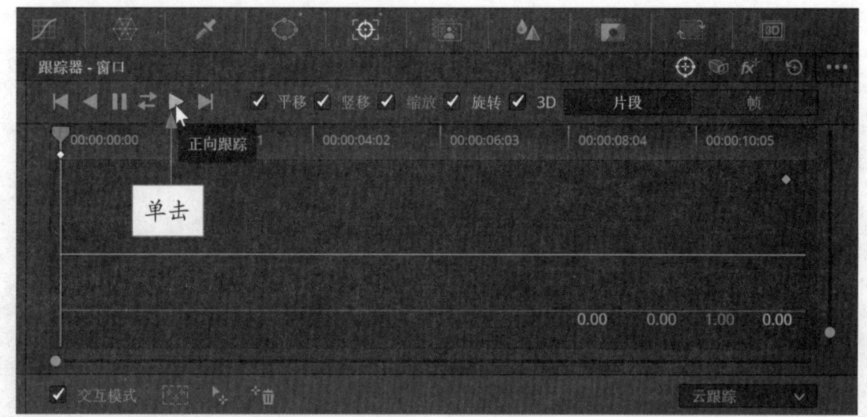

图 9-65　单击“正向跟踪”按钮

STEP 11 执行操作后，即可跟踪选区运动画面，如图 9-66 所示。

STEP 12 将时间线移至视频开头，单击“键”按钮，切换至“键”面板，如图 9-67 所示。

图 9-66　跟踪选区运动画面

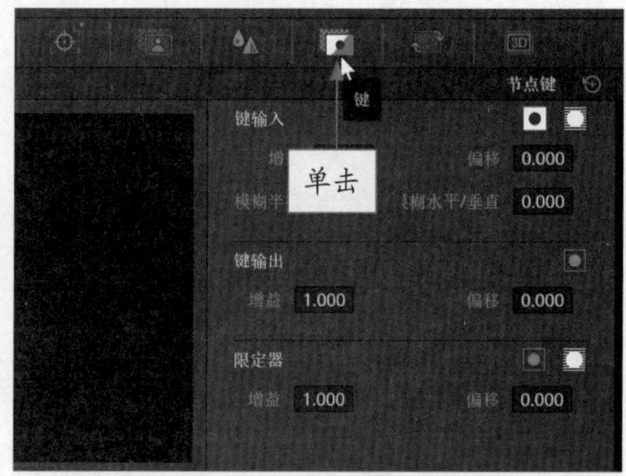

图 9-67　切换至“键”面板

STEP 13 切换至“一级 - 校色轮”面板，在“亮部”色轮左上角单击“选取白点”按钮，如图 9-68 所示。

STEP 14 在预览窗口的合适位置单击鼠标左键进行选取，如图 9-69 所示。

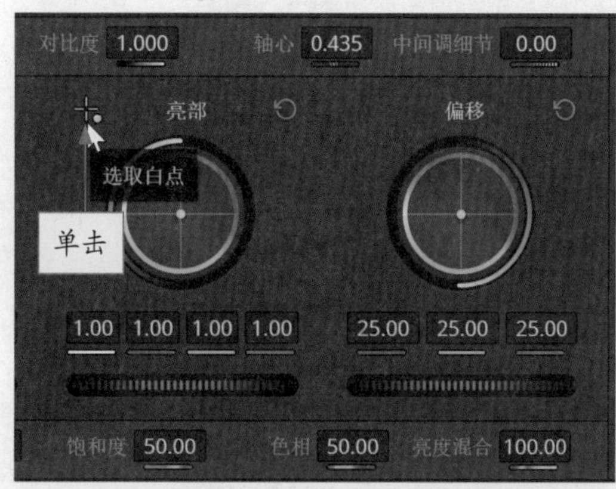

图 9-68　单击“选取白点”按钮

图 9-69　单击鼠标左键进行选取

专家指点

在 DaVinci Resolve 18 中，“选取白点”按钮位于“亮部”色轮的左上角，“选取黑点”按钮位于“暗部”色轮的左上角。白点定义画面中最亮的部分，可以在画面中制造纯白的元素，调整被选取的部分以及和它同亮度部分的白平衡；黑点则相反。

STEP 15 执行操作后，“亮部”色轮下方的参数发生了相应的改变，色轮中间的白色圆圈也变换了位置，如图 9-70 所示。

STEP 16 切换至“键”面板，在“键输出”选项区的“偏移”文本框中输入参数 0.040，将遮罩画面中的色调调亮，如图 9-71 所示。

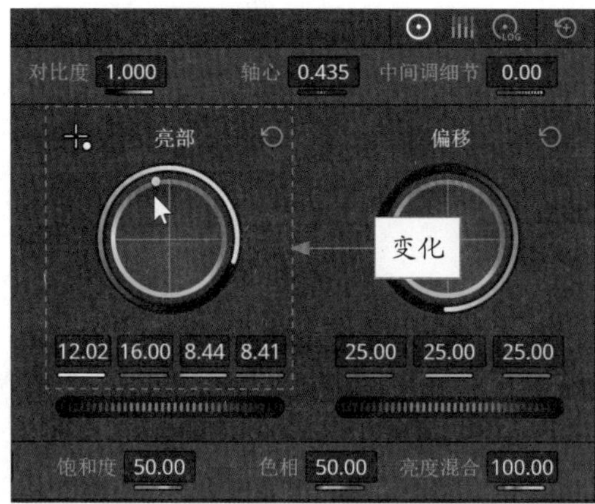

图 9-70　“亮部”色轮参数变化

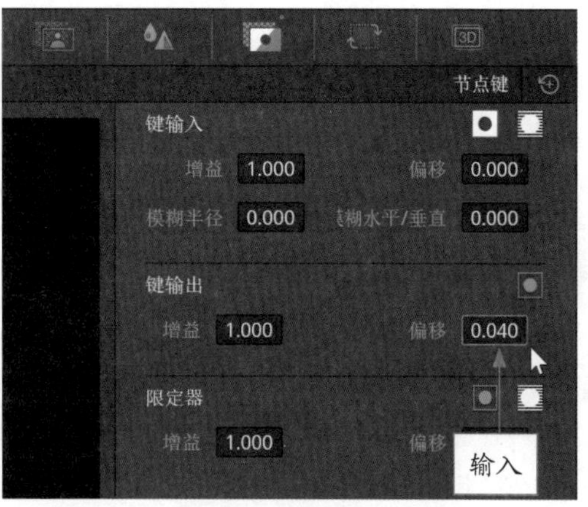

图 9-71　将遮罩画面中的色调调亮

STEP 17 执行上述操作后，切换至“剪辑”步骤面板，在预览窗口中查看最终的画面效果，如图 9-72 所示。

图 9-72　查看最终的画面效果

9.3 通过节点对视频进行调色

节点是达芬奇调色软件中非常重要的功能之一，它可以帮助用户更好地对图像画面进行调色处理。灵活使用达芬奇调色节点，可以实现各种精彩的视频效果，提高用户的调色效率。本节主要介绍通过节点对视频进行调色的操作方法。

9.3.1 串行节点：快速调整视频色彩色调

在达芬奇中，串行节点调色是最简单的节点组合，上一个节点的 RGB 调色信息，会通过 RGB 信息连接线传递输出，作用于下一个节点上。下面介绍使用串行节点调色的操作方法。

	素材文件	素材 \ 第 9 章 \ 城市夜景 .drp、城市夜景 .mp4
	效果文件	效果 \ 第 9 章 \ 城市夜景 .drp
	视频文件	扫码可直接观看视频

【操练 + 视频】——串行节点：快速调整视频色彩色调

STEP 01 打开一个项目文件，如图 9-73 所示，视频画面明显偏暗，地景不清晰，需要通过调色节点逐步调整，使地景车流更清晰。

STEP 02 在“调色”步骤面板的“节点”面板中选择编号为 01 的节点，如图 9-74 所示。

图 9-73 打开一个项目文件

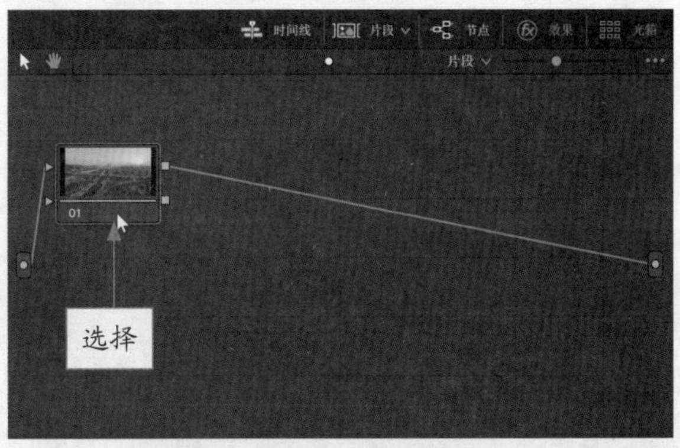

图 9-74 选择编号为 01 的节点

STEP 03 切换至“曲线 - 自定义”面板，在曲线的合适位置添加一个控制点并拖曳至合适位置，如图 9-75 所示。

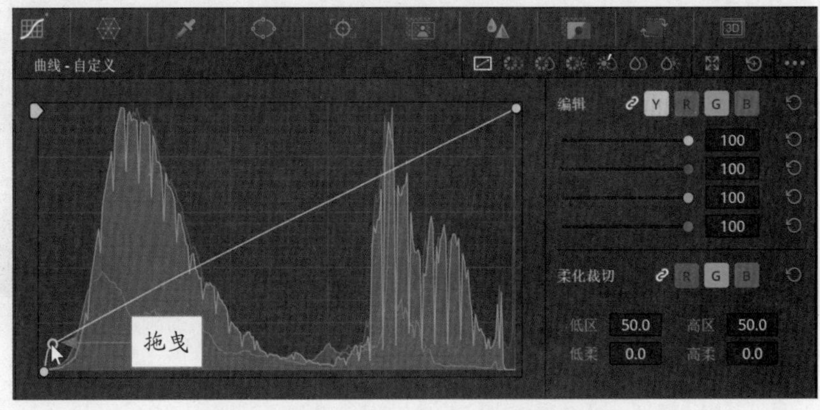

图 9-75 添加一个控制点并拖曳至合适位置处

STEP 04 执行操作后，即可提高图像中阴影区域的亮度，效果如图 9-76 所示。

图 9-76　提高图像中阴影区域的亮度

STEP 05 在“节点”面板编号 01 的节点上，单击鼠标右键，弹出快捷菜单，选择“添加节点”|“添加串行节点”选项，如图 9-77 所示。

STEP 06 即可添加一个编号为 02 的串行节点，如图 9-78 所示。由于串行节点是上下层关系，上层节点的调色效果会传递给下层节点，因此新增的 02 节点会保持 01 节点的调色效果，在 01 节点调色基础上，即可继续在 02 节点上进行调色。

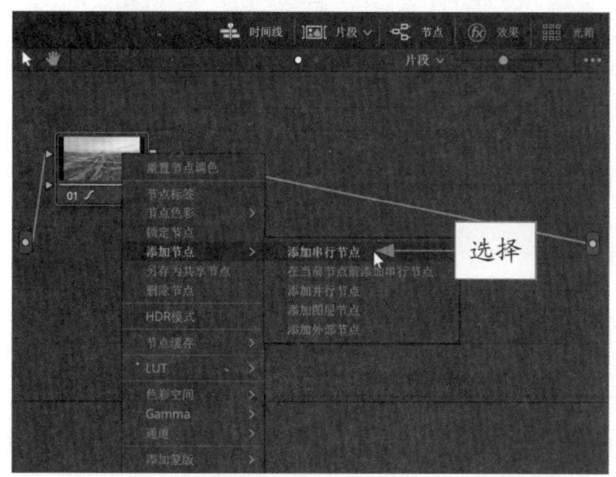

图 9-77　选择“添加串行节点”选项

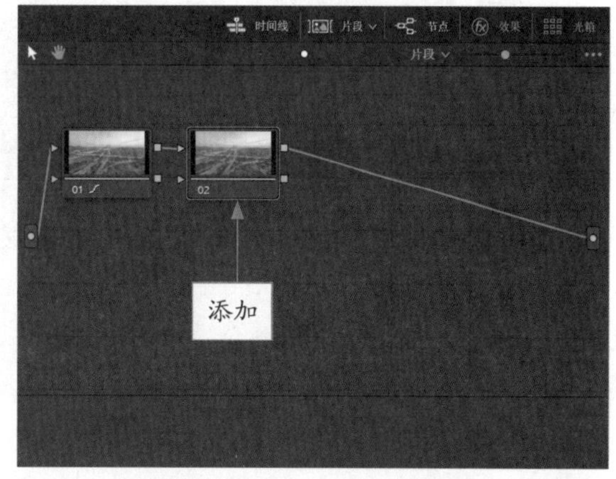

图 9-78　添加一个串行节点

STEP 07 切换至“一级 - 校色条”面板，通过拖曳控制条设置“暗部”与“亮部”区域中的各参数，如图 9-79 所示。

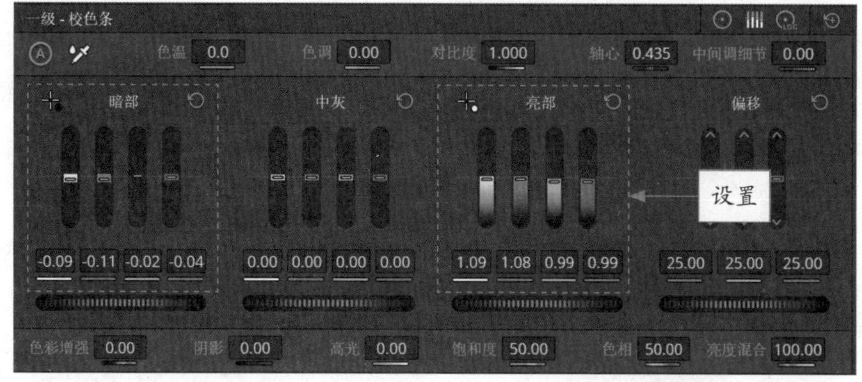

图 9-79　设置“暗部”与“亮部”区域中的各参数

STEP 08 执行操作后，即可将图像画面设置成暖色调，效果如图 9-80 所示。

图 9-80　将图像画面设置成暖色调

STEP 09 在“节点”面板中，继续使用相同的方法添加一个串行节点，效果如图 9-81 所示。

STEP 10 在“一级 - 校色条”面板中，设置“饱和度”参数为 70.00，如图 9-82 所示。

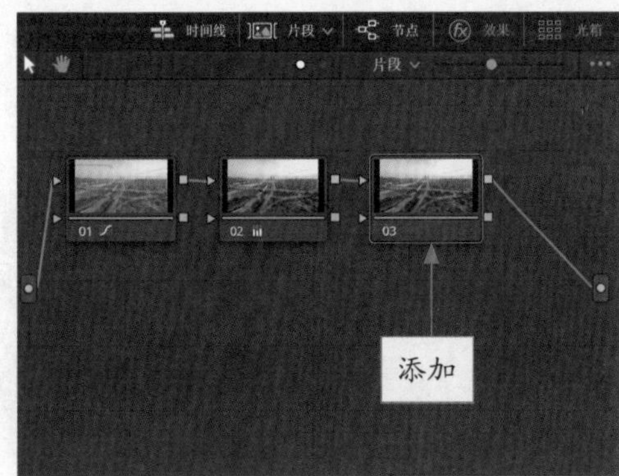

图 9-81　再次添加一个串行节点

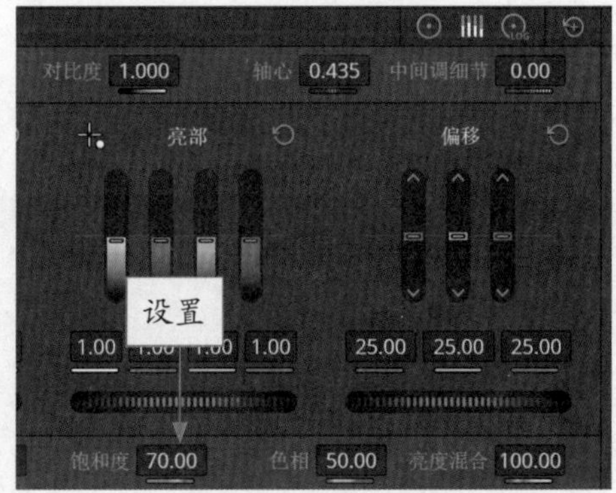

图 9-82　设置“饱和度”参数

STEP 11 执行上述操作后，切换至“剪辑”步骤面板，在预览窗口中即可查看使用串行节点调色的最终效果，如图 9-83 所示。

图 9-83　查看最终效果

9.3.2　并行节点：对视频画面叠加混合调色

在达芬奇中，并行节点的作用是把并行结构的节点之间的调色结果进行叠加混合。下面介绍使用并行节点调色的操作方法。

	素材文件	素材 \ 第 9 章 \ 山顶风光 .drp、山顶风光 .mp4
	效果文件	效果 \ 第 9 章 \ 山顶风光 .drp
	视频文件	扫码可直接观看视频

【操练 + 视频】——并行节点：对视频画面叠加混合调色

STEP 01 打开一个项目文件，如图 9-84 所示。视频画面饱和度有些欠缺，需要提高画面饱和度，可以分为森林和天空两个画面区域进行调色。

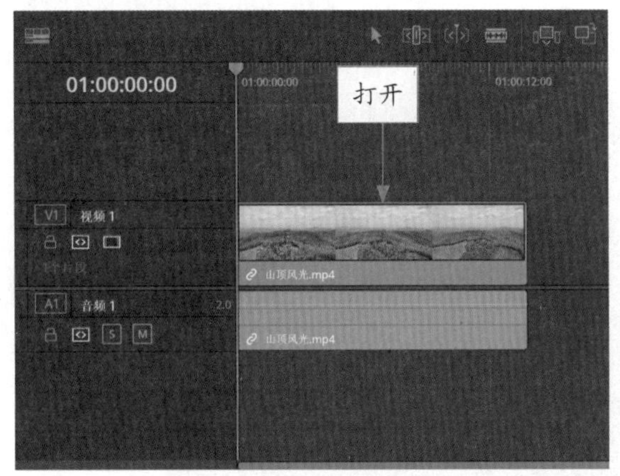

图 9-84　打开一个项目文件

STEP 02 切换至“调色”步骤面板，在“节点”面板中选择 01 节点，如图 9-85 所示。

STEP 03 在检视器面板中，单击“突出显示”按钮，如图 9-86 所示。

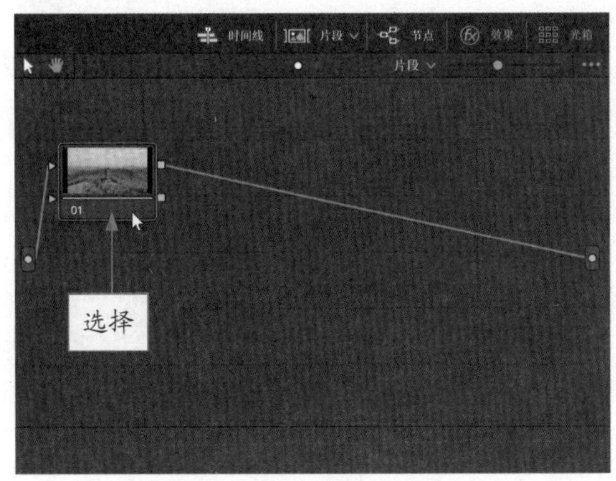

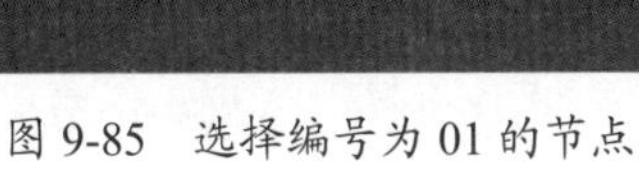

图 9-85　选择编号为 01 的节点　　　　图 9-86　单击“突出显示”按钮

STEP 04 切换至“限定器”面板，应用“拾取器”工具在预览窗口的图像上选取森林区域的画面，如图 9-87 所示，未被选取的区域则呈灰色画面显示在预览窗口中。

STEP 05 在“节点”面板中，可以查看选取区域画面后 01 节点缩略图显示的画面效果，如图 9-88 所示。

图 9-87　选取天空海水区域画面

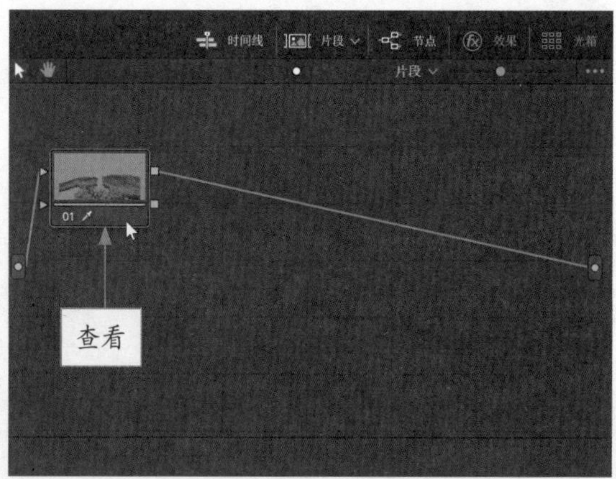

图 9-88　查看 01 节点缩略图

STEP 06 切换至“一级 - 校色轮”面板，设置“饱和度”参数为 90.00，如图 9-89 所示。

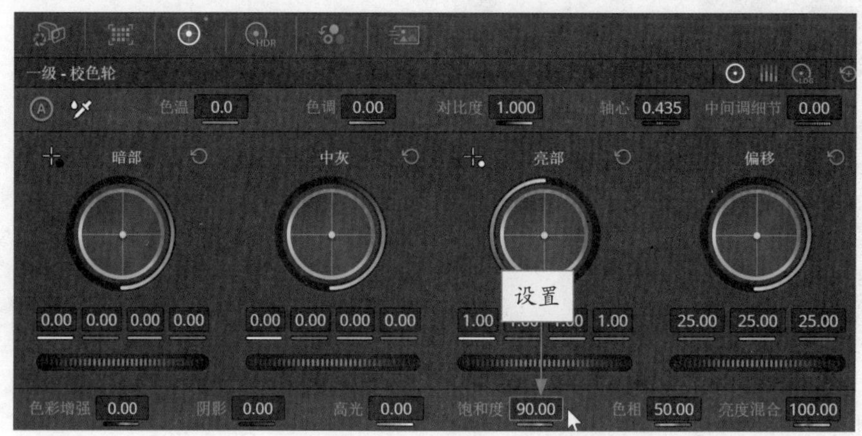

图 9-89　设置“饱和度”参数

STEP 07 在检视器面板中，再次单击“突出显示”按钮，在预览窗口中查看画面效果，如图 9-90 所示。

图 9-90　查看画面效果

STEP 08 再次单击“突出显示”按钮，在“节点”面板中选中 01 节点，单击鼠标右键，弹出快捷菜单，选择“添加节点”|“添加并行节点”选项，如图 9-91 所示。

STEP 09 执行操作后，即可在 01 节点的下方和右侧添加一个编号为 02 的并行节点和一个“并行混合器”节点，如图 9-92 所示。与串行节点不同，并行节点的 RGB 输入连接的是“源”图标，01 节点调色后的效果并未输出到 02 节点上，而是输出到了“并行混合器”节点上，因此 02 节点显示的图像 RGB 信息还是原素材图像信息。

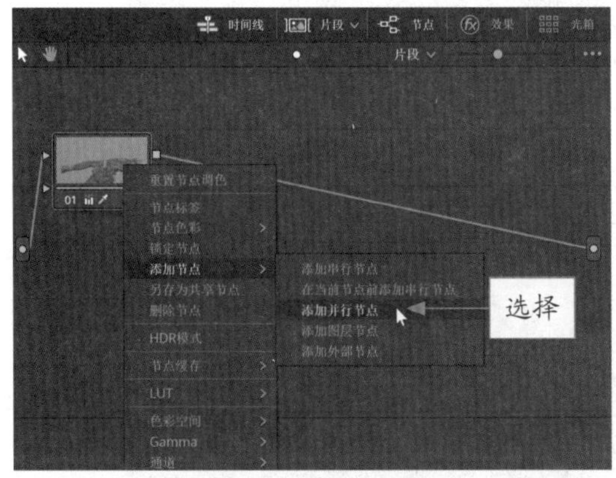

图 9-91　选择“添加并行节点”选项

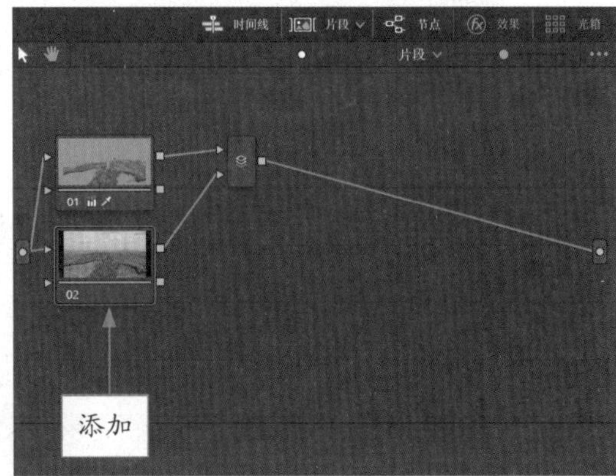

图 9-92　添加节点

STEP 10 切换至“限定器”面板，单击“拾取器”按钮，如图 9-93 所示。

STEP 11 在预览窗口的图像上再次选取天空区域画面，如图 9-94 所示。

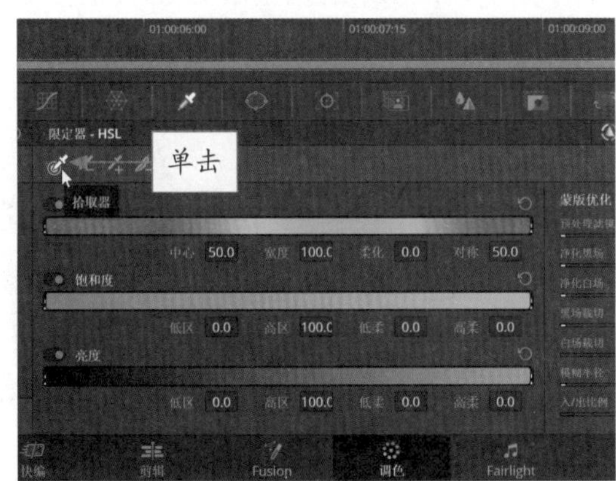

图 9-93　单击“拾取器”选项

图 9-94　选取天空区域画面

STEP 12 切换至“色轮”按钮，设置“饱和度”参数为 90.00，如图 9-95 所示。

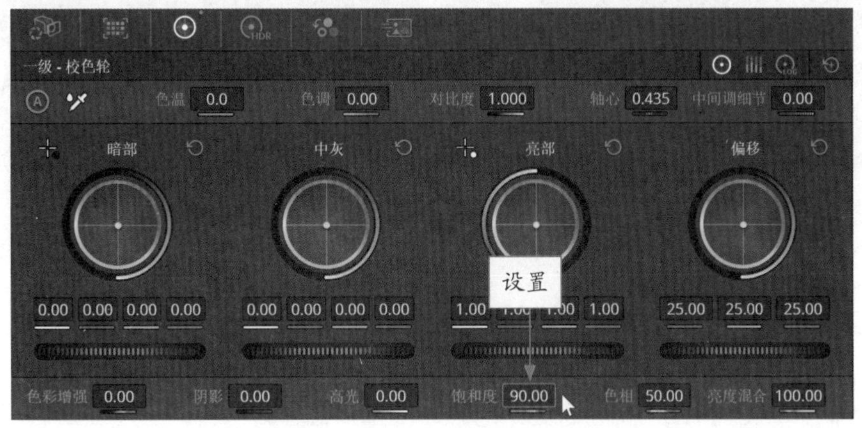

图 9-95　设置“饱和度”参数

STEP 13 在预览窗口中，可以查看选取的天空区域饱和度提高效果，如图 9-96 所示。

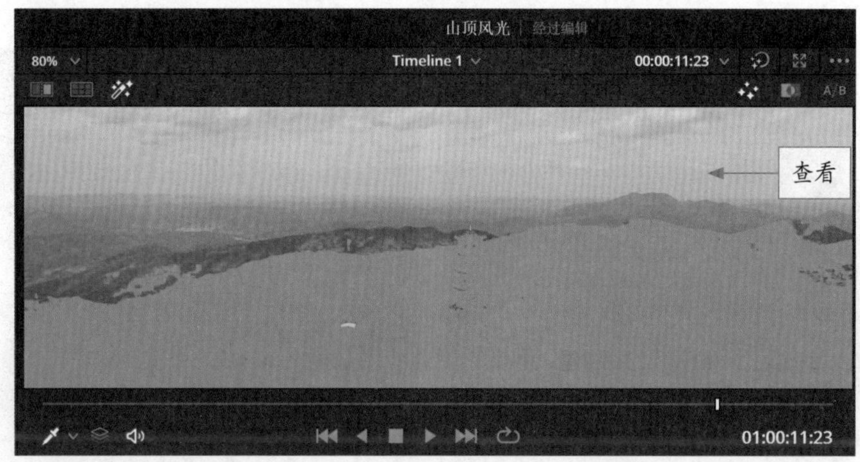

图 9-96　查看提高饱和度后的画面效果

STEP 14 执行上述操作后，最终的调色效果会通过“节点”面板中的“并行混合器”节点将 01 和 02 两个节点的调色信息综合输出。切换至“剪辑”步骤面板，即可在预览窗口查看最终的画面效果，如图 9-97 示。

图 9-97　查看最终的画面效果

9.3.3　图层节点：风景视频柔光调整

在达芬奇中，图层节点的架构与并行节点相似，但并行节点会将架构中每一个节点的调色结果叠加混合输出，而图层节点的架构中，最后一个节点会覆盖上一个节点的调色结果。例如，第 1 个节点为红色，第 2 个节点为绿色，通过并行混合器输出的结果为二者叠加混合生成的黄色，通过图层混合器输出的结果则为绿色。下面通过一个风景视频向大家介绍使用图层节点进行柔光调整的操作方法。

	素材文件	素材 \ 第 9 章 \ 故居风光 .drp、故居风光 .mp4
	效果文件	效果 \ 第 9 章 \ 故居风光 .drp
	视频文件	扫码可直接观看视频

【操练 + 视频】——图层节点：风景视频柔光调整

STEP 01 打开一个项目文件，如图 9-98 所示。需要为画面添加柔光效果。

STEP 02 切换至“调色”步骤面板，在“节点”面板中选择编号为 01 的节点，如图 9-99 所示，在鼠标指针右下角弹出了“无调色”提示框，表示当前素材并未有过调色处理。

图 9-98　打开一个项目文件

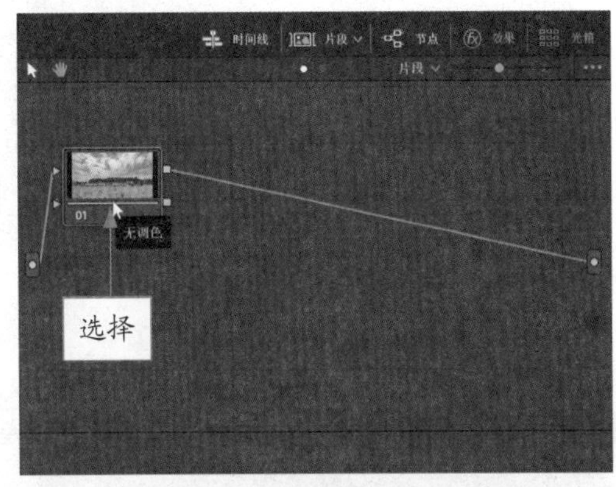

图 9-99　选择编号为 01 的节点

STEP 03 展开“曲线 - 自定义”面板，在曲线编辑器的左上角，按住鼠标左键的同时向下拖曳滑块至合适位置，如图 9-100 所示。

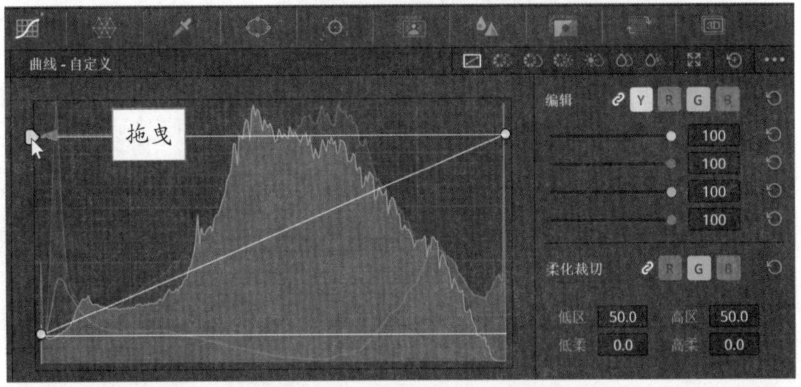

图 9-100　向下拖曳滑块至合适位置

STEP 04 执行操作后，即可降低画面明暗反差，效果如图 9-101 所示。

图 9-101　降低画面明暗反差

STEP 05 在“节点”面板的01节点上单击鼠标右键，弹出快捷菜单，选择“添加节点”|“添加图层节点”选项，如图9-102所示。

STEP 06 执行操作后，即可在“节点”面板中添加一个“图层混合器”和一个编号为02的图层节点，如图9-103所示。

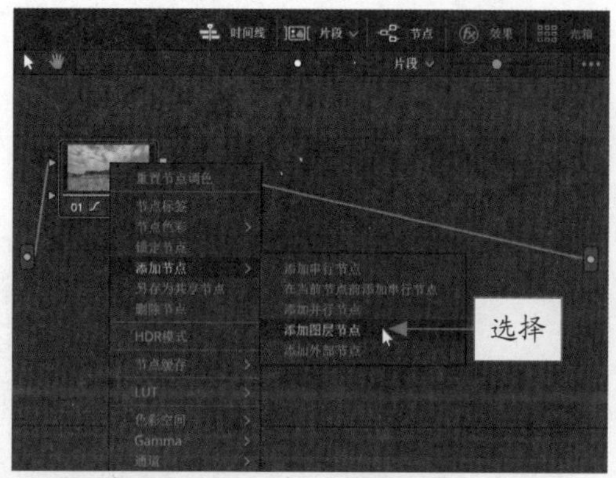

图9-102　选择“添加图层节点”选项

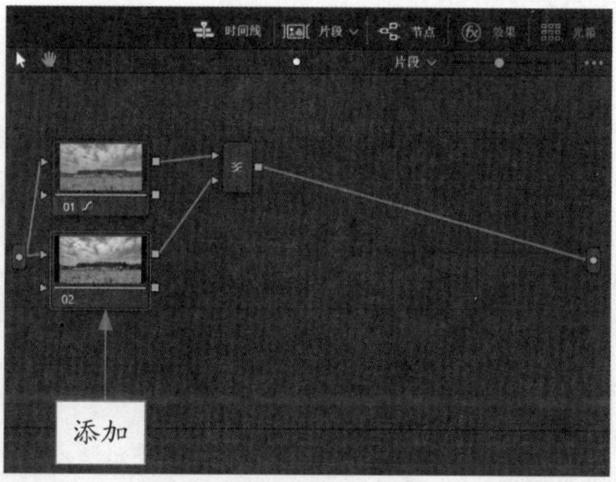

图9-103　添加图层节点

STEP 07 在“节点”面板中的“图层混合器”上单击鼠标右键，弹出快捷菜单，选择“合成模式”|“强光”选项，如图9-104所示。

STEP 08 执行操作后，即可在预览窗口中查看强光效果，如图9-105所示。

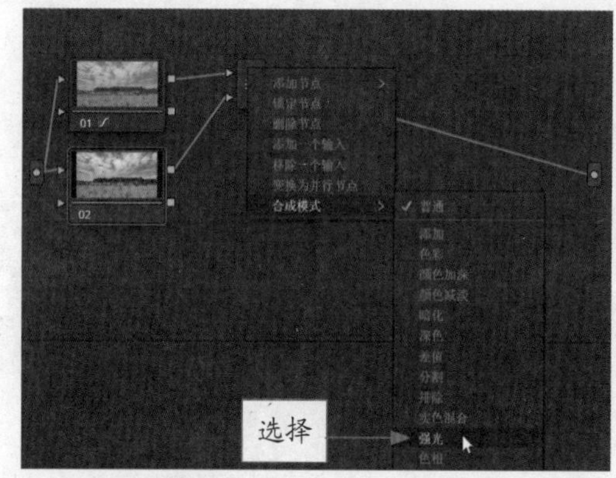

图9-104　选择“强光”选项

图9-105　查看强光效果

STEP 09 在“节点”面板中选择02节点，如图9-106所示。

STEP 10 展开“曲线-自定义”面板，在曲线上添加两个控制点并调整至合适位置，如图9-107所示。

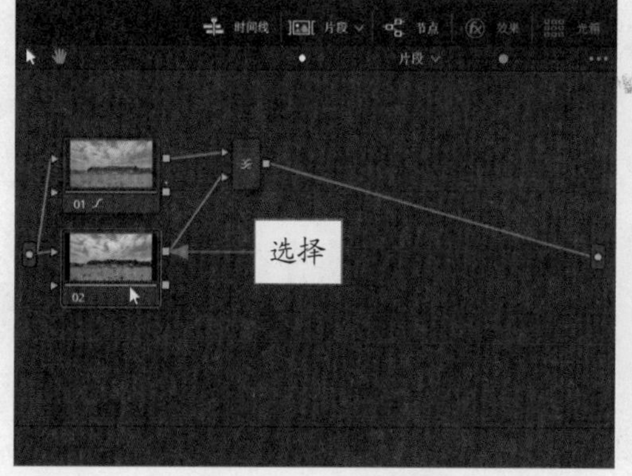

图9-106　选择02节点

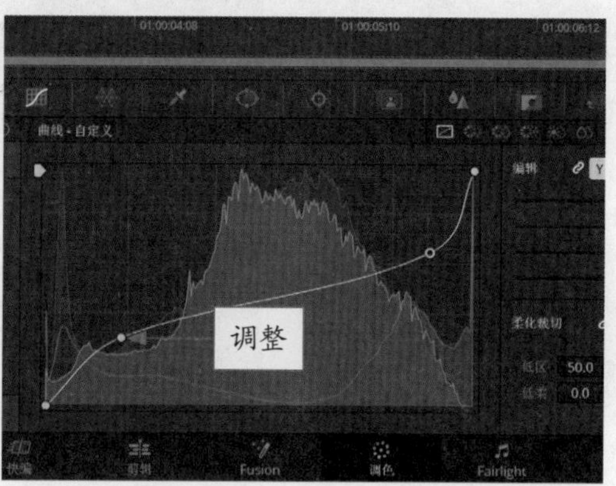

图9-107　调整控制点

专家指点

在“自定义”曲线面板的编辑器中，曲线的斜对角上有两个默认的控制点，除了可以调整在曲线上添加的控制点外，斜对角上的两个控制点也是可以移动位置调整画面明暗亮度的。

STEP 11 执行操作后，即可对画面明暗反差进行修正，使亮部与暗部的画面更柔和，效果如图 9-108 所示。

STEP 12 展开“模糊”面板，向上拖曳“半径”通道上的滑块，直至 RGB 参数均显示为 1.02，如图 9-109 所示。

图 9-108　对画面明暗反差进行修正

图 9-109　拖曳“半径”通道上的滑块

STEP 13 执行操作后，即可增加模糊使画面出现柔光效果，如图 9-110 所示。

图 9-110　画面柔光效果

9.4 使用特效及影调调色

在达芬奇中，LUT 相当于一个滤镜“神器”。LUT 是 LOOK UP TABLE 的简称，我们可以将其理解为查找表或查色表，可以帮助用户实现各种调色风格。本节主要介绍使用特效及影调调色的操作方法。

9.4.1 色彩调整：应用 LUT 进行夜景调色

在 DaVinci Resolve 18 中，用户还可以应用 LUT 胶片滤镜对拍摄的夜景进行调色处理，下面介绍具体的操作方法。

	素材文件	素材 \ 第 9 章 \ 大桥夜景 .drp、大桥夜景 .mp4
	效果文件	效果 \ 第 9 章 \ 大桥夜景 .drp
	视频文件	扫码可直接观看视频

【操练 + 视频】——色彩调整：应用 LUT 进行夜景调色

STEP 01 打开一个项目文件，在预览窗口中可以查看打开的项目效果，如图 9-111 所示。

图 9-111　打开一个项目文件

STEP 02 切换至“调色”步骤面板，展开“节点”面板，选中 01 节点，如图 9-112 所示。

STEP 03 展开 LUT 面板，在下方展开 Blackmagic Design 选项卡，选择第 4 个样式，如图 9-113 所示，双击鼠标左键即可应用该样式。

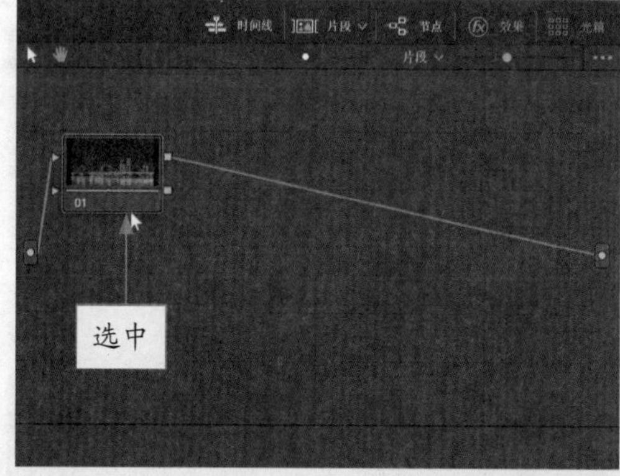

图 9-112　选中 01 节点

图 9-113　选择第 4 个样式

STEP 04 在“节点”面板中，添加一个编号为 02 的串行节点，如图 9-114 所示。

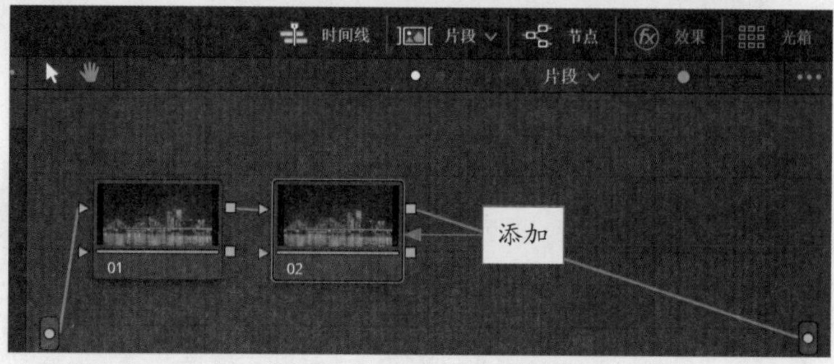

图 9-114　添加 02 串行节点

STEP 05 展开"运动特效"面板，在"空域阈值"选项区中，设置"亮度"和"色度"参数值均为 100.0，对画面进行降噪处理，使夜景画面更加柔和，如图 9-115 所示。

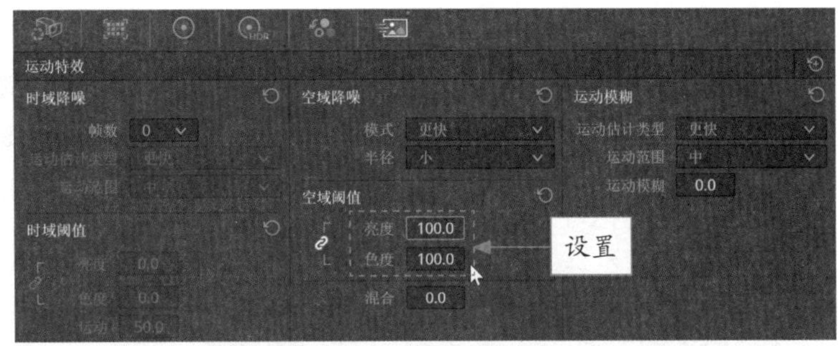

图 9-115　设置"亮度"和"色度"参数

STEP 06 执行上述操作后，即可在预览窗口中查看夜景调色最终效果，如图 9-116 所示。

图 9-116　查看夜景调色最终效果

9.4.2　光线滤镜：制作镜头光斑视频特效

在 DaVinci Resolve 18 的"Resolve FX 光线"滤镜组中，应用"镜头光斑"滤镜可以在视频素材上制作一个小太阳特效，下面介绍具体的操作方法。

	素材文件	素材 \ 第 9 章 \ 日出风光 .drp、日出风光 .mp4
	效果文件	效果 \ 第 9 章 \ 日出风光 .drp
	视频文件	扫码可直接观看视频

【操练 + 视频】——光线滤镜：制作镜头光斑视频特效

STEP 01 打开一个项目文件，在预览窗口中可以查看打开的项目效果，如图 9-117 所示。

STEP 02 切换至"调色"步骤面板，展开"效果"|"素材库"选项卡，在"Resolve FX 光线"滤镜组中选择"镜头光斑"滤镜特效，如图 9-118 所示。

图 9-117　打开一个项目文件

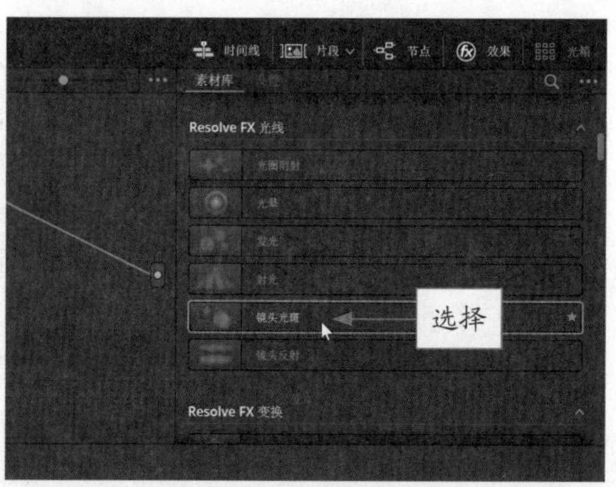

图 9-118　选择滤镜特效

STEP 03 按住鼠标左键并将其拖曳至“节点”面板中的 01 节点上，释放鼠标左键，即可在调色提示区显示一个滤镜图标，表示添加的滤镜特效，如图 9-119 所示。

STEP 04 执行操作后，即可在预览窗口中查看添加的滤镜，如图 9-120 所示。

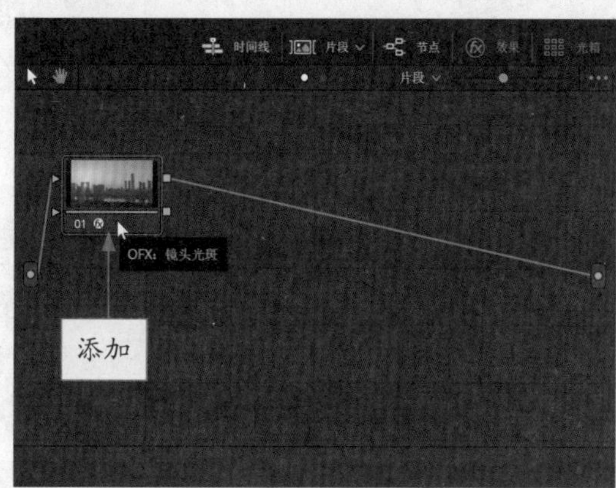

图 9-119　在 01 节点上添加滤镜特效

图 9-120　查看添加的滤镜

STEP 05 在预览窗口中，选中添加的小太阳中心，按住鼠标左键，将小太阳拖曳至左侧的合适位置，如图 9-121 所示。

STEP 06 将光标移至小太阳外面的白色光圈上，按住鼠标左键的同时向右下角拖曳，增加太阳光的光晕发散范围，如图 9-122 所示。

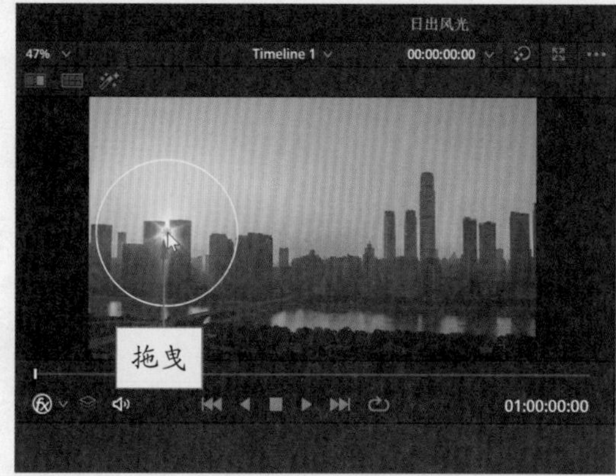

图 9-121　将小太阳拖曳至左侧合适位置

图 9-122　拖曳白色光圈

STEP 07 执行操作后，即可在预览窗口中查看制作的镜头光斑视频特效如图 9-123 所示。

图 9-123　查看制作的镜头光斑视频特效

> **专家指点**
>
> 在添加滤镜特效后，“效果”面板会自动切换至“设置”选项卡，在其中，用户可以根据素材图像特征，对添加的滤镜进行微调设置。

9.4.3　美颜滤镜：制作人物磨皮视频特效

在 DaVinci Resolve 18 的“Resolve FX 美化”滤镜组中，应用“美颜”滤镜可以对人物素材进行磨皮处理，去除人物皮肤上的瑕疵，使人物皮肤看起来更光洁、更亮丽。下面介绍具体的操作方法。

	素材文件	素材 \ 第 9 章 \ 人物拍摄 .drp、人物拍摄 .mp4
	效果文件	效果 \ 第 9 章 \ 人物拍摄 .drp
	视频文件	扫码可直接观看视频

【操练 + 视频】——美颜滤镜：制作人物磨皮视频特效

STEP 01 打开一个项目文件，在预览窗口中可以查看打开的项目效果。如图 9-124 所示，画面中人物脸部有许多细小的斑点、皮肤有些偏黄，需要为人物的皮肤进行磨皮、去斑操作，使人物看起来更加漂亮。

STEP 02 切换至“调色”步骤面板，展开“效果”|“素材库”选项卡，在“Resolve FX 美化”滤镜组中选择“美颜”滤镜特效，如图 9-125 所示。

图 9-124　打开一个项目文件

图 9-125　选择滤镜特效

STEP 03 按住鼠标左键并将其拖曳至“节点”面板的 01 节点上，释放鼠标左键，即可在调色提示区显示一个滤镜图标，表示添加的滤镜特效，如图 9-126 所示。

STEP 04 切换至“设置”选项卡，如图 9-127 所示。

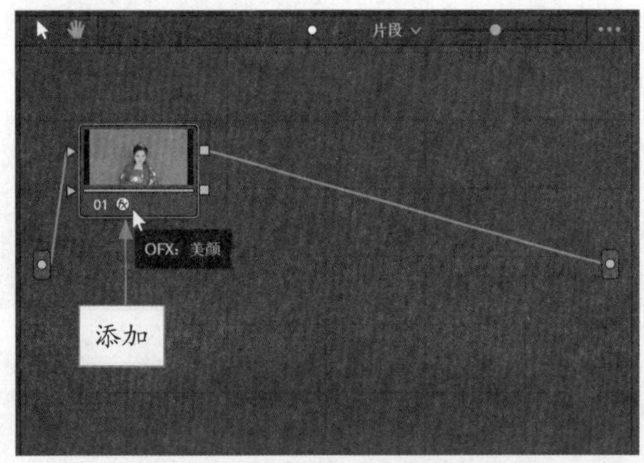

图 9-126　在 01 节点上添加滤镜特效

图 9-127　切换至“设置”选项卡

STEP 05 展开 Advanced Options 选项，设置“操作模式”为“自动”；展开“自动控制”选项，设置“程度”为 1.500，如图 9-128 所示。

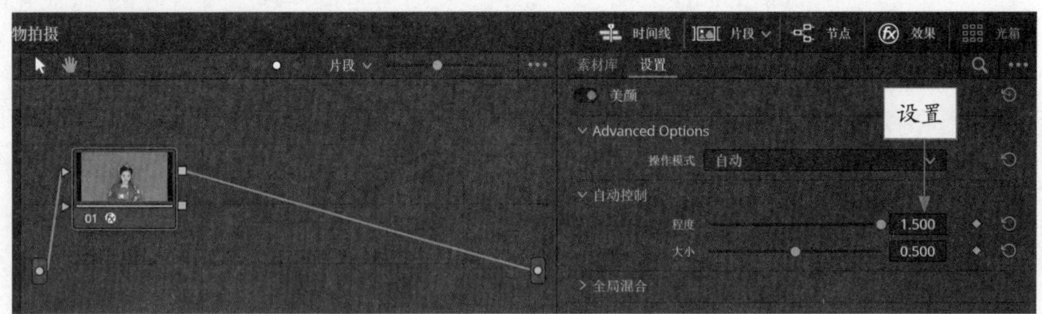

图 9-128　设置各选项

STEP 06 执行上述操作后，即可在预览窗口中查看最终的视频画面效果，如图 9-129 所示。

图 9-129　查看人物磨皮效果

第10章 电影与视频后期调色实战

章前知识导读

本章将介绍在不同软件中进行电影调色、延时调色以及人像调色的方法，具体包括剪映调色实战《地雷区》、PR调色实战《日转夜延时》以及达芬奇调色实战《美人如画》这3个实例的制作全流程。

新手重点索引

- 剪映调色实战——《地雷区》
- PR调色实战——《日转夜延时》
- 达芬奇调色实战——《美人如画》

效果图片欣赏

10.1 剪映调色实战——《地雷区》

电影《地雷区》是一部改编自真实历史事件的德国电影。故事发生在二战后，德国战俘在丹麦西海岸被迫进行排雷行动，这些战俘大部分都是十几岁的年轻男孩，在排雷过程中，很多俘虏失去了四肢甚至死亡，画面十分残酷。在这部引人反思战争的历史电影中，色调十分灰暗，整体画面偏青色，十分沉重。本节主要解析电影《地雷区》的色调和介绍调色方法。

10.1.1 电影画面的调色解说

不难发现，电影主题和电影的色调息息相关。在欢快的喜剧电影中，画面中的色调是五颜六色的，高饱和的，甚至各种道具都是彩色的，比如电影《查理的巧克力工厂》；在清新的青春电影中，色调清透，画面梦幻，比如电影《海街日记》和《恋空》；在沉重的历史电影中，色调会灰暗，如灰暗的褐色或者黄色，又或者是暗青色，就如电影《地雷区》中的色调一般，如图 10-1 所示。

图 10-1 电影《地雷区》中的画面色调

在电影《地雷区》中，画面色彩主要有浅绿色和青色。为了达到整体偏青色的效果，晴朗的天空会带着一丝灰暗，整个画面逐渐呈现出低饱和的状态，就如同褪色了一般。由于电影中的人物大多都穿着军绿色的军装，因此这个统一的青色调在所有场景中都会很和谐，不会出现突兀的画面。

当然，每部电影中的青色调也会不同，比如电影《黑客帝国》中就是一种偏绿色的青色调，而不是电影《地雷区》这种偏军绿色的青色调。

10.1.2 电影画面反向调色方法

原始色调下的电影摄像设备，拍摄出来的画面色调一般都很中和；而在战争历史电影中，色调都是偏暗的。为了得到这种低饱和的青色调，就需要反向调节。原图与效果对比如图 10-2 所示。

图 10-2 原图与效果对比

	素材文件	素材 \ 第 10 章 \《地雷区》电影调色 .mp4
	效果文件	效果 \ 第 10 章 \《地雷区》电影调色 .mp4
	视频文件	扫码可直接观看视频

【操练 + 视频】——电影画面反向调色方法

STEP 01 在“本地”选项卡中单击素材右下角的按钮，如图 10-3 所示，添加素材。

STEP 02 拖曳同一段素材至画中画轨道中，对齐视频轨道中的素材，如图 10-4 所示。

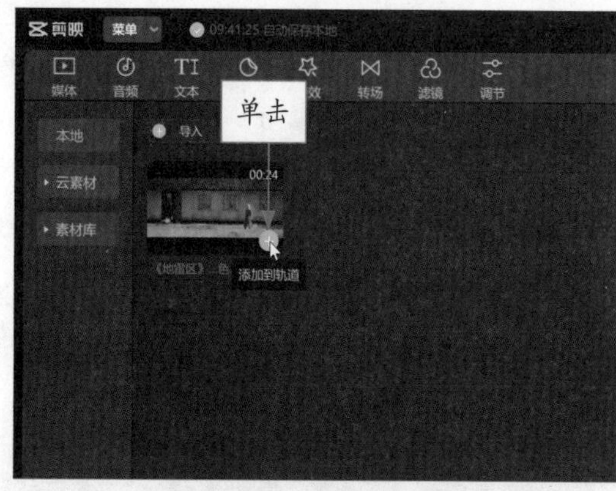

图 10-3　单击相应按钮

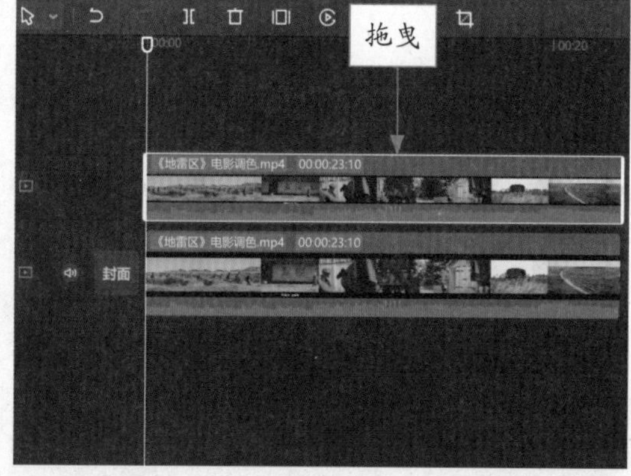

图 10-4　拖曳素材至画中画轨道中

STEP 03 单击“文本”按钮，切换至“花字”选项卡，单击所选花字右下角的“添加到轨道”按钮，如图 10-5 所示。

STEP 04 添加两段文字。输入文字内容后，调整两段文字的时长，以对齐视频素材的时长，如图 10-6 所示。

图 10-5　单击“添加到轨道”按钮

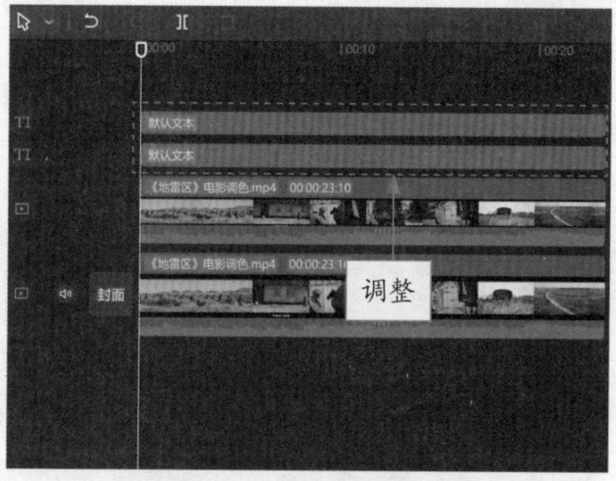

图 10-6　调整两段文字的时长

STEP 05 选择视频轨道中的素材，设置画面比例为 9:16，调整画面和文字的位置。选择调色后的视频，单击“调节”按钮，在“调节”操作区中设置“亮度”为 -10、“对比度”为 -6、“色调”为 -10、“饱和度”为 -15，降低画面曝光和色彩饱和度，如图 10-7 所示。

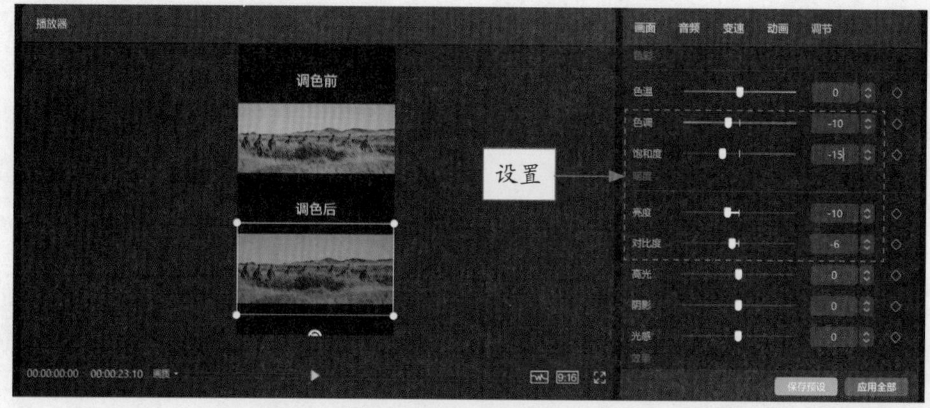

图 10-7　降低画面曝光和色彩饱和度

STEP 06 切换至 HSL 选项卡，选择黄色选项，拖曳滑块，设置“色相”为 15、“饱和度”为 -22、“亮度”为 -8，去黄，使画面偏灰色，如图 10-8 所示。

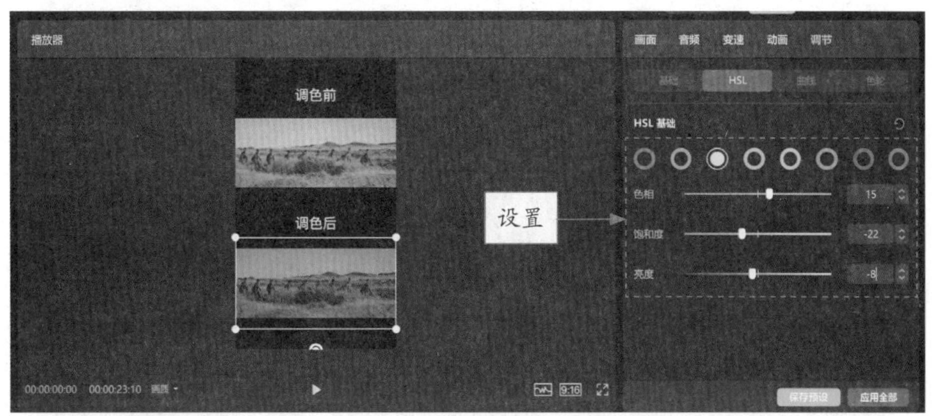

图 10-8　在 HSL 选项卡中设置各参数

STEP 07 选择绿色选项，拖曳滑块，设置“色相”为 -8、“饱和度”为 -17、“亮度”为 -14，降低绿色饱和度，使画面偏青色，如图 10-9 所示。

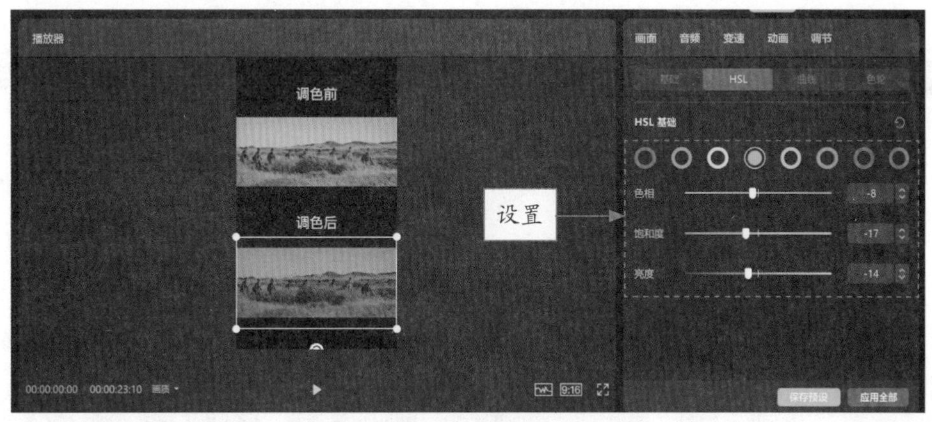

图 10-9　设置相应的参数（1）

STEP 08 选择青色选项，拖曳滑块，设置“色相”为 -6、“饱和度”为 -11、“亮度”为 -19，降低青色饱和度，使画面更加低饱和，如图 10-10 所示。

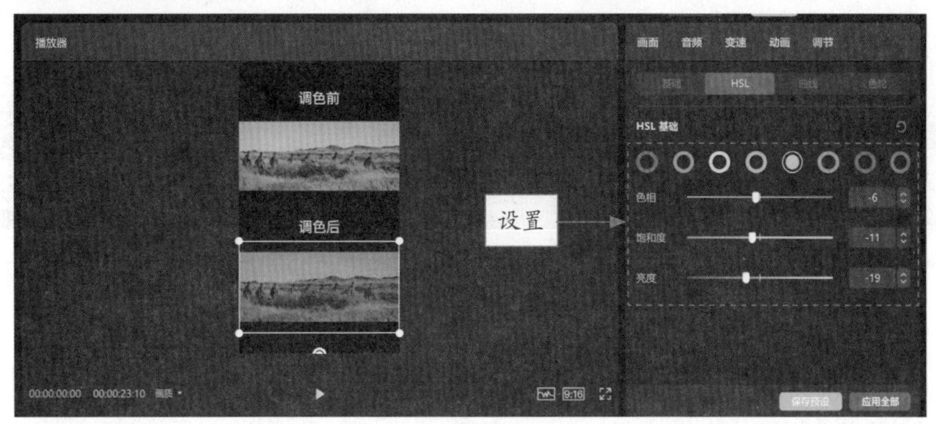

图 10-10　设置相应的参数（2）

STEP 09 执行上述操作后，即可调色成功，视频效果如图 10-11 所示。

图 10-11　预览调色后的视频效果

10.2 PR 调色实战——《日转夜延时》

喜欢摄影的人都知道，延时视频拍摄起来需要花费很多时间，但是它展示出来的效果却是震撼的，在观看过程中也节约了观看者的时间。本节主要介绍《日转夜延时》视频的制作方法，原图与效果对比如图 10-12 所示。

图 10-12　原图与效果对比

10.2.1　导入日转夜延时素材文件

在制作《日转夜延时》视频之前，首先需要导入媒体素材文件。下面以“新建项目”命令为例，介绍导入《日转夜延时》视频素材的操作方法。

<table>
<tr><td rowspan="3"></td><td>素材文件</td><td>素材 \ 第 10 章 \《日转夜延时》视频调色 \JPG 文件夹</td></tr>
<tr><td>效果文件</td><td>无</td></tr>
<tr><td>视频文件</td><td>扫码可直接观看视频</td></tr>
</table>

【操练 + 视频】
——导入日转夜延时素材文件

STEP 01 启动 Premiere 应用程序，进入“主页”界面，单击左侧的“新建项目”按钮，如图 10-13 所示。

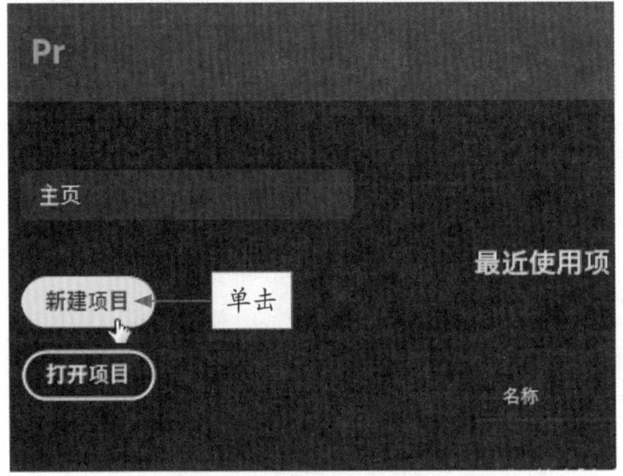

图 10-13　单击“新建项目”按钮

STEP 02 弹出“新建项目”对话框，设置项目的名称和保存位置，单击“确定”按钮，新建一个空白的项目，如图 10-14 所示。

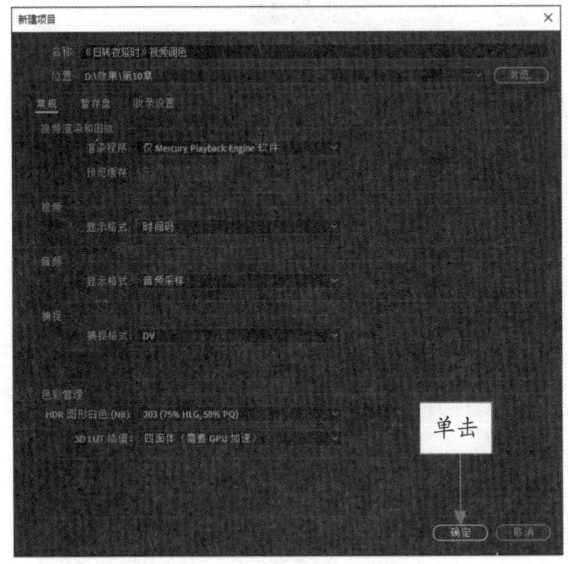

图 10-14　单击“确定”按钮

STEP 03 在菜单栏中选择“文件”|“新建”|“序列”命令，如图 10-15 所示。

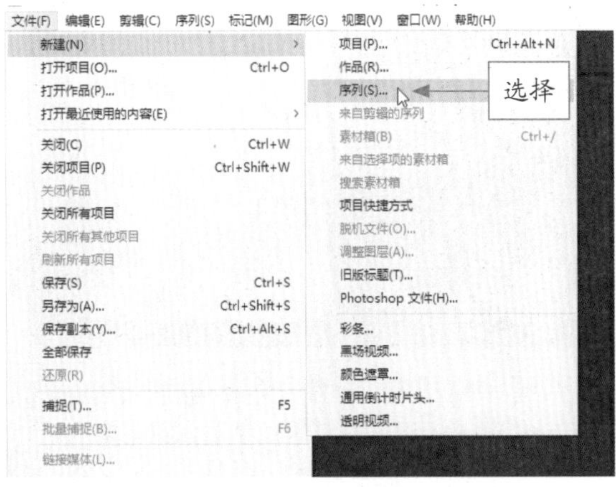

图 10-15　选择“序列”命令

STEP 04 弹出“新建序列”对话框，设置“编辑模式”为“自定义”、“时基”为“25.00 帧 / 秒”、“帧大小”为 3840×2560、“像素长宽比”为“方形像素（1.0）”、“场”为“无场（逐行扫描）”、“显示格式”为“25 fps 时间码”，单击“确定”按钮，如图 10-16 所示。执行操作后，即可新建一个序列文件。

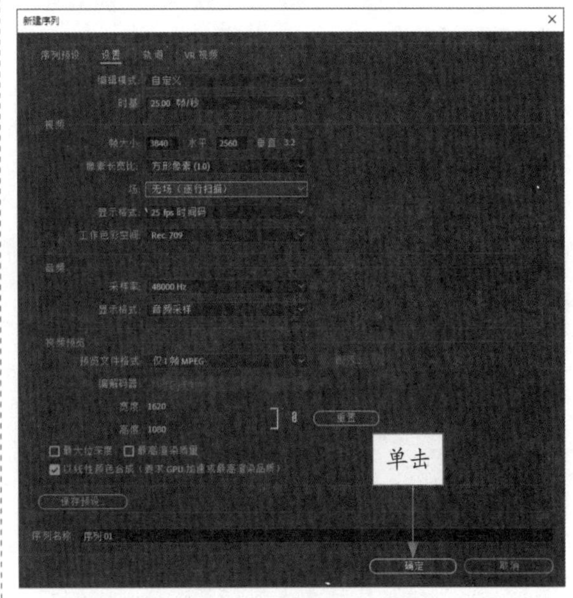

图 10-16　单击“确定”按钮

STEP 05 在“项目”面板中的空白位置上单击鼠标右键，在弹出的快捷菜单中选择“导入”选项，如图 10-17 所示。

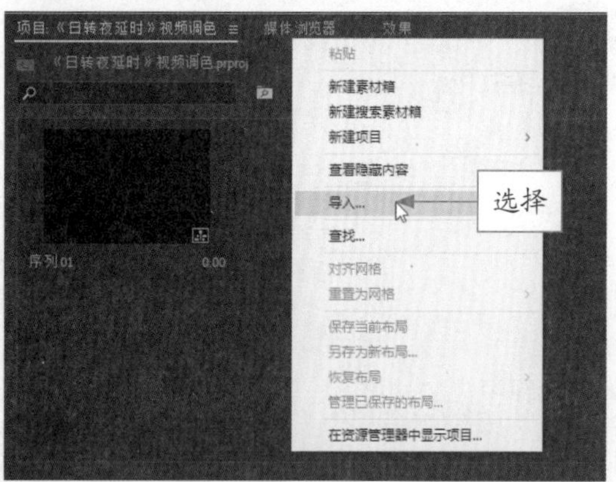

图 10-17　选择“导入”选项

STEP 06 弹出“导入”对话框，选择第 1 张照片，并选中左下角的“图像序列”复选框，单击“打开”按钮，如图 10-18 所示。

图 10-18　单击“打开”按钮

STEP 07 执行操作后，即可以序列的方式导入照片素材，在“项目”面板中可以查看导入的序列效果，如图 10-19 所示。

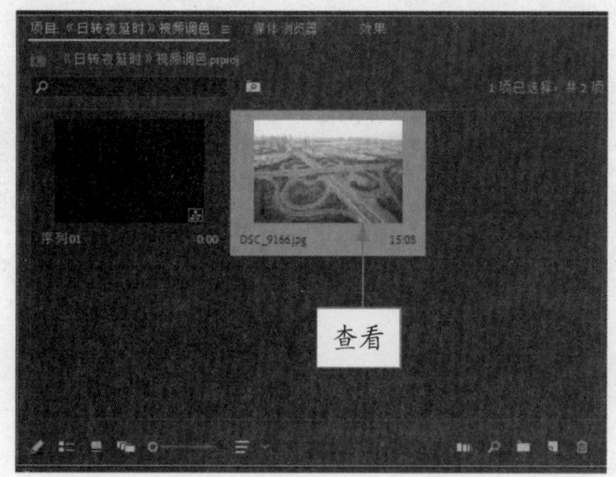

图 10-19　查看导入的序列效果

STEP 08 将导入的照片序列拖曳至“时间轴”面板的 V1 轨道中，此时会弹出信息提示框，提示剪辑与序列设置不匹配。单击“保持现有设置”按钮，如图 10-20 所示。

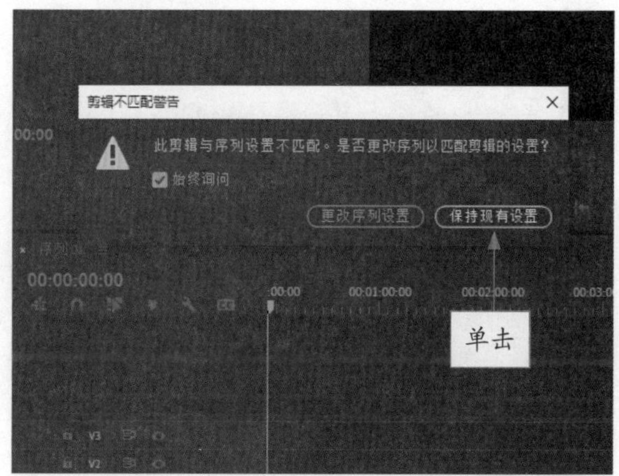

图 10-20　单击“保持现有设置”按钮

STEP 09 在 V1 轨道中选择序列素材，单击鼠标右键，在弹出的快捷菜单中选择“速度 / 持续时间”选项，如图 10-21 所示。

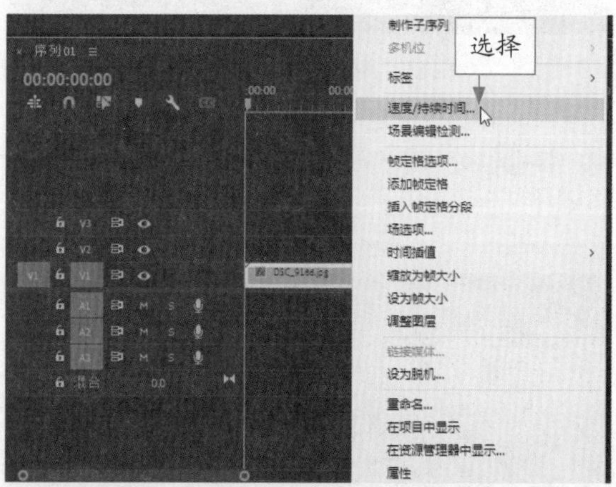

图 10-21　选择“速度 / 持续时间”选项

STEP 10 弹出“剪辑速度 / 持续时间”对话框，设置“持续时间”为 00:00:15:00，如图 10-22 所示。

STEP 11 单击“确定”按钮，即可调整视频的持续时间。在“节目监视器”面板中，可以查看素材序列的画面效果，如图 10-23 所示。我们可以看到素材画面被缩小了，这是因为素材的尺寸过小，无法显示完整。

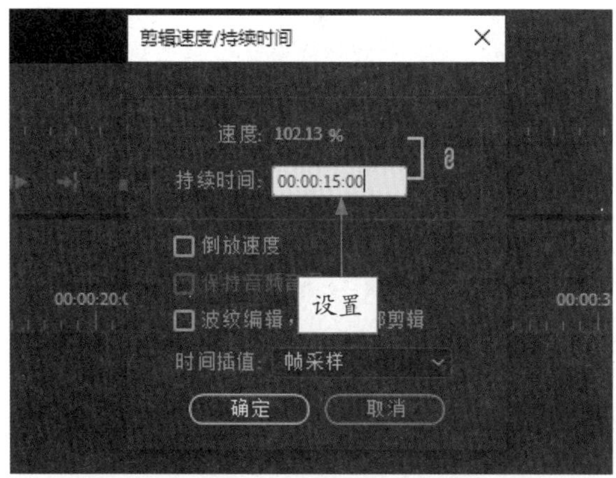

图 10-22　设置“持续时间”

图 10-23　查看画面效果

STEP 12 打开“效果控件”面板，将“缩放”数值更改为 200，如图 10-24 所示。

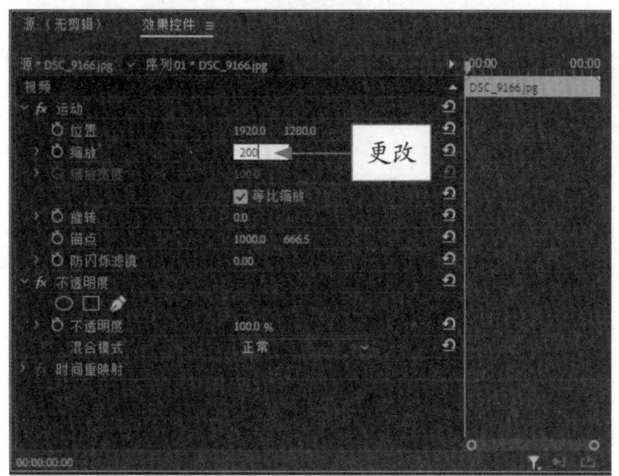

图 10-24　更改“缩放”数值

STEP 13 执行操作后，即可将素材尺寸放大，在节目监视器中可以查看完整的素材画面，如图 10-25 所示。

图 10-25　查看完整的素材画面

10.2.2　调整画面的色彩风格

接下来，需要在 Premiere 的“颜色”界面中对序列中的素材进行调色处理，即根据需要调整素材画面的色彩和亮度，使制作的视频画面色彩更加夺目、好看。

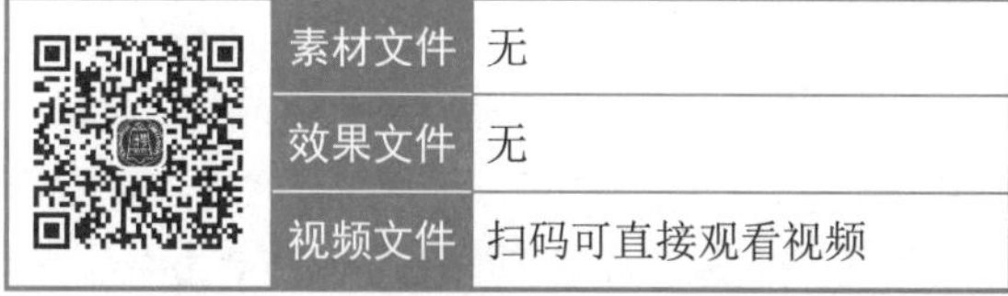

素材文件	无
效果文件	无
视频文件	扫码可直接观看视频

【操练 + 视频】
——调整画面的色彩风格

STEP 01 在界面上方单击“颜色”标签，切换至“颜色”界面，如图 10-26 所示。

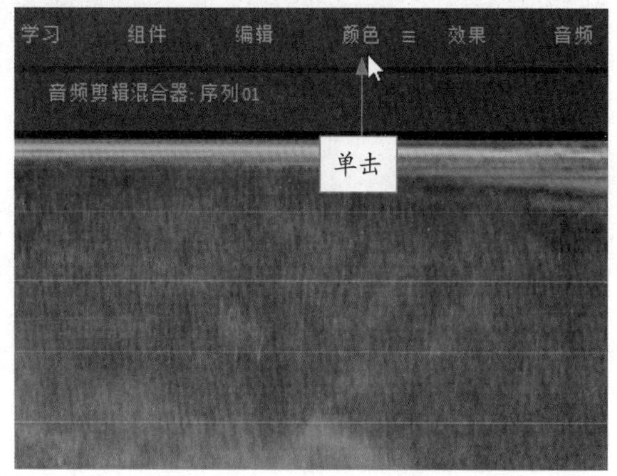

图 10-26　单击“颜色”标签

STEP 02 在右侧的“Lumetri 颜色”面板中展开“基本校正”选项，在其中设置“色温”为 27，使画面色调偏暖，如图 10-27 所示。

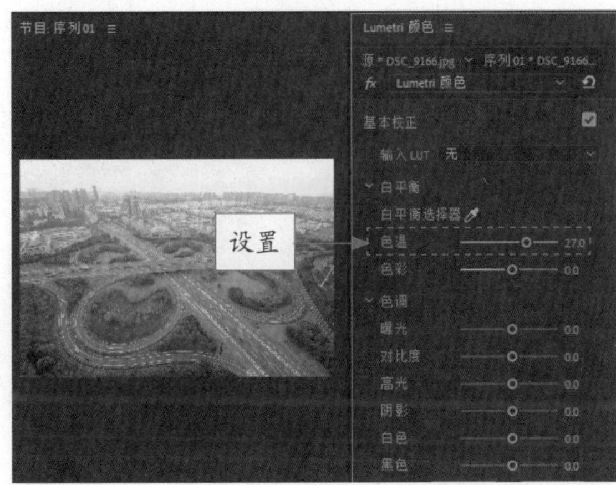

图 10-27　设置“色温”参数

STEP 03 将时间切换至 00:00:10:00，此时画面即将从白天变为黑夜，灯光也亮起来了，画面中呈现了多种色彩。根据画面中的灯光亮度和色彩，设置“曝光”为 -0.3、“对比度”为 20.0、“高光”为 -67.0、“白色”为 -15.0、“黑色”为 -11.0，调整画面整体亮度，如图 10-28 所示。

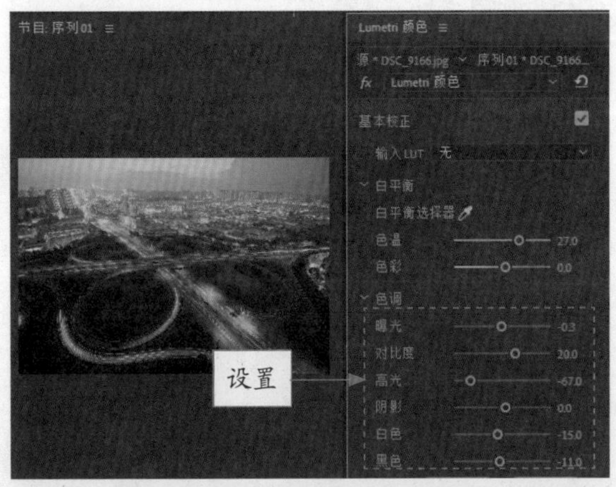

图 10-28　调整画面整体亮度

STEP 04 执行操作后，可以看到画面中的颜色色彩稍微有些黯淡，不够靓丽。在下方设置“饱和度”为 160.0，使画面中的颜色更加浓郁、好看，如图 10-29 所示。

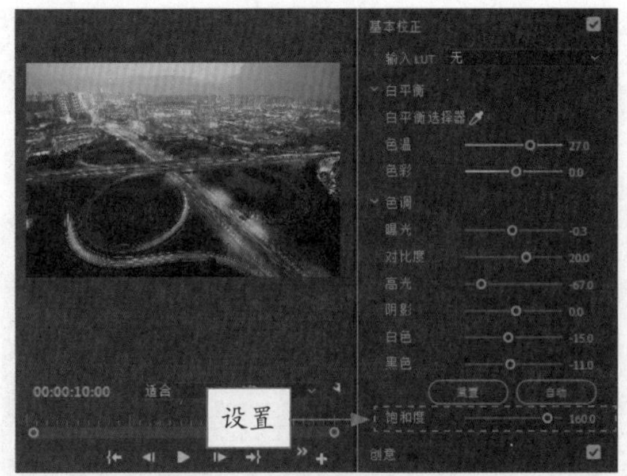

图 10-29　设置“饱和度”参数

10.2.3　制作日转夜延时字幕效果

调整画面色彩后，即可返回“编辑”界面，在节目监视器中为视频添加字幕。下面介绍具体的操作方法。

	素材文件	无
	效果文件	无
	视频文件	扫码可直接观看视频

【操练 + 视频】
——制作日转夜延时字幕效果

STEP 01 在工具箱中选取文字工具T，如图 10-30 所示。

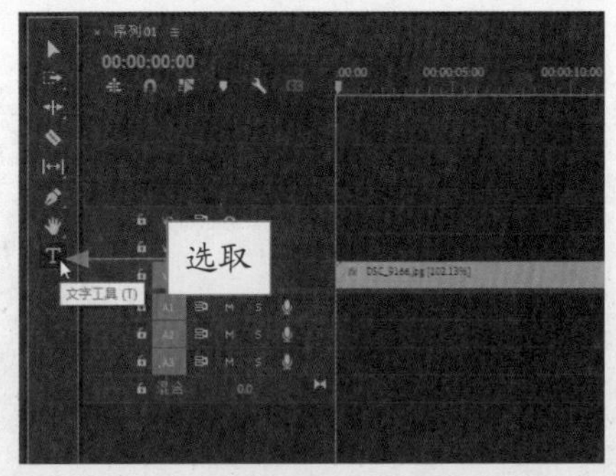

图 10-30　选取文字工具

STEP 02 在节目监视器中输入相应文字，输入完成后，按【Ctrl + A】组合键全选输入的文字，如图 10-31 所示。

图 10-31　全选输入的文字

STEP 03 在“效果控件”面板中，为字幕文件设置一个合适的“字体”，并设置“字体大小”为 110，单击“居中对齐文本”按钮，如图 10-32 所示。执行操作后，即可设置字幕的字体、大小以及对齐方式。

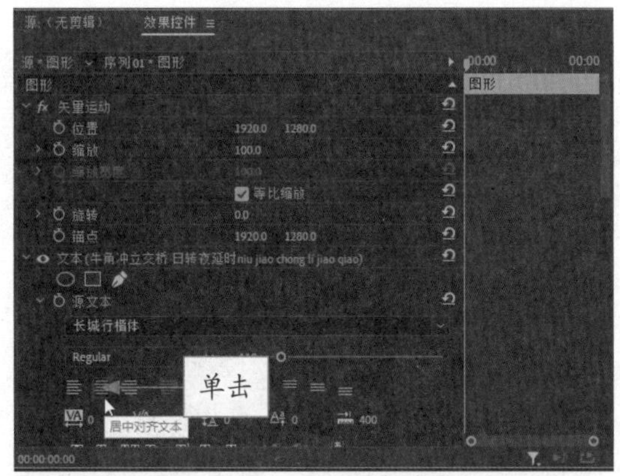

图 10-32　单击“居中对齐文本”按钮

STEP 04 在下方设置“位置”参数为 900.0、2300.0，如图 10-33 所示。

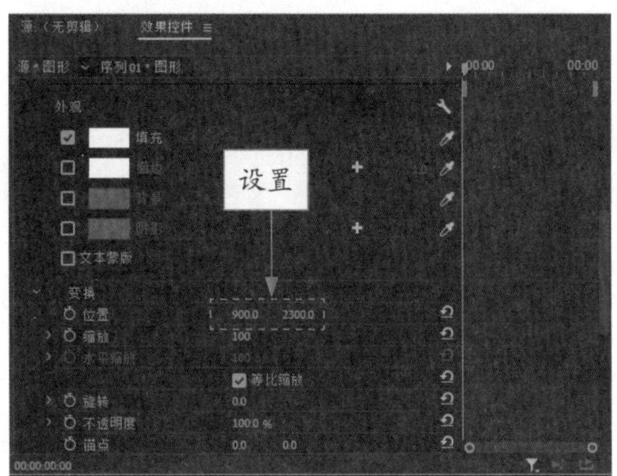

图 10-33　设置“位置”参数

STEP 05 在节目监视器中，可以查看字幕效果，如图 10-34 所示。

图 10-34　查看字幕效果

STEP 06 在“效果控件”面板中，设置“不透明度”参数为 0.0%，单击“切换动画”按钮，在开始位置处添加一个不透明度关键帧，如图 10-35 所示。

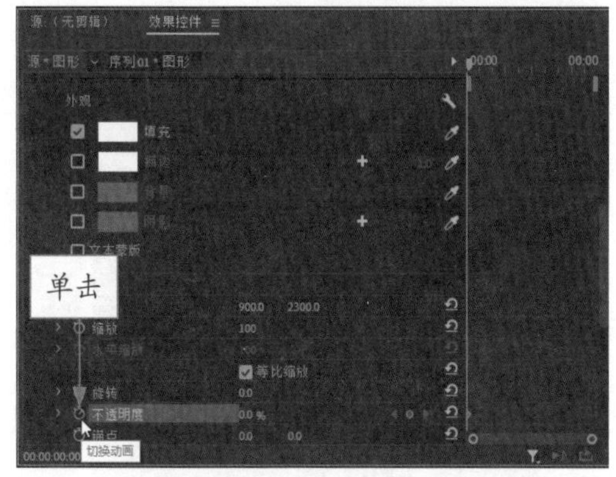

图 10-35　单击“切换动画”按钮

STEP 07 将时间指示器拖曳至 00:00:03:00 的位置，设置“不透明度”参数为 100.0%，添加第 2 个关键帧，如图 10-36 所示。

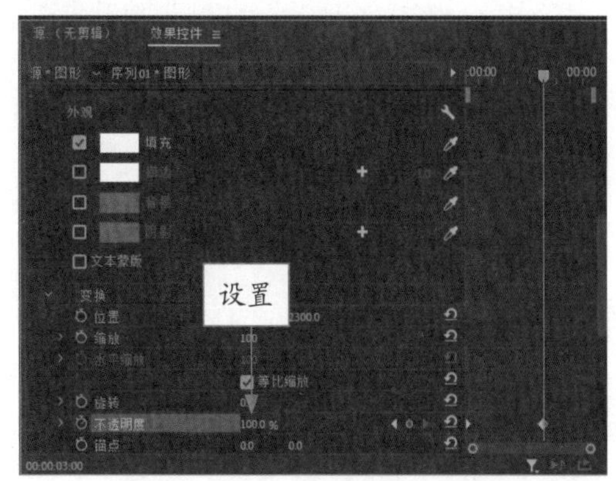

图 10-36　设置“不透明度”参数

STEP 08 执行操作后，即可制作字幕淡入效果。在V2轨道中，调整字幕时长与素材时长一致，如图10-37所示。

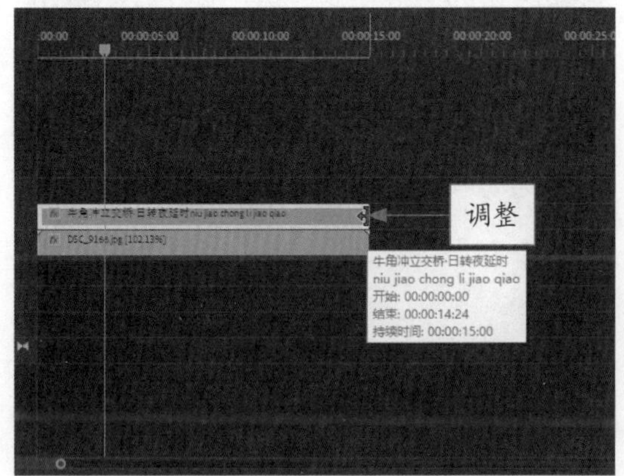

图 10-37 调整字幕时长

STEP 09 执行操作后，即可在节目监视器中查看制作的字幕淡入效果，如图10-38所示。

图 10-38 查看制作的字幕淡入效果

10.2.4 添加日转夜延时音频文件

添加背景音乐是为了让视频画面更加动人，下面介绍添加日转夜延时音频文件的方法。

	素材文件	素材\第10章\《日转夜延时》视频调色\背景音乐.mp3
	效果文件	无
	视频文件	扫码可直接观看视频

【操练+视频】——添加日转夜延时音频文件

STEP 01 在“项目”面板中导入“背景音乐.mp3”音频文件，如图10-39所示。

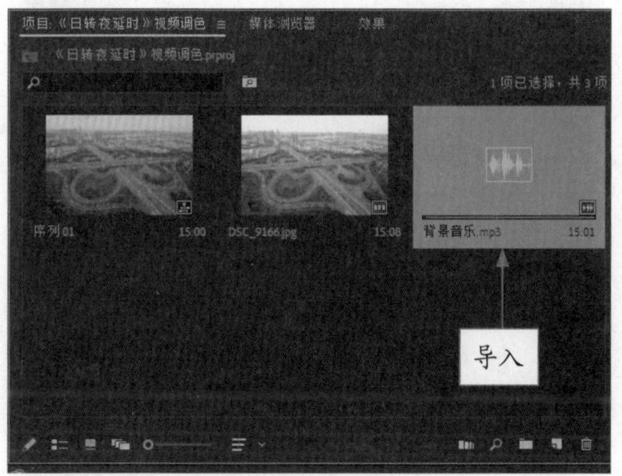

图 10-39 导入“背景音乐.mp3”音频文件

STEP 02 将音频文件拖曳至A1轨道上，为视频添加背景音乐，如图10-40所示。

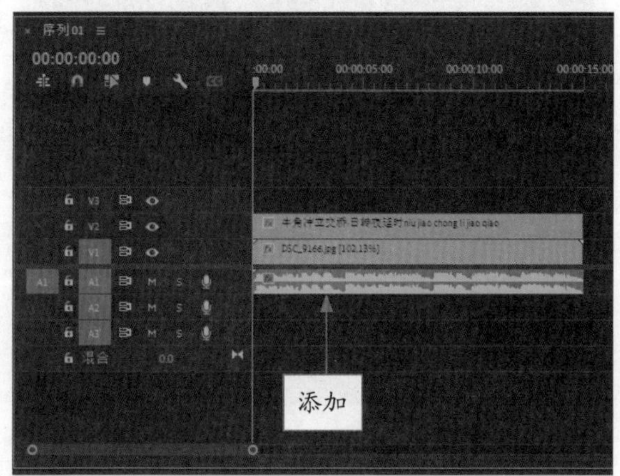

图 10-40 添加背景音乐

10.2.5 导出日转夜延时视频文件

接下来即可通过“快速导出”功能将制作的《日转夜延时》视频导出保存，下面介绍具体的操作方法。

	素材文件	无
	效果文件	效果\第10章\《日转夜延时》视频调色.mp4
	视频文件	扫码可直接观看视频

【操练 + 视频】——导出日转夜延时视频文件

STEP 01 在工作区中单击“快速导出”按钮，如图 10-41 所示。

STEP 02 在弹出的面板中设置“文件名和位置”和“预设”等（如果没有特殊要求，尽量保持默认设置，这样才不会影响视频的导出尺寸和画质清晰度），单击“导出”按钮，如图 10-42 所示。执行操作后，即可将视频合成导出。

图 10-41　单击“快速导出”按钮

图 10-42　单击“导出”按钮

10.3　达芬奇调色实战——《美人如画》

拍摄人像视频时，通常情况下都会在拍摄前期通过妆容、服饰、场景、角度、构图等来达到最好的人像拍摄效果，这样拍摄出来的素材后期处理时才更容易。

但前期拍摄的视频画面颜色基本都会受到光照、天气等因素影响，导致画面色彩不是自己最终想要的效果，此时我们可以通过达芬奇对视频中的各个片段进行色彩和色调调整，并校正人物肤色。本节主要介绍在达芬奇中制作《美人如画》人像视频的方法，原图与效果对比如图 10-43 所示。

图 10-43　原图与效果对比

10.3.1　在时间线导入多段视频素材

在制作《美人如画》视频之前，首先需要导入多段人像视频素材。为了方便后续添加转场过渡效果，因此还需要对视频进行分割剪辑。下面介绍具体的操作方法。

	素材文件	素材 \ 第 10 章 \ "《美人如画》人像调色"文件夹
	效果文件	无
	视频文件	扫码可直接观看视频

【操练 + 视频】——在时间线导入多段视频素材

STEP 01 进入"剪辑"步骤面板，在"媒体池"面板的空白位置处单击鼠标右键，弹出快捷菜单，选择"导入媒体"选项，如图 10-44 所示。

STEP 02 在"媒体池"面板中，导入 8 段人像视频和一段背景音乐，如图 10-45 所示。

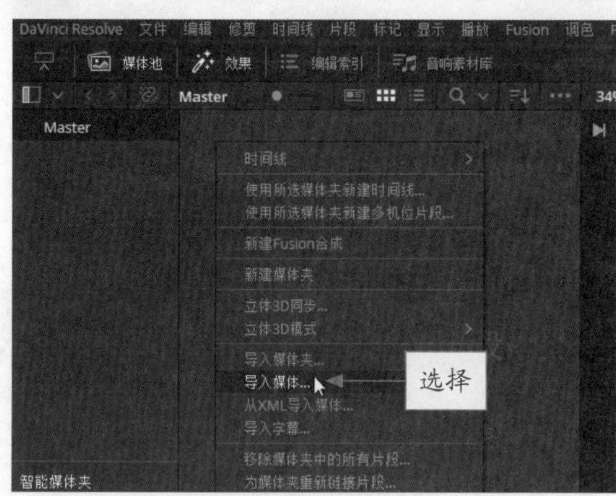

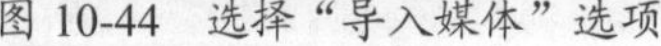
图 10-44　选择"导入媒体"选项

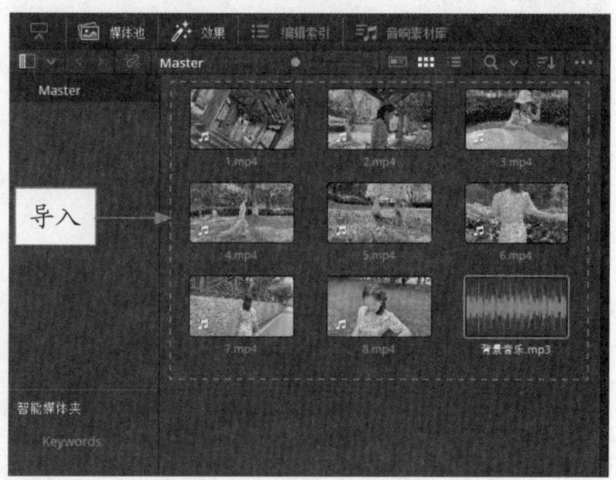

图 10-45　导入人像视频和背景音乐

STEP 03 根据视频内容和需求，将 8 段人像视频添加到轨道上（此处不需要按视频序号顺序添加），如图 10-46 所示。

STEP 04 在工具栏中单击"刀片编辑模式"按钮，如图 10-47 所示。

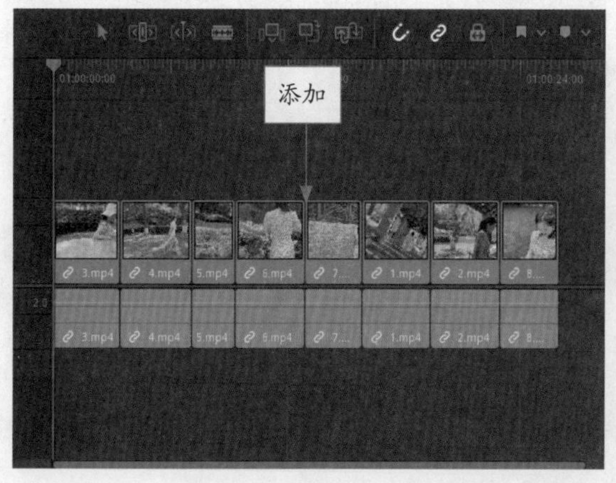

图 10-46　添加 8 段人像视频

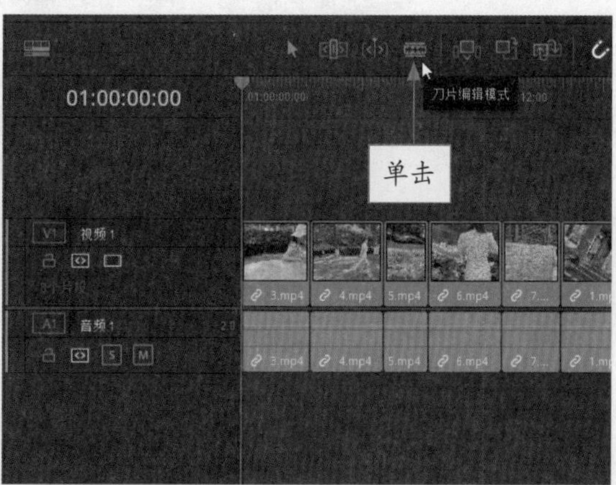

图 10-47　单击"刀片编辑模式"按钮

STEP 05 执行操作后，光标将变为刀片形状，将光标移至 01:00:03:00 位置处，如图 10-48 所示。

STEP 06 单击鼠标左键，将第 1 个视频分割为两段，如图 10-49 所示。

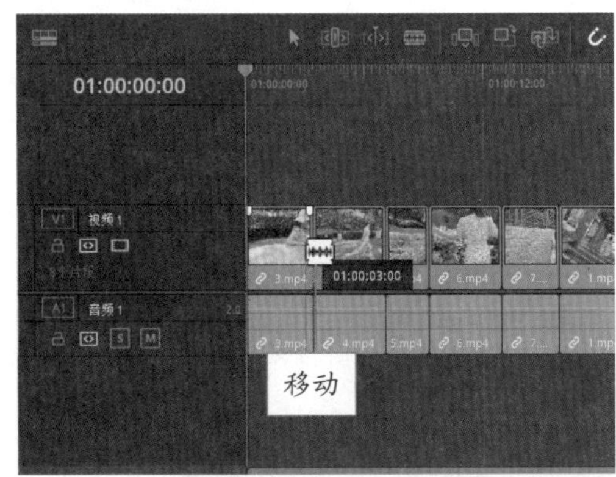

图 10-48　移动光标位置

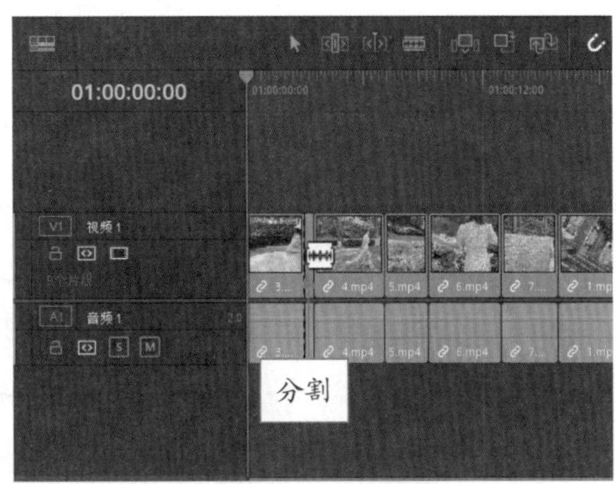

图 10-49　将第 1 个视频分割为两段

STEP 07 用同样的方法，在 01:00:03:26、01:00:06:20、01:00:07:10、01:00:09:03、01:00:09:22、01:00:12:15、01:00:13:10、01:00:15:19、01:00:16:10、01:00:19:05、01:00:19:25、01:00:22:20、01:00:23:10 位置处，对轨道上的视频素材进行分割剪辑，效果如图 10-50 所示。

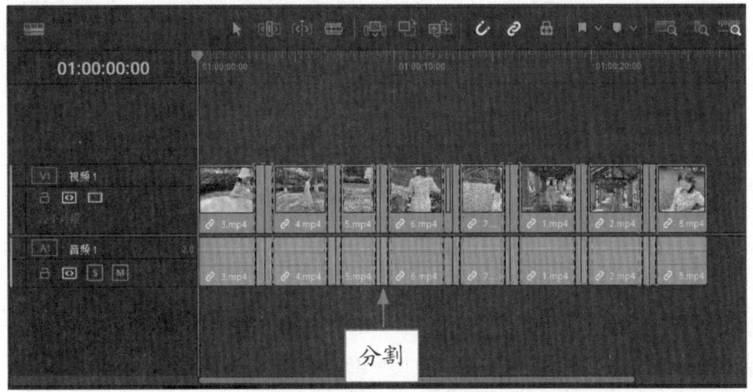

图 10-50　对轨道上的视频素材进行分割剪辑

STEP 08 在工具栏中单击"选择模式"按钮，在轨道上按住【Ctrl】键的同时选中分割出来的小片段，按【Delete】键将小片段删除，效果如图 10-51 所示。

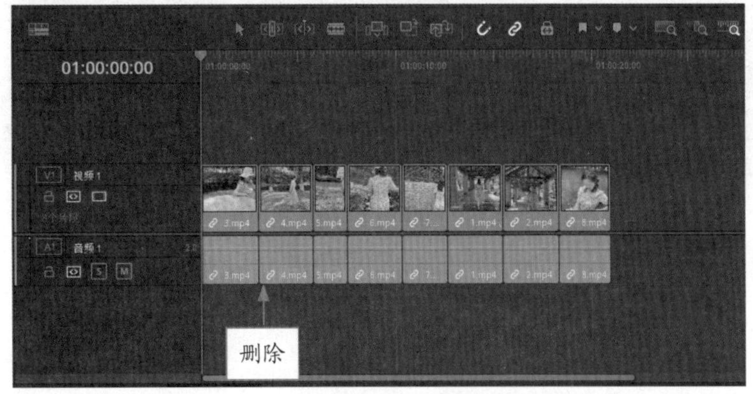

图 10-51　删除分割的小片段

10.3.2 调整画面的色彩风格与色调

对视频素材剪辑完成后，即可开始在“调色”步骤面板中为视频素材调整画面的色彩风格、色调，校正人物肤色。下面介绍具体的操作步骤。

	素材文件	无
	效果文件	无
	视频文件	扫码可直接观看视频

【操练 + 视频】——调整画面的色彩风格与色调

STEP 01 进入“调色”步骤面板，在“片段”面板中选择第 1 个视频片段，如图 10-52 所示。

图 10-52 选择第 1 个视频片段

STEP 02 在“一级 - 校色轮”面板中，设置“色温”参数为 -40.0、“色彩增强”为 20.00、“饱和度”为 70.00、“色相”为 44.40，如图 10-53 所示。

STEP 03 执行上述操作后，即可将画面调为绿色调，效果如图 10-54 所示。

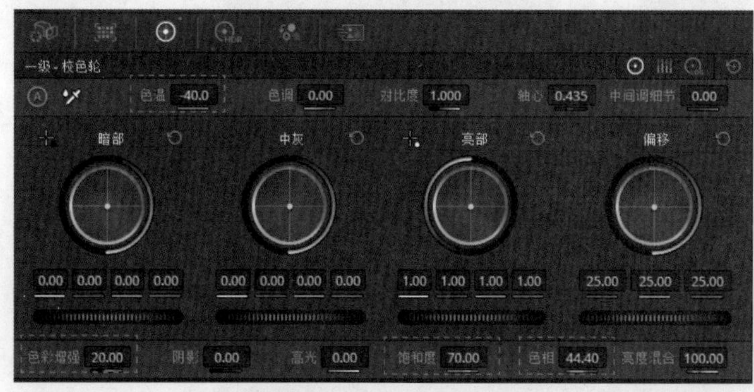

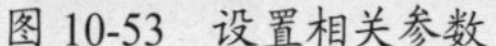
图 10-53 设置相关参数

图 10-54 将画面调为绿色调

STEP 04 画面中人物的肤色和帽子的颜色偏黄绿色调，因此需要对人物肤色和帽子的颜色进行校正。在“节点”面板中的 01 节点上单击鼠标右键，弹出快捷菜单，选择“添加节点”|“添加串行节点”选项，如图 10-55 所示。

STEP 05 执行操作后，即可添加一个编号为 02 的串行节点，如图 10-56 所示。

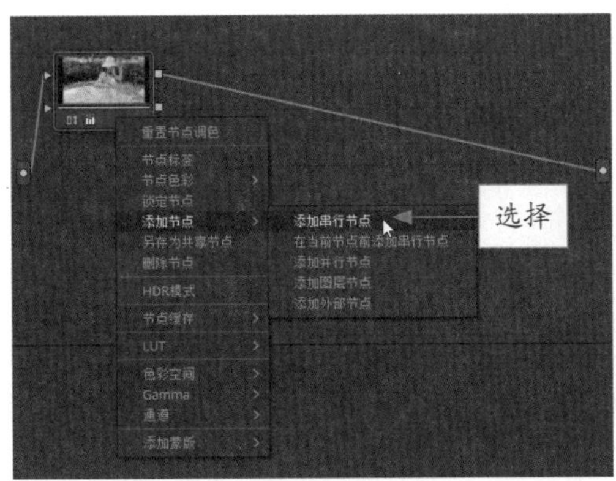

图 10-55　选择“添加串行节点”选项

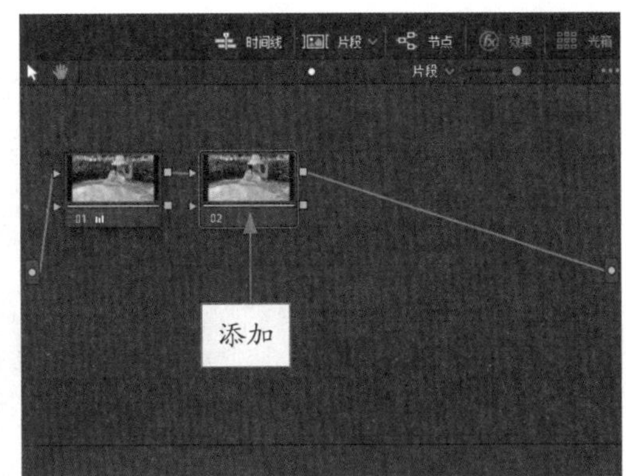

图 10-56　添加 02 串行节点

STEP 06 展开“示波器”面板，在示波器窗口栏的右上角，单击下拉按钮，在弹出的列表框中选择“矢量图”选项，如图 10-57 所示。

STEP 07 执行操作后，即可打开“矢量图”示波器面板，在右上角单击“设置”按钮，如图 10-58 所示。

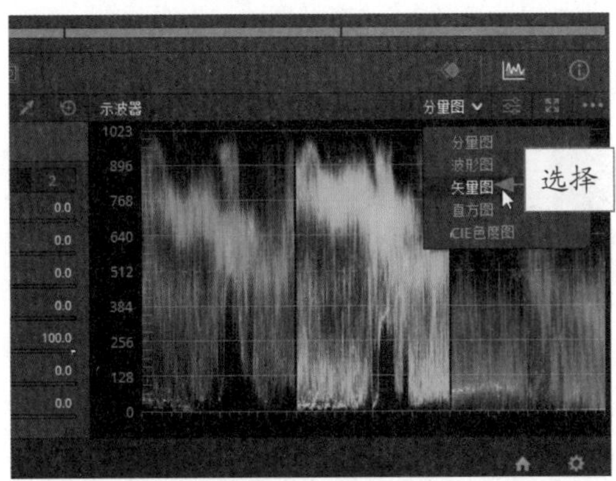

图 10-57　选择“矢量图”选项

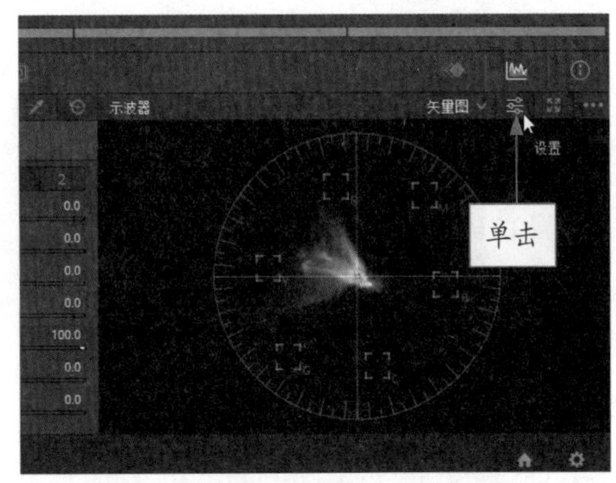

图 10-58　单击“设置”按钮

STEP 08 弹出相应面板，在其中选中“显示肤色指示线”复选框，如图 10-59 所示。

STEP 09 单击空白位置处关闭弹出的面板，即可在“矢量图”示波器面板中显示肤色指示线，效果如图 10-60 所示。

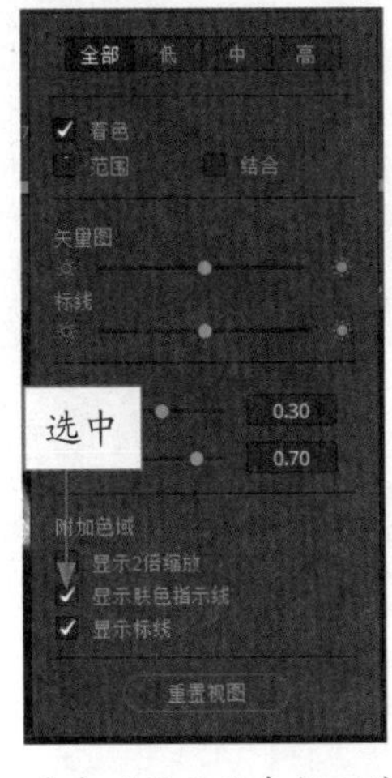

图 10-59　选中“显示肤色指示线”复选框

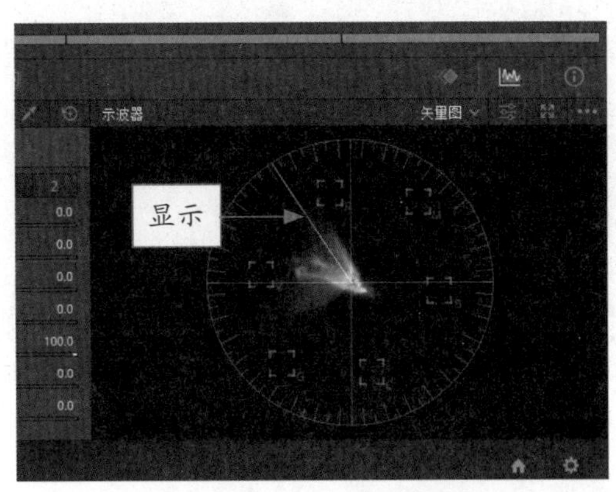

图 10-60　显示肤色指示线

STEP 10 单击“限定器”按钮，展开“限定器 -HSL”面板，如图 10-61 所示。

图 10-61 单击“限定器”按钮

STEP 11 在检视器面板中单击“突出显示”按钮，以便于查看被选取的颜色和选区，如图 10-62 所示。

STEP 12 在预览窗口中，使用取色器工具选取人物肤色和帽子的颜色，效果如图 10-63 所示。

图 10-62 单击“突出显示”按钮

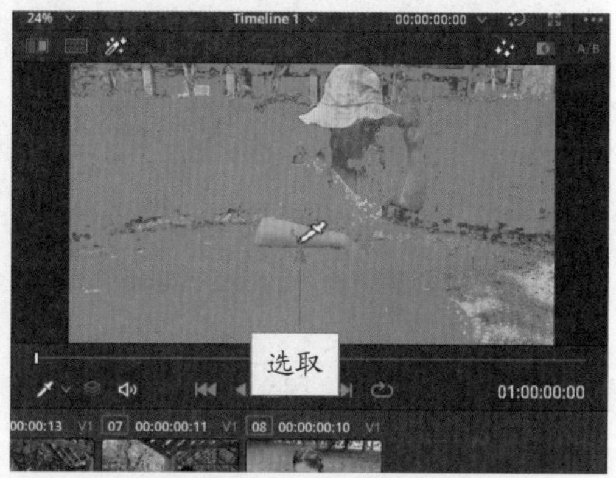

图 10-63 选取人物肤色和帽子的颜色

STEP 13 在“一级 - 校色轮”面板中，设置“饱和度”为 35.00、“色相”为 55.80，如图 10-64 所示。

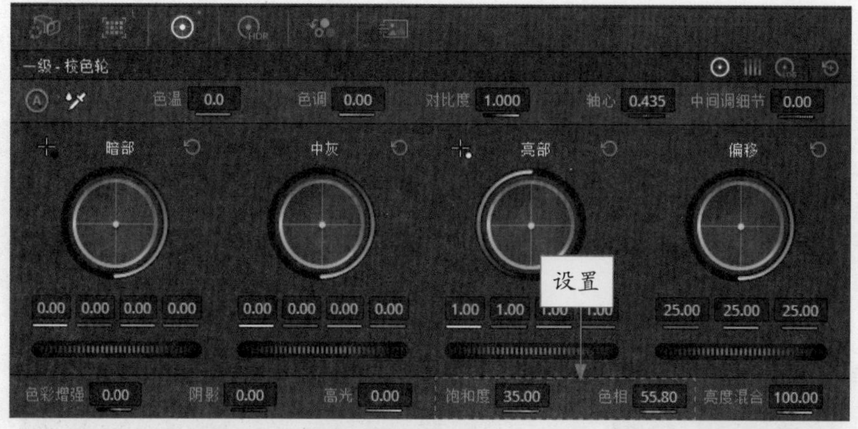

图 10-64 设置“饱和度”和“色相”参数

STEP 14 在“示波器”面板中可以看到“矢量图”上的色彩矢量波形已与肤色指示线重叠，效果如图 10-65 所示。

STEP 15 在检视器面板中再次单击“突出显示”按钮，查看肤色和帽子颜色的校正效果，如图 10-66 所示。

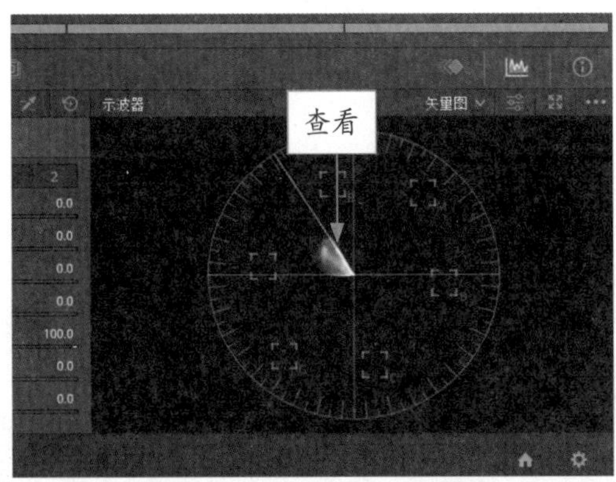

图 10-65　查看色彩矢量波形

图 10-66　查看肤色和帽子颜色的校正效果

STEP 16 使用同样的方法对其他 7 段素材进行调色处理，部分效果如图 10-67 所示。

图 10-67　查看其他素材的调色效果

10.3.3 为视频添加转场与字幕效果

接下来需要在“剪辑”步骤面板中为视频添加转场与字幕效果，下面介绍具体的操作步骤。

	素材文件	无
	效果文件	无
	视频文件	扫码可直接观看视频

【操练 + 视频】——为视频添加转场与字幕效果

STEP 01 进入“剪辑”步骤面板，在面板左上角单击“效果”按钮，如图 10-68 所示。

STEP 02 打开相应面板，单击“工具箱”下拉按钮，在展开的面板中选择“视频转场”选项，在右侧的“叠化”转场组中选择“交叉叠化”转场，如图 10-69 所示。

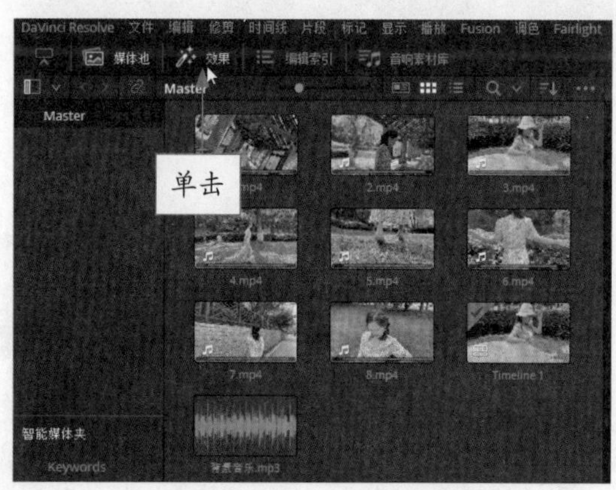

图 10-68 单击“效果”按钮

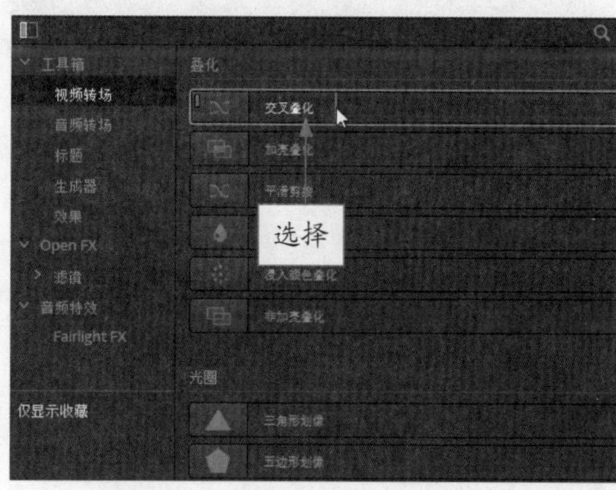

图 10-69 选择“交叉叠化”转场

STEP 03 用拖曳的方式将“交叉叠化”转场添加至第 1 个视频的开始位置，制作视频黑场渐显效果，如图 10-70 所示。

STEP 04 用同样的方法，在每两个视频之间和最后一个视频的结束位置添加“交叉叠化”转场，如图 10-71 所示。

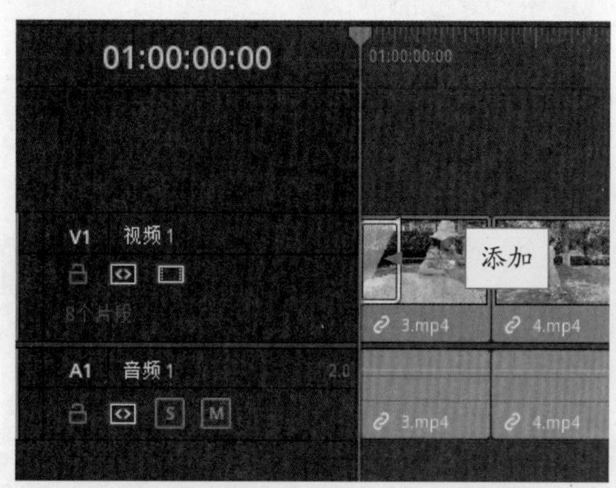

图 10-70 添加“交叉叠化”转场

图 10-71 添加多个“交叉叠化”转场

STEP 05 展开“标题”|“字幕”面板，选择“文本”选项，如图 10-72 所示。

STEP 06 用拖曳的方式将“文本”字幕添加到第 1 个视频的上方，并调整时长与第 1 个视频一致，如图 10-73 所示。

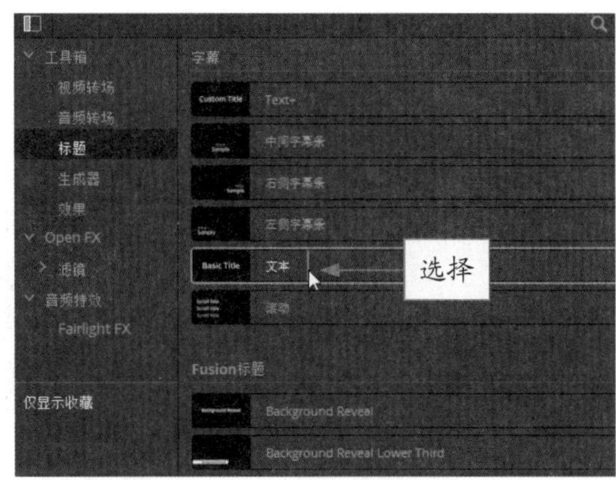

图 10-72 选择“文本”选项

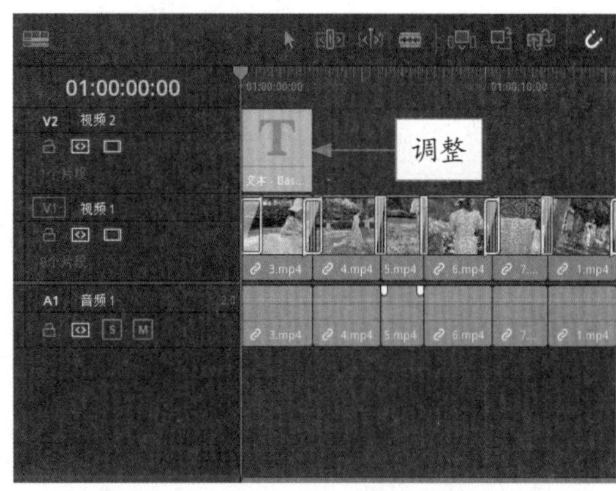

图 10-73 添加“文本”并调整时长

STEP 07 双击字幕文本，展开“检查器”|“标题”选项卡，在“多信息文本”下方的编辑框中输入文字“美人如花似画”，设置合适的字体和颜色，“大小”设置为 110，“对齐方式”设置为居中，“位置”参数设置为 X305.000、Y540.000，并在“笔画”选项区中设置“色彩”为白色，设置“大小”为 3，为文字添加白色的边框，如图 10-74 所示。

STEP 08 执行上述操作后，即可完成第 1 个字幕的制作，在预览窗口中查看制作的字幕效果，如图 10-75 所示。

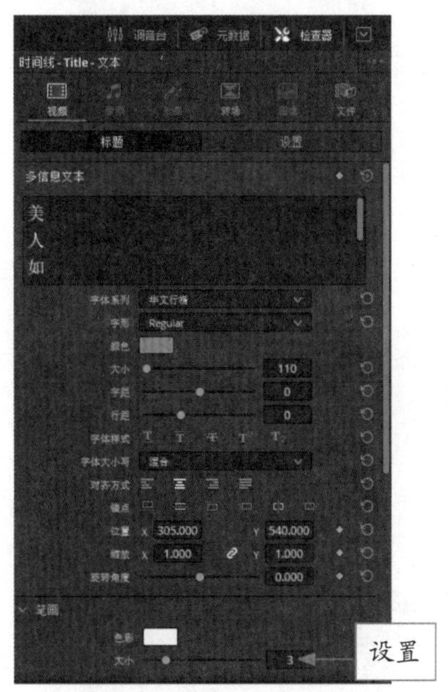

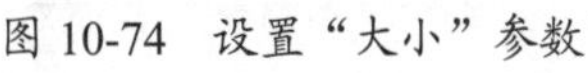

图 10-74 设置“大小”参数

图 10-75 查看制作的字幕效果

STEP 09 复制制作的字幕文件，粘贴在第 2 个视频的上方，并调整其时长与视频一致，如图 10-76 所示。

STEP 10 在“标题”选项卡中修改字幕内容，效果如图 10-77 所示。

图 10-76 粘贴字幕并调整时长

图 10-77 修改字幕内容后的效果

STEP 11 用同样的方法为其他 6 个视频添加字幕，效果如图 10-78 所示。

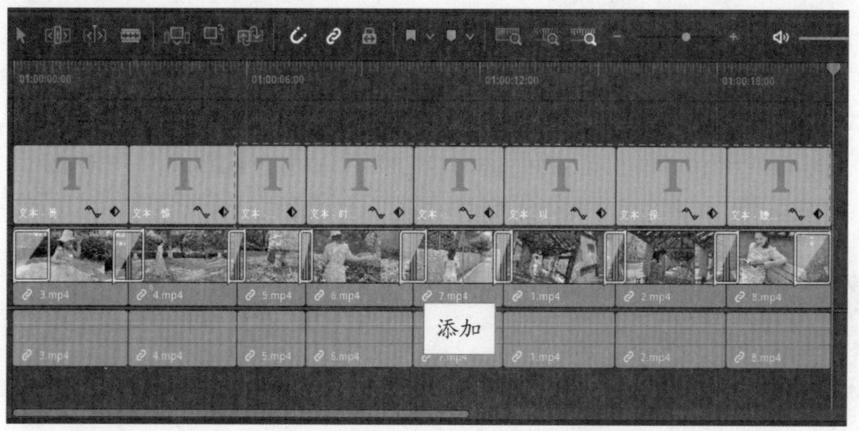

图 10-78 为其他 6 个视频添加字幕

STEP 12 用为视频添加转场的方法，为各个字幕文件添加“交叉叠化”转场，并调整转场时长，效果如图 10-79 所示。

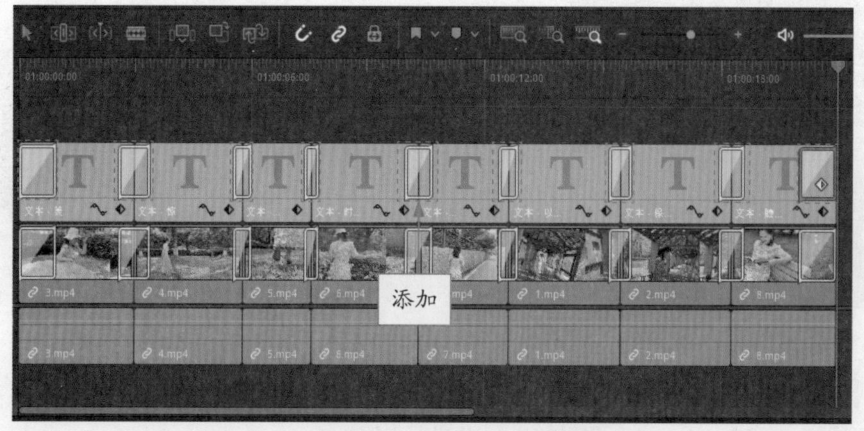

图 10-79 添加“交叉叠化”转场并调整时长

10.3.4　将制作的项目效果渲染导出

视频效果制作完成后，即可为视频添加背景音乐，并通过“快捷导出”命令将项目快速渲染导出为视频，下面介绍具体的操作步骤。

	素材文件	无
	效果文件	效果 \ 第 10 章 \《美人如画》人像调色 .mov
	视频文件	扫码可直接观看视频

【操练 + 视频】——将制作的项目效果渲染导出

STEP 01 在“媒体池”面板中选择背景音乐，如图 10-80 所示。

STEP 02 用拖曳的方式将背景音乐添加到音频轨道中，如图 10-81 所示。

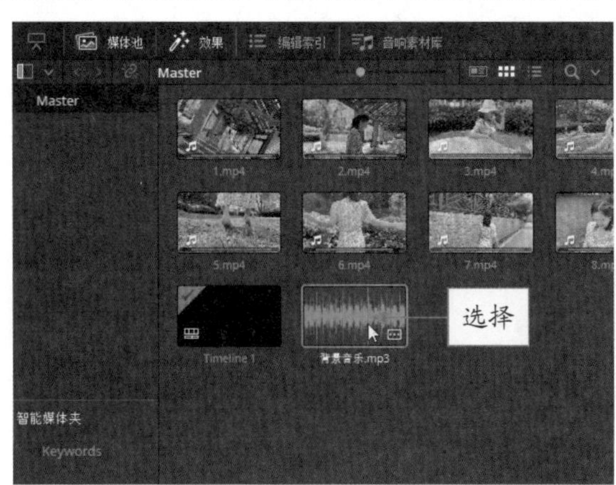

图 10-80　选择背景音乐

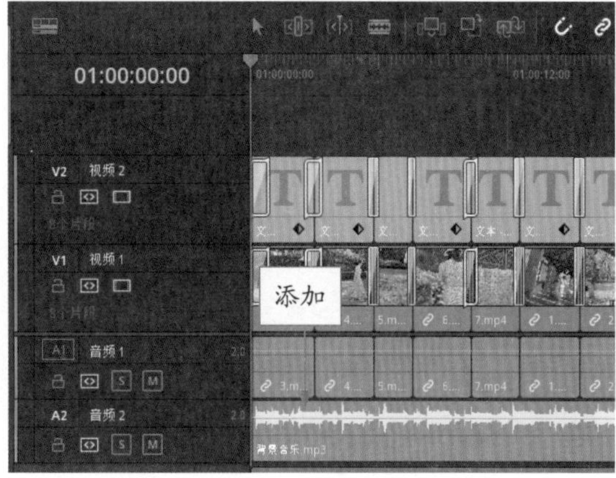

图 10-81　添加背景音乐

STEP 03 调整背景音乐的时长与视频时长一致，如图 10-82 所示。

STEP 04 选择背景音乐素材，在左上角和右上角分别有一个白色标记。选择右上角的标记并向左拖曳 1 秒左右，制作音频淡出效果，如图 10-83 所示。

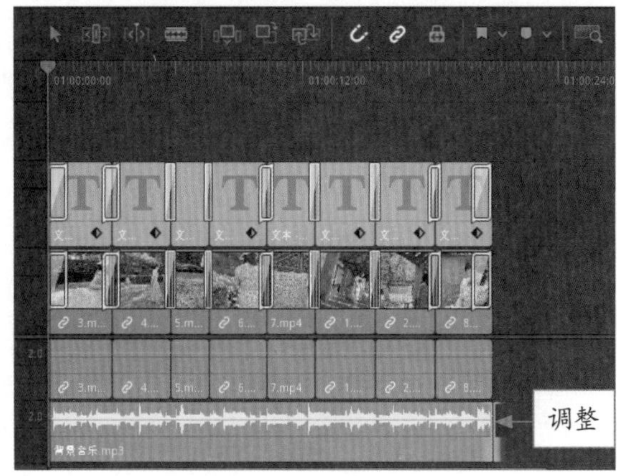

图 10-82　调整背景音乐的时长

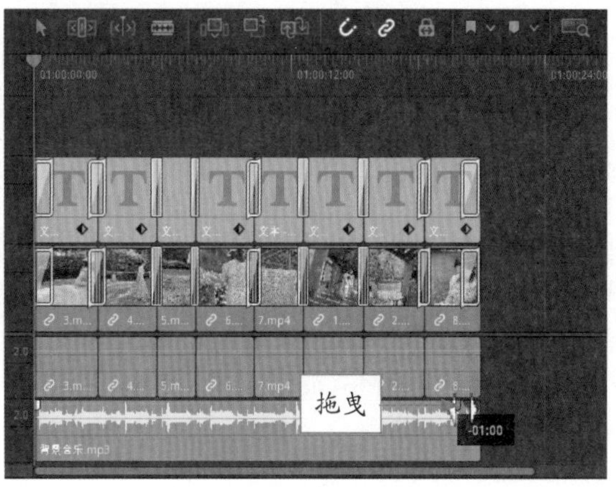

图 10-83　向左拖曳标记

STEP 05 执行上述操作后，在菜单栏中选择“文件”|“快捷导出”命令，如图 10-84 所示。

STEP 06 弹出“快捷导出”对话框，单击“导出”按钮，即可将项目导出为视频，如图 10-85 所示。

图 10-84 单击“快捷导出”命令

图 10-85 单击“导出”按钮